为初学者准备的 3D 打印入门指南

3D打印轻松上手

[韩] 安昶玄 著
千太阳 译

机械工业出版社
CHINA MACHINE PRESS

这是一本针对 3D 爱好者的入门书。作者用详尽的语言向读者介绍了什么是 3D 打印、3D 打印的基础方法、如何使用免费的建模程序 123D Design 进行 3D 建模以及 3D 扫描等一系列内容。相信有了本书的帮助，读者一定可以轻松地掌握 3D 打印技术。

北京市版权局著作权合同登记 图字：01-2014-8440号

图书在版编目 (CIP) 数据

3D打印轻松上手 / （韩）安昶玄著；千太阳译. --北京：机械工业出版社，2016. 4
ISBN 978-7-111-52823-4

I. ①3… II. ①安… ②千…III. ①立体印刷—印刷术—
IV. ①TS853

中国版本图书馆CIP数据核字（2016）第 020476 号

机械工业出版社（北京市百万庄大街22 号 邮政编码100037）
策划编辑：杜凡如 连景岩　责任编辑：杜凡如 连景岩 吴晋瑜
责任校对：李　静　责任印制：乔　宇
北京画中画印刷有限公司印刷
2016 年4月第1 版第1次印刷
184mm×260mm•14.75印张•368 千字
0001-4000册
标准书号：ISBN 978-7-111-52823-4
定价：75.00元
凡购买本书，如有缺页、倒页、脱页，由本社发行部调换
电话服务网络服务
服务咨询热线：010-88361066　机工官网：www.cmpbook.com
读者购书热线：010-68326294　机工官博：weibo.com/cmp1952
010-88379203　金 书 网：www.golden-book.com
教育服务网：www.cmpedu.com
封面无防伪标均为盗版

前 言

本书向初学者介绍了 3D 打印机的使用方法，并涵盖了从 3D 打印机概论到使用方法的所有内容。

从利用免费 3D 建模程序 123D Design 进行 3D 建模的方法到 3D 扫描、3D 打印等所有过程都可以在本书中找到。

任何人都可以通过本书轻松地了解 3D 打印机是什么、如何使用等问题。

这本书的编写得到了 OpenCreators 的姜敏赫代表、金胜灿科长，XYZist.com 的金秀敏代表，CARIMA 的李炳极代表，莫亚 3D 工作室的金泰秀代表等朋友的帮助，笔者在此表示由衷的感谢。

言至于此，笔者希望各位读者能通过这本书了解 3D 打印的全新世界。

安昶玄

改变世界的时间 15

OpenCreators
代表 姜敏赫

这本书并不是一本学术著作，而是一本使用手册。虽然可以通过阅读此书来达到对 3D 打印机有所了解的目的，但本书的落脚点还是在对 3D 打印机的“适用性”上。书的每个部分都用通俗易懂的语言来归纳 3D 打印机的使用方法，并加入了 3D 建模的相关实际素材。

我之所以要强调适用性，是为了让读者能对本书产生切合实际的想象。当下各类媒体刊物都为 3D 打印技术做出了辞藻华丽、图案炫目的宣传材料，吸引很多普通人都渴望去了解 3D 打印机，但事实却是——他们会由此产生很多空洞无物的臆想。大多数人只知道 3D 打印机是“打造物件的机器”，而并不知道具体该如何使用它。

我们所需要的不仅仅是“能够实际打造某物”的感叹，更应该是针对“怎样打造出来”的答案。本书用全篇幅内容回答了这一问题。目前系统介绍 3D 打印机运用的不多，希望广大读者朋友在阅读本书之后能够有所收获。

CARIMA
代表 李炳极

当今世界正处于剧烈的变化之中。

这归功于日益发展的工业技术。“只要敢想，任何物体都可以被打造出来”的时代已经到来。

韩国 CARIMA 公司以“通过图像给人带来快乐”为初衷，在韩国国内率先开始了 3D 打印机的开发，并将其产品出口到了 20 多个国家和地区，其中利用了名为“垂直光学层”独家技术的代表产品获得了欧洲合格认证，在国际范围内受到了广泛认可。

目前韩国的 3D 打印机市场依然严重依赖于国外的技术，但在不久的将来，我们会拥有以 CARIMA 为先锋的，完全以国内自主技术为核心的 3D 打印机市场。

在这种氛围下问世的 3D 打印机图书会成为 3D 打印技术飞跃的起点。本书通过通俗易懂的方式将陌生而又可能令人困惑的 3D 打印机介绍给大众。

Life is a dream, Realize it ——“人生即梦想，必将其实现”。CARIMA 公司会努力通过 3D 打印机实现自己的梦想，同时也期望各位读者可以利用 3D 打印机实现自己的梦想。

XYZist.com
代表 金秀敏

2014 年春，韩国国内 3D 打印机的个人用户达到了一千人。与发达国家相比，这个数字虽然并不起眼，但其增长速度是相当惊人的。从 2007 年开始实施针对个人用户的开源 3D 打印机制作计划，到今天，RepRap 不过经历了 6 年的时间。而 3D 打印机技术于 1984 年问世，1986 年开始投入使用，在之后 20 多年间都仅是相关领域专家的专属技术。之后，随着相关技术手段之一的熔融层积成型技术（FDM）的特许权被解除，这种方式在针对个人设备的 REPRAP 计划的推动下，迅速扩展到了工程师和工程迷群体之中。3D 打印技术的瓶颈虽然是限制其应用快速增长的重要原因之一，但最大的障碍还是在于技术使用的复杂性和难懂性。

普通大众甚至对 2D 和 3D 的概念也没有准确的了解，虽然近年来在媒体宣传的影响下有些人开始对 3D 打印技术产生了兴趣，但多数人不知究竟该从何处切入。3D 打印技术拥有巨大的潜力，最终用于何处会直接影响其功能性向现实生活适用性的转变，因为这是一种非常实用的技术。

这本书可以让读者朋友们更轻松地了解上述内容。当然，虽然没有囊括有关 3D 打印技术的方方面面，但读者可以清晰地认识到，个人用户可以用 3D 打印实现哪些需求，进而促进该领域应用产生的无限可能性。接下来就请畅享 3D 打印技术带来的无限乐趣吧！

MOA

3D STUDIO MOA

莫亚 3D 工作室

莫亚 3D 工作室是韩国国内第一家利用 3D 打印机制作真人像的企业。

至今为止，人们所了解的“打印”仅仅是将屏幕中的文字和图片打印在纸张之上。然而现实生活中的“打印”其实正在随着最新技术的发展迎来巨大的变化。最具代表性的便是通过自行车、碗、鞋、玩具、椅子等物品的设计图就能够打印出立体物体的 3D 打印技术。

在 3D 打印技术备受全世界关注的当下，莫亚 3D 工作室可为大众提供体验 3D 打印技术的人像服务，并致力于 3D 打印技术的普及。

所有产业都会受到 3D 打印技术的巨大影响，因此众多企业对 3D 打印技术有着浓厚的兴趣。例如，多乐之日推出了以金秀贤人像为代表的“多乐之日人像蛋糕”，因少女时代允儿和 f(x) 组合雪莉人像而广为人知的“SK Telecom 幸福同行制作所”等，而他们所用到的人像全部来自莫亚 3D 工作室。

3D 打印产业虽然受到了广泛的关注，但利用 3D 打印机所进行的内容开发也需要得到不断发展。莫亚 3D 工作室也将努力从服务提供商转型为内容提供商。相信此次出版的 3D 打印图书会成为初次接触 3D 打印的用户们实现梦想的指路明灯。

代表 金泰秀

Part01

3D Printer 关于 3D 打印

本书中的范例可从 http://cafe.naver.com/codmedia 中下载。

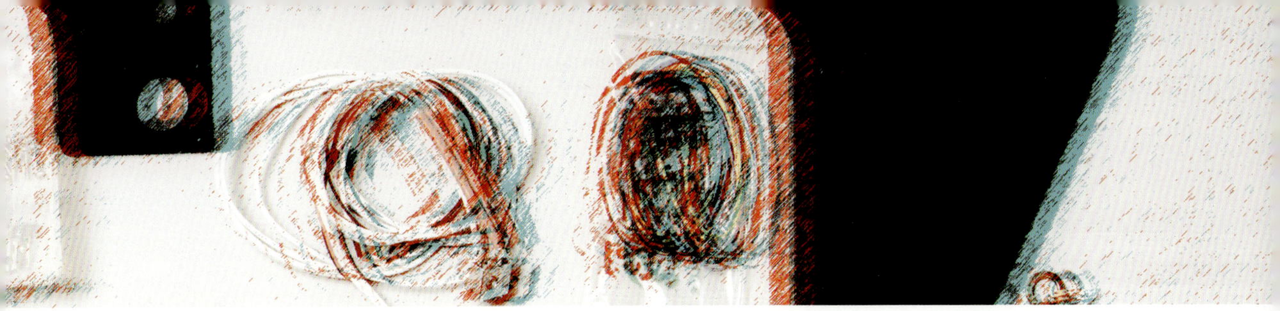

Part02

123D Modeling 3D 建模

Part03

3D Printing 完美的 3D 打印

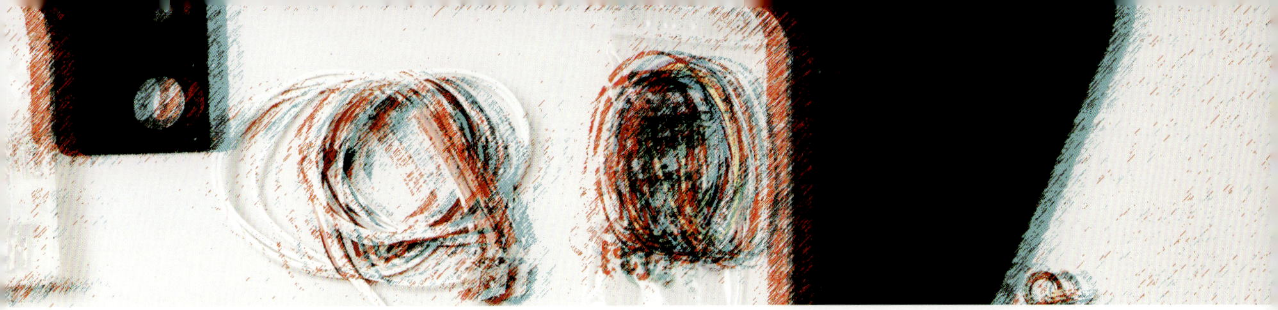

Part04

3D Scanning 通过 3D 扫描建模

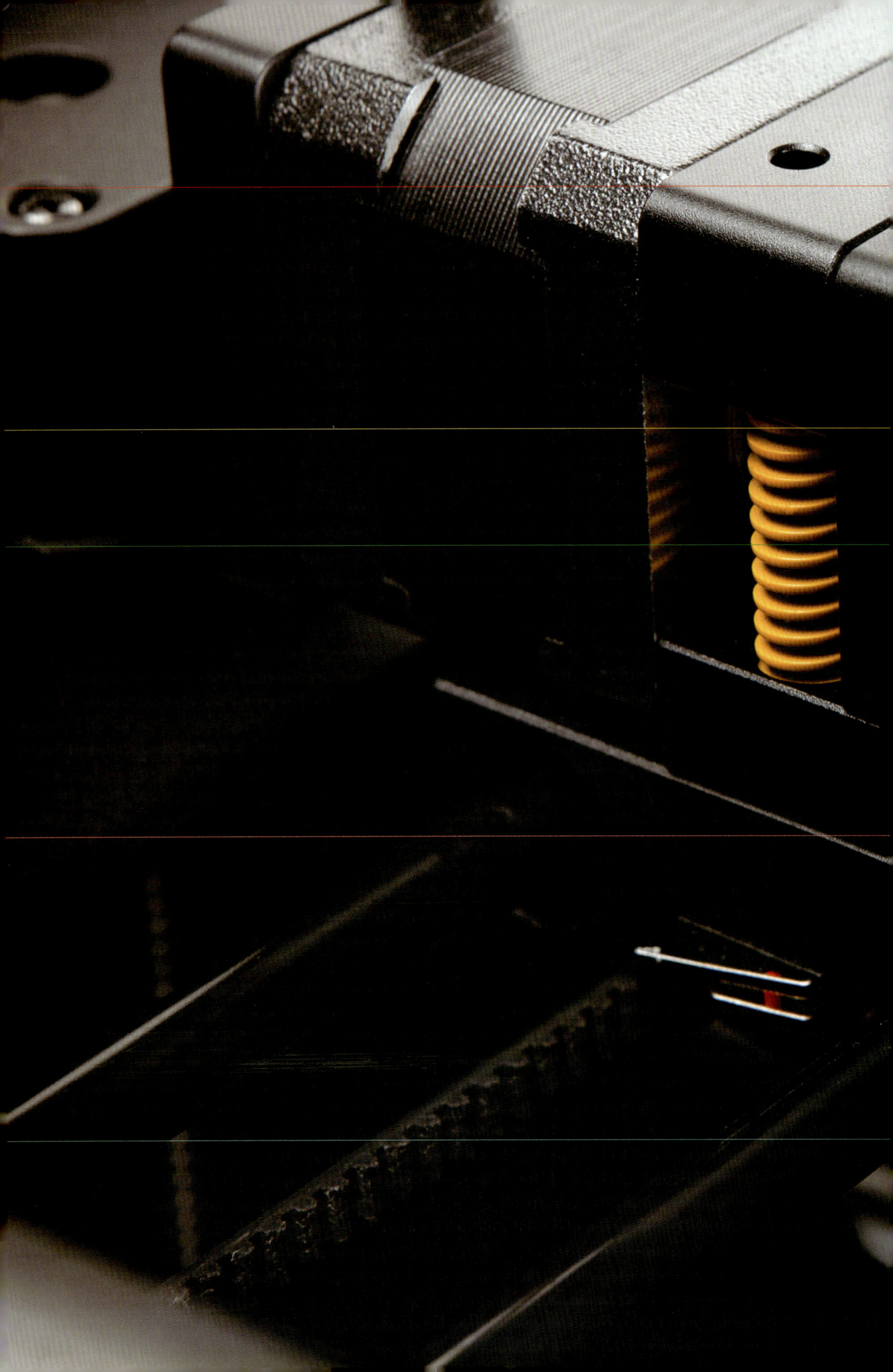

Part01 3D Printer ?

关于 3D 打印

为什么 3D 打印会受到热捧

人们对 3D 打印机的关注程度日益提高。接下来就让我们了解一下 3D 打印机的历史，探究一下 3D 打印机为什么会受到如此广泛的重视。

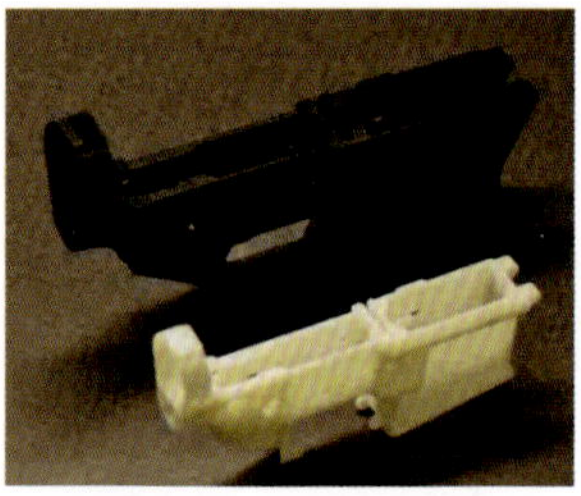

最近媒体上经常会出现有关 3D 打印机的新闻报道，显而易见，3D 打印机正离我们的生活越来越近。韩国国内有关 3D 打印机的话题在此之前并未受到过多的关注，但在 2013 年 7 月，随着全球首次利用 3D 打印机制作而成的枪械的射击测试视频出现在 YouTube 上，人们开始逐渐关注这一领域。该视频迅速传播到了全球各个角落，成了备受瞩目的话题，过去只会出现在科幻小说中的塑料枪械模型现已走进了现实，这使得人们开始关注 3D 打印技术，并对该技术的应用充满期待。

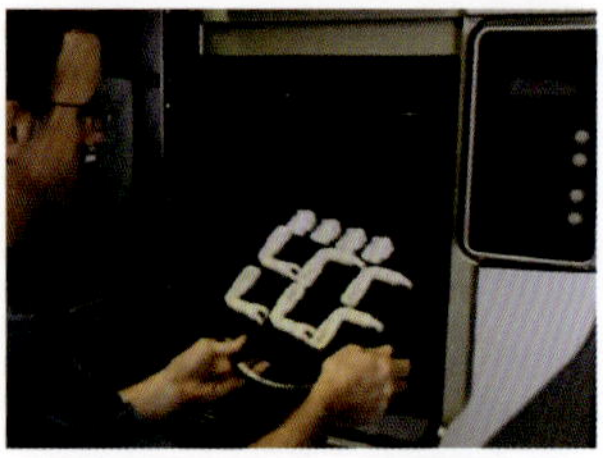

其实人们对 3D 打印技术的关注和期待由来已久。自 1984 年 3D 打印技术问世以来，诸多专利相继问世，却只供特定的行业使用。随着这些专利的到期，3D 打印技术便逐渐转向大众化。眼下最常见的 FDM 式 3D 打印机的专利原本归 Stratasys 公司所有，2008 年，随着该专利的到期，这种打印机开始走入大众视野。而比这种技术更加先进、应用范围更广的 3D Systems 的选择性激光烧结（Selective Laser Sintering，SLS）技术的相关专利于 2014 年 2 月正式到期，于是开始有更多的人关注 3D 打印技术。大面积多受众的关注促进了 3D 打印技术的发展，同时也直接导致 3D 打印机价格的下降，进而使得原本只有企业才能拥有的 3D 打印机逐渐演变成了家用型打印机。

原本由少数企业所独有的3D打印技术专利的到期引发了3D打印机的大众化潮流，从而使得更多企业投入到了3D打印机领域。2009年，随着商用3D打印机的出现，将液体、粉末状聚合物（树脂）材料印刷在断面上或加工金属粉末形态等材料的各类3D打印技术相继问世。

“3D打印具有颠覆至今为止所有领域生产方式的潜力”

这是美国总统奥巴马于2014年2月的某次演讲中提到的一句话。除此之外，全球经济论坛（World Economic Forum，WEF）等机构也将3D打印技术视为未来技术，甚至将该技术誉为“第三次工业革命”。在这种潮流下，美国、中国及欧洲各国将3D打印技术定位为次世代（未来的时代）生产技术，并给予了大力支持。在韩国，该技术也被视为未来重点发展的产业，人们纷纷投入到了利用3D打印技术的新兴创业过程中，3D打印技术正以各式各样的方式迅速传播。

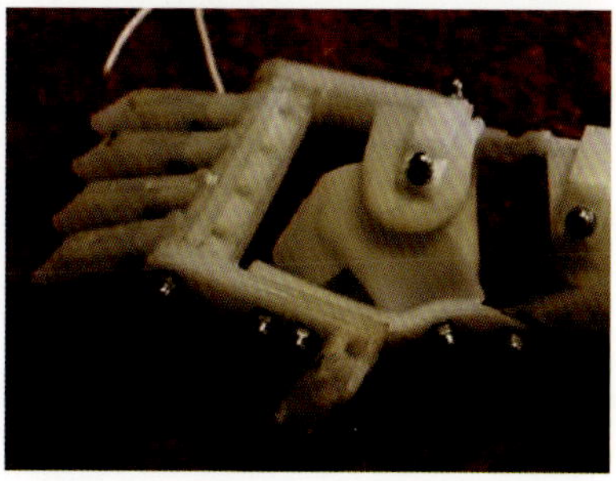

什么是3D打印机

在开始学习3D打印机技术的相关内容之前，让我们先了解一下什么是3D打印机以及3D打印的原理是什么。

制作某种立体形象的过程被称为造型。造型分为两种，即通过削减要素制成的数控（Numerical Control，NC）成型和通过添加要素制成的快速成型（Rapid Prototyping，RP）。3D打印即根据使用CAD软件绘制的三维立体图，通过高温融化粘贴材料或利用激光凝固等方式来实现造型，又称为快速成型技术。

3D Systems的Chuck Hull

最先提出3D打印技术这一概念的是1981年名古屋市立工业研究所的儿玉秀雄博士，他发表了一篇关于“在模型的断面上曝光，通过层层堆积实现固体造型的功能性聚合物RP系统”的报告。以这份报告为基础，1982年，3D Corporation的A.Herbert通过利用固定在X-Y绘图纸上的镜面直接透视紫外线激光的原理制成了一套系统。1984年，美国3D Systems的Chuck Hull发明了第一代光固化成型法（Stereo Lithography Appearance，SLA）的RP系统，这也被视为最初的3D打印机。1991年，Stratasys公司发布了FDM式3D打印机。由于它比SLA式3D打印机的价格更加低廉且更利于维护，因此在RP市场引起了更大规模的反响。

3D打印机的造价非常高，因此当时只能作为商用，后来随着其体积逐渐变小、价格逐渐下降，市场上出现了各式各样的家用型打印机。就像喷墨打印机一样，人们可以用家用型3D打印机制造出自己的物件。

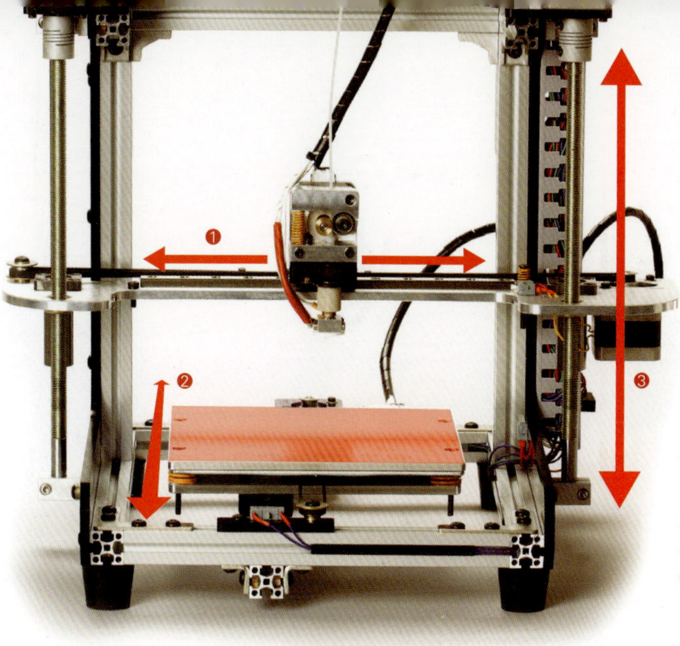

❶ X轴：横向移动
❷ Y轴：纵向移动
❸ Z轴：上下移动

简单说来，3D打印机就是能够打印立体化结构物的机器。将原料喷洒到必要的位置，层层累积出用户希望得到的物体。为了将原料准确喷洒到相应的位置，除一般喷墨打印机中用到的X轴（前、后）和Y轴（左、右）之外，还需要在Z轴（高度）上进行移动。用X轴和Y轴打印一层构造物，之后沿Z轴方向上移一个单位，并开始打印第二层。此时每个层称为Layer，各层的高度都非常小，所以若想得到一个完整的物件，就需要打印大量的层。3D打印机的打印时间较长也是因为这一原因。

如何使用 3D 打印机

3D 打印机可以用来完成各式各样的作业。下面介绍 3D 打印机的使用方法。

人像

3D 打印机可以用来制作玩偶或人像。先利用 3D 扫描仪扫描人物，再利用 3D 打印机完成打印，就可以得到自己想要的造型。最近，一些公司在组织的营销推广活动中会为消费者进行面部 3D 扫描，然后为他们量身制作出立体打印模型——这项服务备受消费者的青睐。

通过3D扫描仪和打印机制作而成的人像

营销或广告中用到的人像

玩偶设计

生活用品

花瓶、手机套、台灯等日常生活中经常用到的物品都可以用 3D 打印机制作而成。此外，还可以从提供模型数据的网站下载相应数据，以用于 3D 打印。

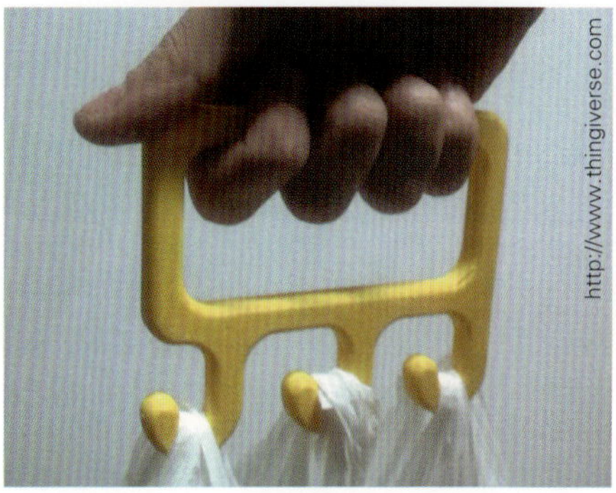

挂钩

笔筒

柠檬榨汁器

平板电脑支架

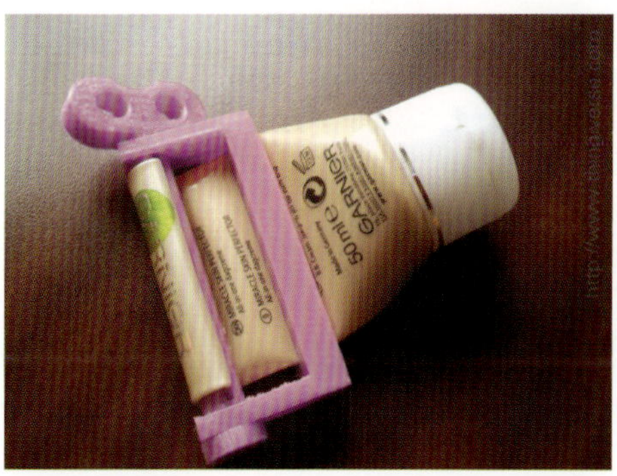
牙膏、化妆品挤取器

灯具

原型

原型（Mockup）是指按照实际产品尺寸制作而成的原始模型。对于某些产品，其实物某型的制作成本较高，会耗费较多的时间和费用，而通过使用3D打印机制作原型，可成功实现时间和费用的节约。常用领域有产品设计、建筑物模拟等。

相机设计原型

建筑物模拟

部件原型

钟表设计原型

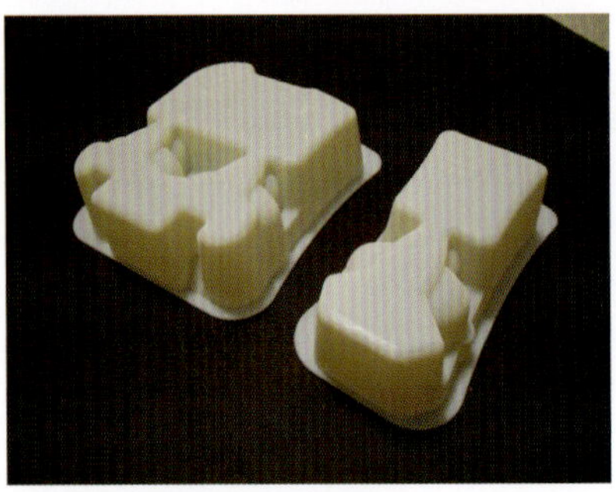

产品包装设计原型

汽车设计原型

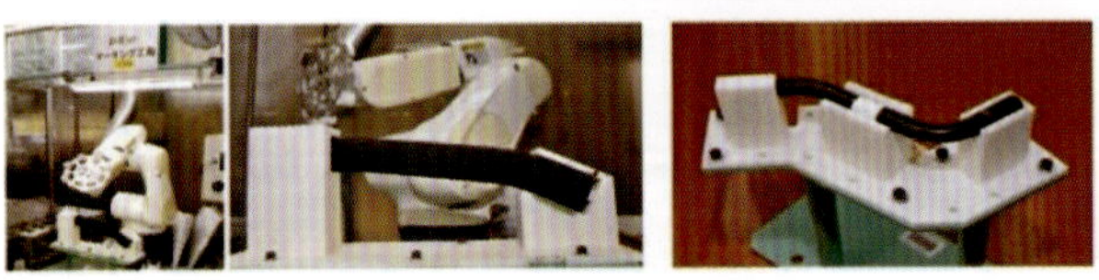

日本十川橡胶有限公司利用3D打印机制成的零部件造型

医疗

3D 打印机在医疗手术领域上的应用相当广泛。比如扫描脏器制作出相应模型，或利用特殊材料制作牙齿、耳朵和鼻子模型等。

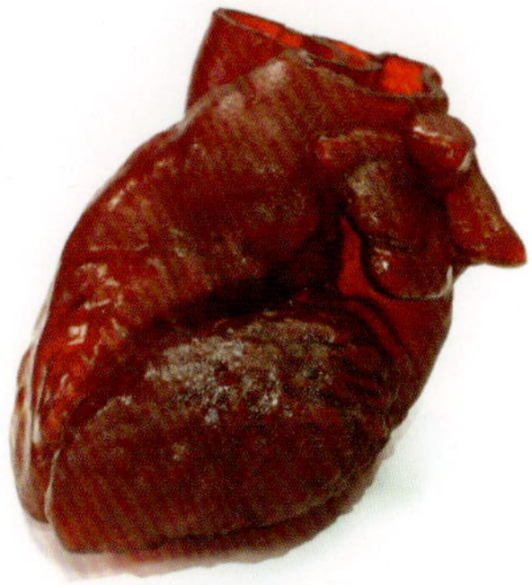

进行心脏手术前，利用3D打印机制作心脏模型，以此演练，可提高手术成功率。

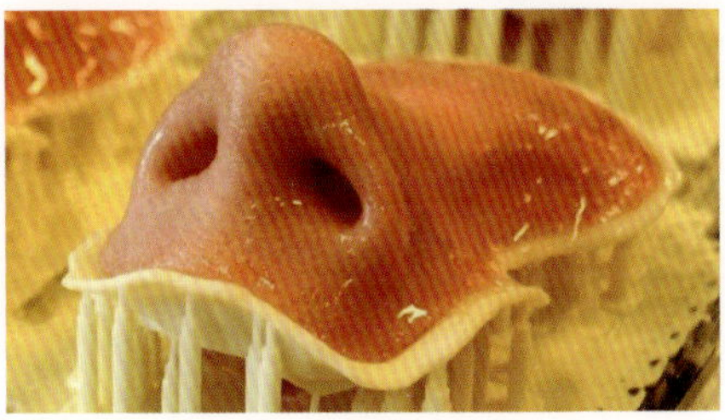

根据自己的形态设计鼻子模型，进而利用3D打印机进行打印。

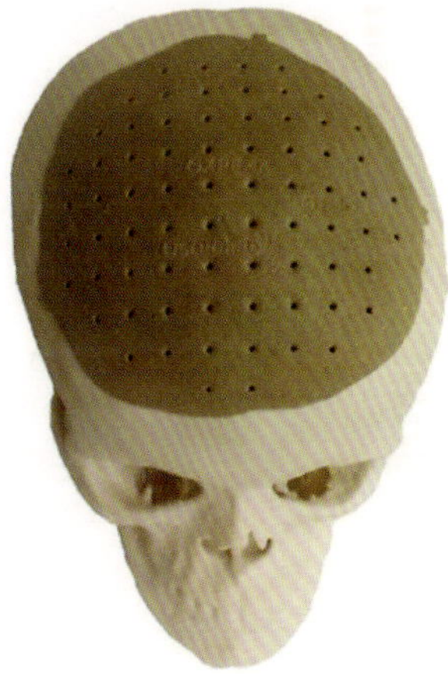

扫描受损的骨骼，利用3D打印机制作模型，以用作填充物。

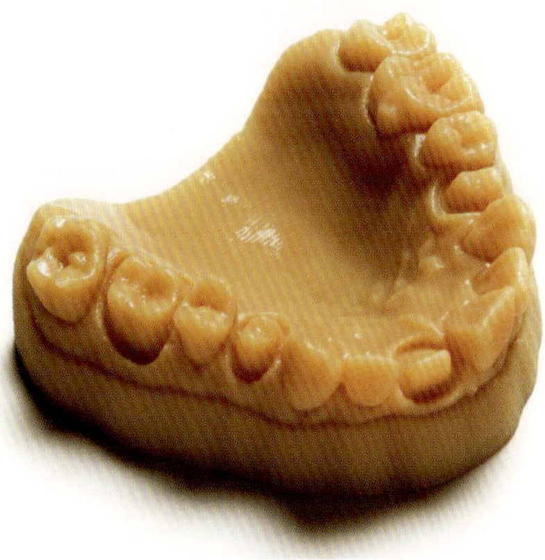

牙齿受损时，也可利用3D打印机制作牙套模型。

假肢类手术往往费用高昂，而利用3D打印机可以低廉的成本制造出假肢，从而降低手术的整体费用。国外曾经有过利用3D打印机为可怜的邻居制作假肢的新闻，还受到了全社会广泛的关注。

用途广泛的 3D 打印机

3D 打印机的用途相当广泛，那么，饮食领域中能否用到 3D 打印技术呢？现实说明，答案是肯定的。将食物原料作为 3D 打印原料，然后按照设计者的意愿进行打印，这样的食物也是可以食用的。比如说，用巧克力制作简单的装饰，或用简单的食材制作披萨或汉堡等食物。

用于制作汉堡的3D打印机

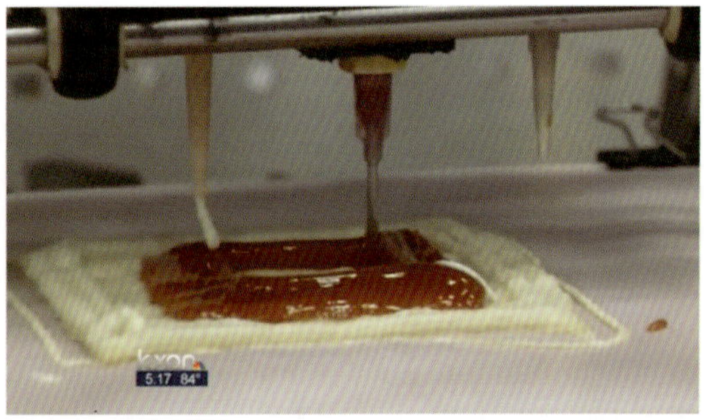

用于制作披萨的3D打印机

用于制作巧克力装饰的3D打印机

用Chejet打印机制作而成的白糖

Triple Portrait of E, Sophie Kahn www.sophiekahn.net

用于制作艺术作品的3D打印机

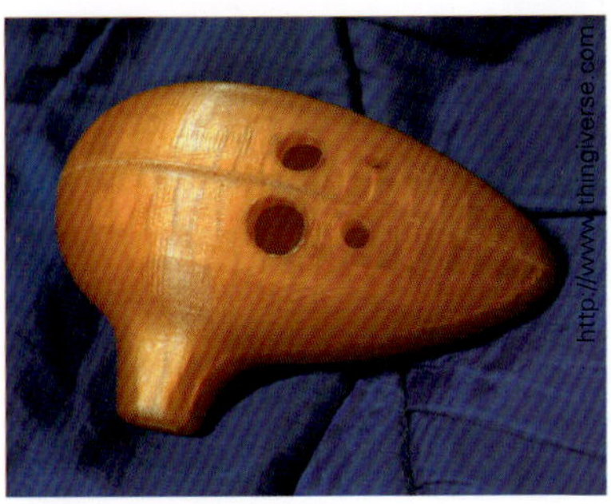

用3D打印机制作而成的陶笛

用3D打印机制作而成的自行车

除此之外，使用大型3D打印机还可以造出桌椅，或利用特殊材料制作鞋或服饰。3D打印机的应用正在迅速扩张到每一个领域。

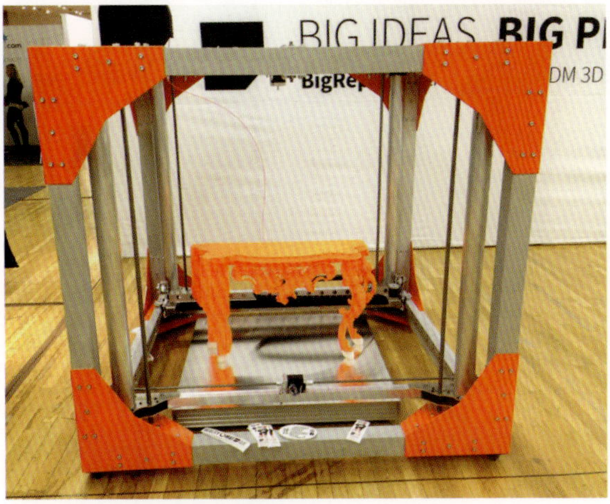

用大型3D打印机Bigrep制成的桌子

用弹性材料制成的服饰

超大型3D混凝土打印机

用弹性材料制成的鞋

3D打印机制成的光盘

不同类型的3D打印机

3D 打印机根据其工作原理分为很多种类，除了大众最常用的 FDM 式之外，还有 SLA、DLP 和 SLS 等。下面介绍不同类型打印机的工作原理。

FDM 式 3D 打印机

FDM（Fused Depositon Medeling）即熔融层积成型，也被称为 FFF。这种方式利用高温融化 ABS、PLA 等塑料材料，再将其堆积到指定位置，从而得到打印产物。这种方法原理简单，且利用的是固态的材料，便于管理，价格低廉，是目前最为常用的打印方法。

OpenCreators公司的OCP Almond

FDM 式 3D 打印机的组成部件包括喷射材料的喷嘴、层积模型的底板和利用电动机来移动喷嘴和底板的臂架。具体打印方法为：根据设计好的模型，先沿着 X 轴和 Y 轴移动喷嘴，将材料在底板上堆积一层，堆积完成之后，再沿着 Z 轴方向移动一层，并开始堆积下一层，然后不断重复上述步骤即可。

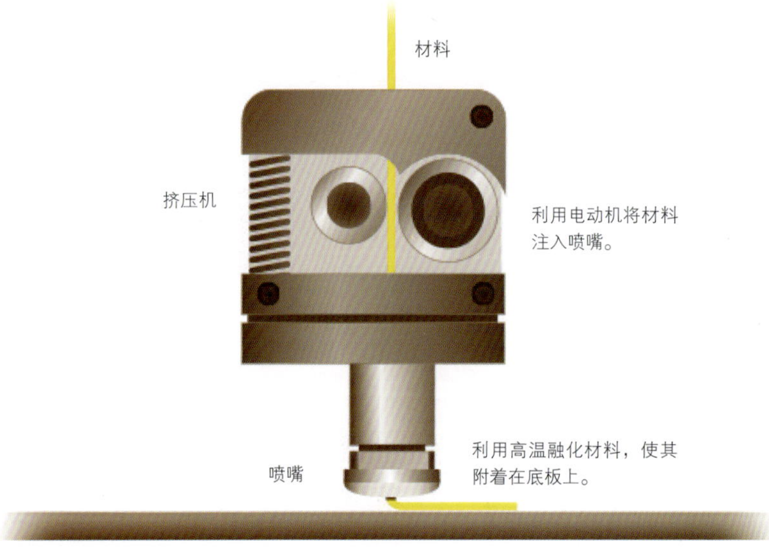

FDM 式 3D 打印机的基本结构

下面介绍 FDM 式 3D 打印机的基本结构。示例为 OpenCreator 公司的孟德尔模型。不同公司之间的产品会略有差异。

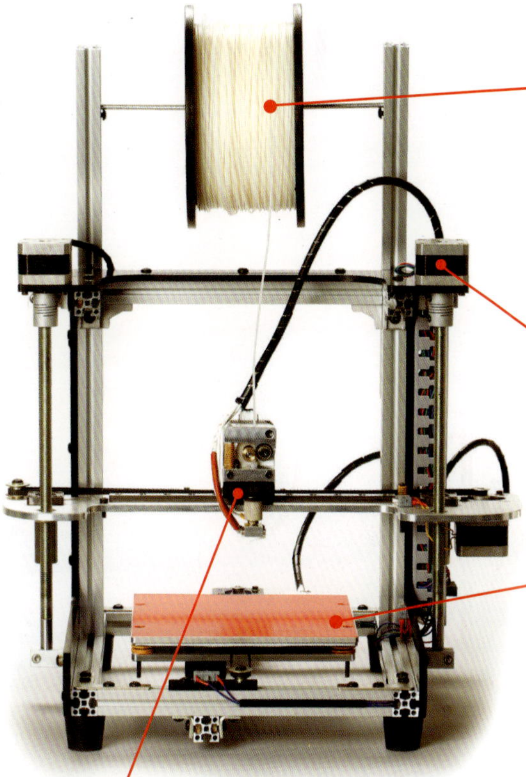

材料

主要使用ABS、PLA等塑料材质的固态材料。还可以根据需求选用多种颜色。有些打印机需要使用专用的材料，因此在选择材料时要格外注意。

步进电动机

步进电动机可以沿着X、Y、Z轴移动，并可以使打印机头部吸入材料。通常会用到4~5个电动机。

底板

用于固定打印物件的板，可以根据打印机自身的材质来确定是否需要使用加热板。使用ABS材料的打印机配有加热板，打印时可以提升温度，避免打印物件时因热量的变化产生物体收缩现象；而使用PLA材料的打印机因材质本身热收缩现象不明显，因此通常不需要配备加热板。另外，底板所采用的材质有助于打印物稳固地附着在打印机之上，但为了方便使用者顺利取下打印物，特意将有些产品设计成了便于分离的结构。

挤压机

挤压机是利用电动机将材料注入喷嘴，使材料加热融化后顺利喷出的装置。喷嘴的喷头部位装有冷却风扇，以便迅速冷却喷出的材料，避免材料的遇冷收缩。

近年来，市面上出现了配有两个挤压机的3D打印机。若将两个挤压机同时开启，则可以使用两种不同颜色的材料一并进行打印。

喷嘴

位于挤压机头部的喷嘴可以按照特定的大小喷出融化的材料。喷嘴具有不同的直径，使用时可以根据用户的需求进行更换。常用喷嘴的直径为0.4mm。

SLA 式 3D 打印机

SLA 式 3D 打印机是利用“当激光照射在液态树脂上时，被照射的部分会出现固化现象”这一原理进行工作的。因为需要使用液态的树脂，SLA 打印机通常会浸泡在水槽中。这种 3D 打印机所打印出的物件比较精密，因此适用于口腔医疗、宝石细工等精密的作业过程。其缺点是强度较弱，只有经过干燥过程才可使用。

Formlabs的 Form1
http://formlabs.com

DLP 式 3D 打印机

DLP 式 3D 打印机利用了数码光学技术。根据模型数据的断面，用投影仪的光源照射硬化性树脂，使其固化。换层时，将硬化性树脂涂抹在打印层面上，重复进行光照，如此一来打印物便会倒挂在底板上。DLP 式 3D 打印机每次打印一层，速度较快，精密度较高，其特性与 SLS 相似。

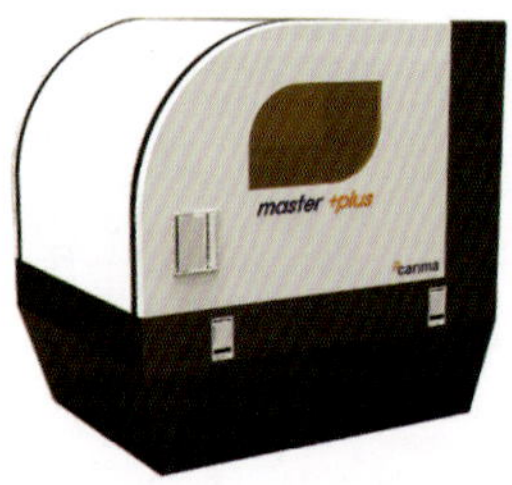

Carima的 master+plus

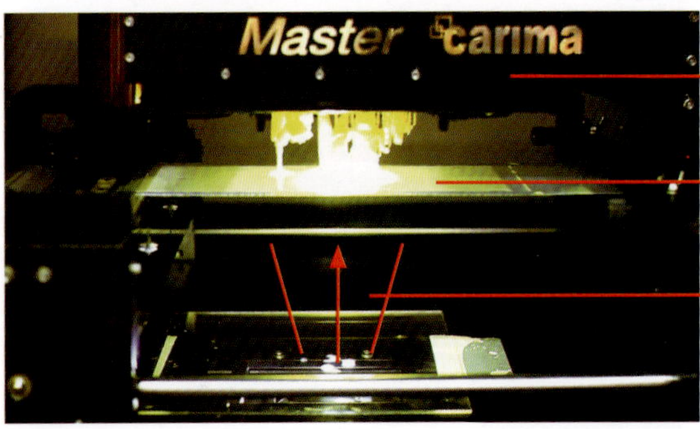

SLS式3D打印机

SLS式3D打印机利用激光融化粉末，使其固化后生成打印物。其工作原理与SLA相似，但所用到的材料为粉末，每打印一层，都需要重新喷洒粉末，使层面恢复平整。此类打印机可使用金属等多种材料，精密度较高，适用于诸多领域。目前这种打印机主要为商用，但随着2014年2月相关专利的到期，廉价的家用型SLA式打印机也以面市。

3D SYSTEMS的 ipro

❶ 根据模型数据的坐标对粉末进行激光照射。

❷ 随着光线的移动，及时喷洒新粉末，使层面保持平整，随即进行第二层的照射。

❸ 完成打印之后，从粉末中取下打印物。

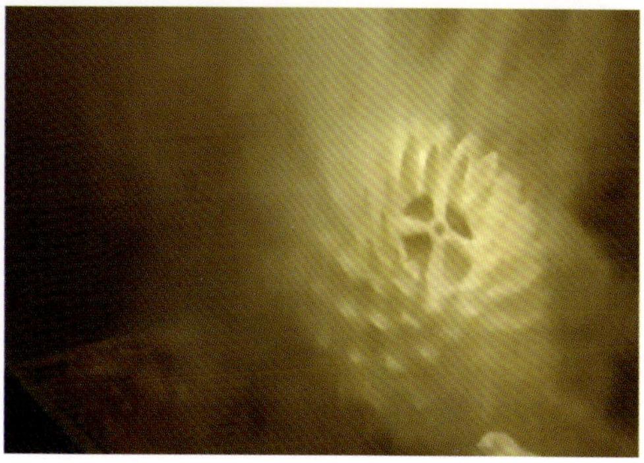

❹ 用吹风机除去多余的粉末，便可完成作业。

哪种 3D 打印机适合我

3D 打印机的种类繁多，其价格也参差不齐，从中选择一款适合自己的 3D 打印机并不是一件十分容易的事情。下面向大家介绍查阅 3D 打印机的机身参数信息、主要制造商等选购要领。

3D 打印机参数分析

购买 3D 打印机之前，消费者应先仔细查看 3D 打印机的各种参数，以确定其是否能够满足自己的需求。下面以 FDM 式 3D 打印机为例，介绍查看打印机参数信息的方法。

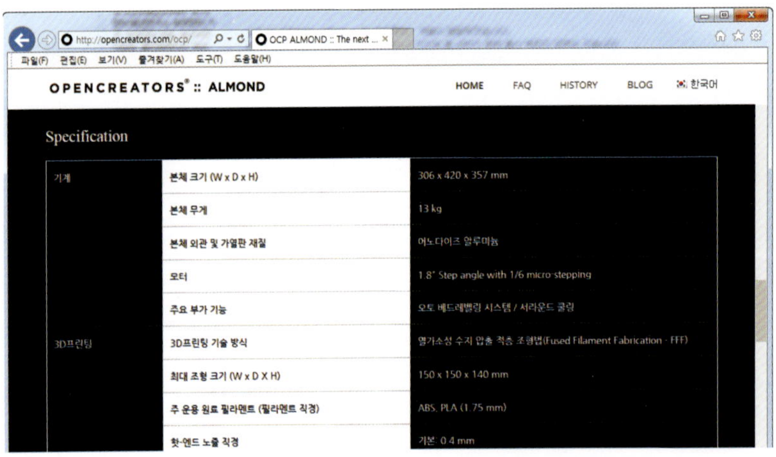

产品规格　表示 3D 打印机的规格大小。购买 3D 打印机时必须要了解机身的大小，以便确定打印机的摆放位置。

附加功能　介绍 3D 打印机的特殊功能。

· **自动水平校准**　指打印时自动为底板进行水平校准的功能。

· **冷却**　喷嘴处安装有冷却风扇，可迅速冷却从挤压机喷嘴中喷洒出的高温材料，使其迅速固化。

· **支架去除系统**　对于允许使用水溶性支架的 Stratasys 3D 打印机，可以将打印物浸泡于水溶液中，使支架自动脱落。

3D 打印技术方式 指 3D 打印机的种类。

最大造型规格 指可打印出的物件最大尺寸。

主原料粗细 可使用的材料种类和厚度。

热端喷嘴直径 位于挤压机头部的喷嘴的直径。喷嘴直径越小，打印精度就越高。FDM 式打印机的热端喷嘴直径通常为 0.4mm。如果是可更换喷嘴的机型，就会标出所允许的喷嘴直径范围。

堆积厚度 指打印时每一层的高度。

位置精密度 X, Y, Z 轴上的位置精密度，以微米（μm）表示。

头部 指抽入材料的挤压机环境。表示挤压机是否有两台或可否更换。

通信 / 连接 指向 3D 打印机传输 3D 数据模型的方式。“USB 通信”表示可以通过 USB 连接线连接 3D 打印机和计算机，“SD 储存卡”表示 3D 打印机机身上备有 SD 储存卡的插口，插上储存卡即可直接打印。“WI-FI”表示可以通过无线网络连接至移动设备或计算机端以传输打印数据。

软件 表示控制 3D 打印机的程序名称。开源 3D 打印机可以支持 Cura、Repetier-Host 等开源程序。如果打印机为某企业专属，则会标出相应的控制程序名称。

软件支持文件格式 大部分都可以支持 Gcode、STL、OBJ 等文件格式。但是，如果 3D 打印机控制程序本身包含 3D 建模数据切片功能，则其可能不支持 Gcode 格式的文件。

作业环境 表示使用 3D 打印机时适宜的室内温度与湿度条件。某些材料会受到作业环境的严重影响，所以 3D 打印机最好应该放置在符合其工作条件的环境中。

3D 打印机的主要制造公司

3D Systems

http://www.3dsystems.com

拥有 SLS 式 3D 打印机最初专利权的 3D Systems 是同时开发 Cube 系列家用打印机，Projet、iPro 系列等商用产品的 3D 专业公司。其中，家用 3D 打印机 Cube 系列因其独特的设计和插电即用的方便构造深受广大消费者的喜爱。Cube 系列分为普通型 Cube 和高级型 Cube X 和 Cube Pro，其中高级型产品的堆积厚度较小，可以实现更为精密的打印，并且允许 2~3 个挤压机同时工作，可实现多种颜色的配合使用。Cube 系列属于同时支持 ABS 和 PLA 材料的 FDM 式打印机，不过只能使用 3D Systems 公司出品的专用材料。

Cube

MakerBot

http://www.makerbot.com
韩国总代理商http://www.brule.co.kr

MakeRBot 最早由 RepRap 公司的成员创立，随后被 Stratasys 公司收购，在 Replicator 系列的普及型 3D 打印机市场中享有较高的人气。Replicator 系列除了 Replicator 2X 之外，均是使用 PLA 材料的 FDM 式打印机。Replicator 2X 配有两个挤压机，除 PLA 材料之外还可以支持 ABS 材料。MakeRBot 公司为初学者考虑得非常周全——通过与 Autodesk 的 123D 建模程序合作，提供了无需设定即可从建模程序中直接打印的功能，同时在自己运营的建模数据共享服务网站（http://www.thingiverse.com）上，为初学者提供了大量可免费下载的建模数据。

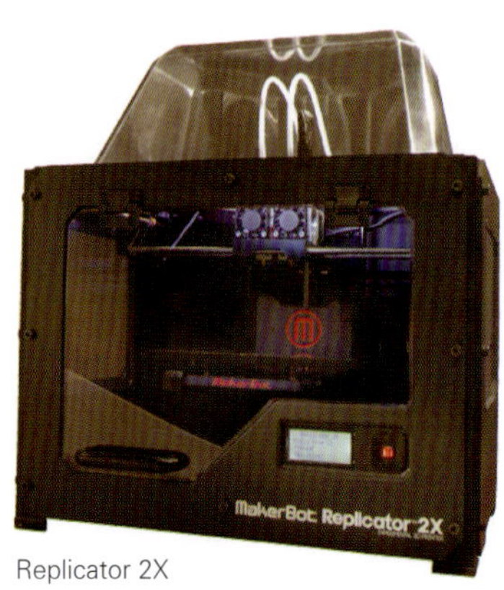

Replicator 2X

Carima

http://www.carima.co.kr

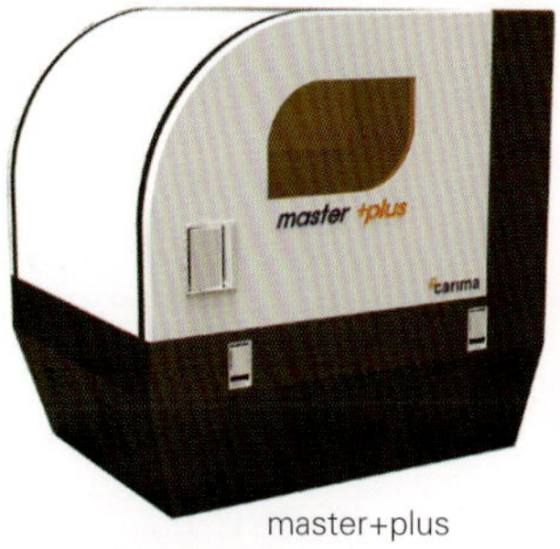

master+plus

FDM式3D打印机

Carima创立于1983年，是一家拥有30余年历史的光学器具专业企业。该公司先后投资50亿韩元，凭借Carima的数字光学技术与长期积累的经验，通过掌握的完全知识产权于2009年开发出了3D打印机“大师”（Master）。“大师”采取了在特殊垫板上自动堆砌液态塑料的DLP方式，可实现更为精密的打印技术。其打印产品分为多个类型，包括利用塑料制作建筑物、机械工业和电子产品零部件的普通型，以及适合用于牙齿种植和修复等领域的医疗型，还包括以蜡为主要材料设计精密模型的宝石设计型等。宝石设计型的3D打印机可以非常方便地融化蜡质，因而适合批量生产。目前，Carima已推出FDM式家用桌面型3D打印机。

Staratasys

http://www.stratasys.co.kr

拥有FDM式原始专利的Staratasys公司在商用3D打印机领域处于领军地位。该公司的打印机适用于办公室，可实现建筑物模拟等细致而稳定的打印。Staratasys的3D打印机分为采用FDM式的产品和采用PolyJet式的产品。PolyJet式打印机可通过紫外线对液态聚合物进行硬化处理并层层堆积；也可实现多种颜色的混合打印，故能制造出五颜六色的物件。

就Staratasys公司的产品而言，其最大特点就是能够使用多种多样的材料。而ABS材料又根据强度和透明度的不同分为多种，可便于使用者根据具体用途选择最适合的材料。

Objet500 Connex3

OpenCreators

http://www.opencreators.com

OpenCreators 的 OCP-ALMOND 是一款精美的 FDM 式 3D 打印机。该公司通过 NP-MENDEL 产品开发等经验积累，打造出了更加细腻而且容易上手的打印机结构。该机型可支持 ABS、BLA 材料，并配有自动底板水平校准器，所允许最低的层厚为 0.1mm，可完成相当精密的工程作业。

OCP-ALMOND

火箭

http://www.3disonprinter.com

火箭公司的 EDISON 是一种使用 PLA 材料的 FDM 式 3D 打印机，所允许的最低层厚为 0.05mm，为了防止喷嘴堵塞，可提供 PLA 油或添加挤压机。此外，该机型还配备了巧克力素描组件，可用于制作巧克力装饰。

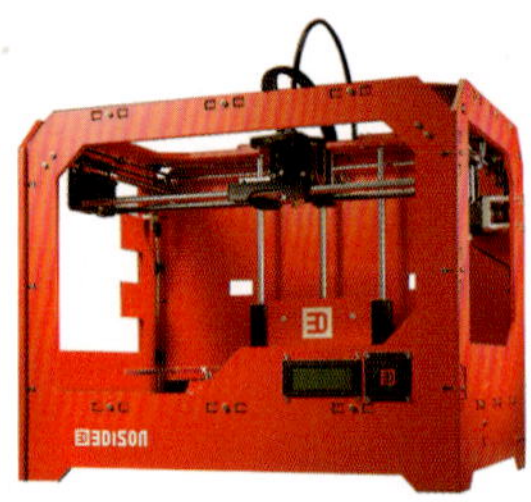

EDISON

PP3DP

http://www.pp3dp.com

PP3DP 拥有 UP! MINI 和 UP! Plus2 两款产品，其中 UP! Plus2 属于 FDM 式打印机，配有自动底板水平校准器和直观的控制程序，在海外市场也备受欢迎。不过，该公司的产品融化材料的温度与其他打印机不同，所以只能使用专用材料进行打印。

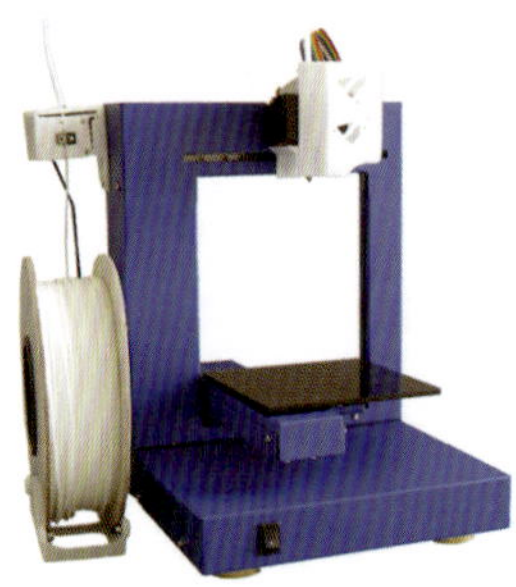

UP! Plus2

Printrbot

http://www.printrbot.com

Printrbot 的主打产品是利用 PLA 材料的 FDM 式 3D 打印机，其产品性价比高，在海外市场广受好评。而且，如果购买该机型的用户选择适合自己动手安装的组装型产品，价格就会更便宜。

CEL ROBOX

选购 3D 打印机的要领

3D 打印机有很多种，用户在选购时要根据打印机的具体参数来选择适合自己的型号。下面介绍选购 3D 打印机时需要注意的重点问题。

根据种类进行选择

FDM 式打印机便于使用、价格低廉、维护费用较低，适用于人偶制作、简单木工等家庭或办公室。家庭专用的打印机虽然可以使用多种多样的材料，但其中大部分机型都仅限使用 ABS、PLA 塑料材质，故适合制作强度较高的物件，而不大适合打印柔性物件。

FDM 式打印机根据使用材料的不同分为可同时使用 ABS 和 PLA 材料的打印机和只可使用 PLA 材料的打印机。可使用 ABS 材料的打印机的底板上配有热线，而仅可使用 PLA 材料的打印机的底板上没有热线。因此，可使用 ABS 材料的打印机能使用 PLA 材料，而只能使用 PLA 材料的打印机无法使用 ABS 材料。

SLA 或 DLP 式打印机可以柔软的树脂作为材料，适合制作牙齿等直接接触人体的物件。此外，这种打印机比 FDM 式打印机更加精密，适用于建筑物模拟等精度要求较高的工程作业，但打印费用要比 FDM 式打印机高，多用于商业用途，眼下已有不少家用类型的产品面市。

利用多种材料打印而成的产物（DLP式的Master+Plus）

SLS 式打印机不仅能够使用金属、尼龙等多种材料，还能够保证较高的精密度，可用于基于 3D 扫描的人像制作和精密的物件原型制作等。大部分 SLS 式打印机仅限于工业用途，体积大，购买费用高，电力消耗也大。

根据价格进行选择

价格最为低廉的3D打印机为FDM式的RepRap开源3D打印机。考虑到控制成本，这种打印机往往不会配备自动底板水平校准器及冷却风扇等配件。为了能够实现更为稳定的打印，用户就需要具备3D打印的相关专业知识，所以此类打印机更加适合有经验的用户使用。初学者最好选择可以使用便利的A/S系统的3D打印机。

市面上还有可以自行组装的廉价3D打印机，但组装起来却并非易事，购买此类打印机之前，用户最好先了解一下组装步骤，以免购买之后不会组装。不过有些厂商会额外提供安装服务，用户只需支付相应费用即可。

FDM式之外的打印机的大体价格由低到高依次为SLA、DLP、SLS。SLA体积较小，价格也相对实惠，多走家用型路线；而DLP和SLS式打印机的价格较高，通常用于工、商业领域。SLS式打印机的价格曾非常昂贵，但随着相关专利的到期，相对廉价的产品已有问世。

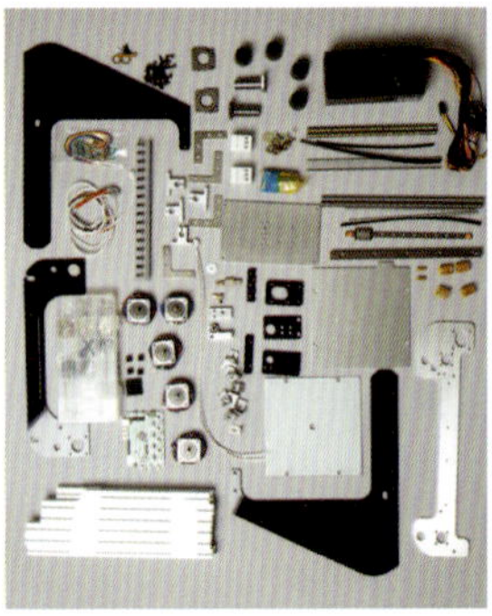

组装型3D打印机的零部件

根据维护费用进行选择

普通级FDM式3D打印机多使用1.75mm的入门级材料，而专家级FDM式3D打印机通常会使用厂商提供的材料。因为专家级3D打印机使用的是专用材料，所以价格比较昂贵，但制造出来的产品也相对更有保障。所以购买3D打印机时，用户不仅需要考虑价格和质量，还要考虑所选3D打印机需要使用何种材料、可能产生多少费用等因素。

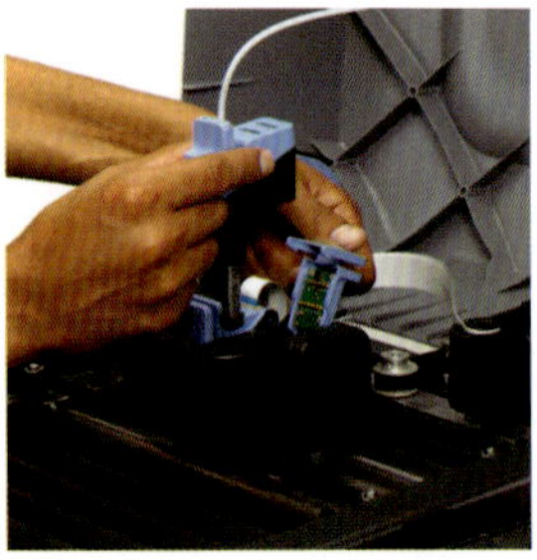

Staratasys的3D打印机采用了墨盒的方式，便于用户轻松更换材料。

根据打印尺寸和设备体积进行选择

通常来说，可打印的物件最大尺寸：长、宽、高（各约为150~200mm）。打印尺寸越小，打印机的价格就越便宜，所以购买时要选择适合自己的尺寸。另外，设备体积也有很大差异，小型打印机可以直接放置于书桌上，而大型打印机差不多有冰箱那么大，普通级 FDM 式 3D 打印机：长、宽、高通常（各约为 30cm），但专家级 FDM 或 SLA、DLP 式要比普通级 FDM 式更大。购买 3D 打印机之前，用户需要先确保可利用的空间有多大。

3D打印机的相对大小。从左到右依次为Cube、 OCP ALMOND、 MakerBot Replicator2、Form1、Master-Plus和ProsX 500，其中前三者为FDM式，Forml为SLA式，Master-Plus为DLP式，ProsX500为SLS式

开源 3D 打印机研究所 RepRap

RepRap是Replicating Rapid-prototyper的缩写，译作“快速造型复制”。这是一家共享信息，开放源代码，以便让任何人都能够使用3D打印技术的研究所。2004年，阿德里安·鲍耶怀揣着“让全世界所有人都能利用3D打印技术”的梦想而提出了RepRap的理念。当时正值FDM专利即将到期，他认为只要能够共享开源信息，供他人开发和制造零部件，任何人都能完成3D打印。基于这一理念，鲍耶于2005年正式创立了RepRap研究所，并于2007—2010年间先后开发了“达尔文”“孟德尔”“赫胥黎”等系列产品。国内外的多家企业也都利用RepRap的开源技术开发出了属于自己的3D打印机。RepRap的开源技术对3D打印机的大众化起到了非常重要的作用。

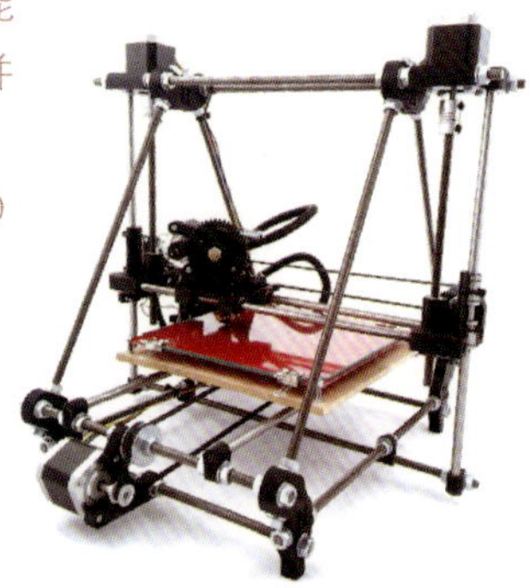

使用 3D 打印机前的准备事项

接下来介绍使用 3D 打印机之前需要了解哪些设备、程序以及 3D 打印机中用到的材料。

3D 打印的必备材料

计算机

计算机用于连接 3D 打印机并进行相关的控制。如果打印机支持 USB 端口，就可以通过 USB 连接线连接计算机；如果支持无线网络，就需要一台能够联接无线网的计算机或平板电脑。在进行打印之前需要在计算机上安装厂商提供的 3D 打印机控制软件，大部分控制软件都支持 Windows 7 和 Mac PC 系统。

3D 打印机

3D 打印机是用来进行打印的设备。3D 打印机需要安装在靠近计算机且地面平坦防止震动的地方。3D 打印机中使用到的材料可能会对光、温度和湿度等因素格外敏感，因此需要根据打印机的参数要求将其安装在适当的环境中。

底板附着力强化工具

3D 打印机的打印过程需要耗费较长的时间。通过 FDM 方式进行打印时，有时会出现因底板上的打印物脱落下来而毁掉整个打印工程的现象。为了避免诸如此类问题的产生，需要用一些能够强化物件在底板上的附着力的工具，如大力胶、胶液、无光清漆等。用户需要根据自身的需求挑选合适的工具。

大力胶

胶液

无光清漆

用来取下打印物件的工具

FDM 式打印机在完成打印之后，需要从底板上取下打印物件。如果用蛮力强行扯下，可能会损坏打印物件，所以打印完成 30min 后，需要用工具小心翼翼地把物件刮下来。另外，对于裸露部分为防止打印物滑落而起到支撑作用的支架，可以将其徒手摘下，并用钳子或壁纸刀进行切除。

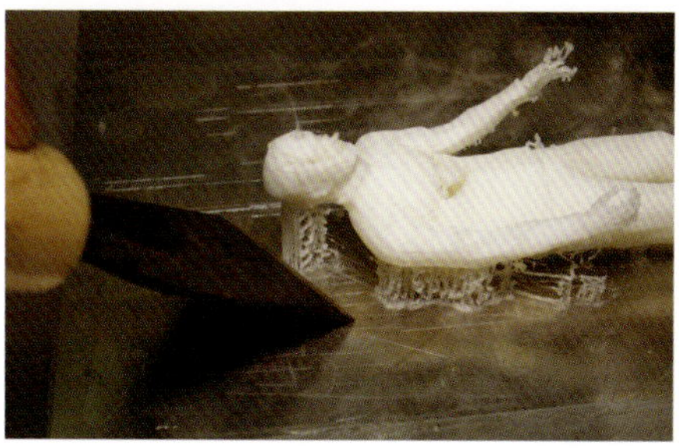

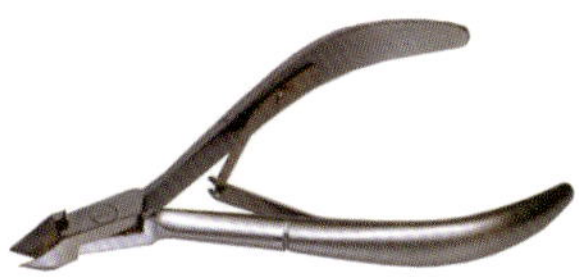

钳子

壁纸刀

了解 3D 打印机所使用的材料

3D 打印机使用的材料有很多种。FDM 式打印机主要使用 ABS、PLA 材料，除此之外也可以使用各种有趣的材料打造出千奇百怪的物件。接下来让我们了解一下，3D 打印机都可以使用哪些材料，每种材料有哪些特征。

ABS

ABS（Acrylonitile Poly−Butadiene Styrene）是一种由 Acrylonitile、Poly−Butadiene 和 Styrene 等三种成分组成的合成树脂，用于 FDM 式打印机。这种材料易于生产，颜色多样，黏着性出色，熔点均匀，不容易出现气泡。然而，温度差异很容易使其产生裂缝，材料融化时也会散发出难闻的气味，因此打印过程中要注意通风换气。3D 打印机通常会将喷嘴的温度设为 230℃，而底板的温度设为 110℃左右。之所以要提升底板的温度，是为了避免因温度的变化而使打印物出现热收缩的现象。

PLA

PLA（Polylactic Acid）是由玉米和甘蔗制成的环境亲和型树脂，主要用于 FDM 式打印机。这种材料所含有的有害成分较少，不会像 ABS 那样出现裂缝或收缩现象，出现气泡的概率也比较低。PLA 材料的最大缺点就是会水解，因此存放时应当注意除湿，而且对这种材料进行二次加工也比较困难。PLA 式 3D 打印机通常会将喷嘴的温度设为 210℃，而底座不需要额外的加热。

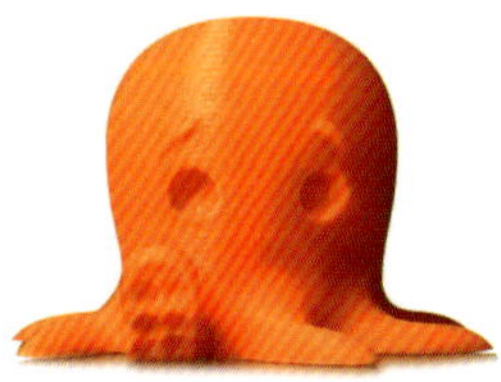

尼龙

尼龙是一种用于制作服饰的材料，与其他材料相比，具有出色的抗冲击性，并具有独特的柔软性，不易折断，适合制造手机外壳、拖鞋、服装等物件。尼龙还具有吸湿特性，因此需要存放于干燥的环境。FDM 式打印机通常会将温度设定为 240℃ ~250℃，比 ABS 适宜的温度稍高，同时还需要对底板进行加热。

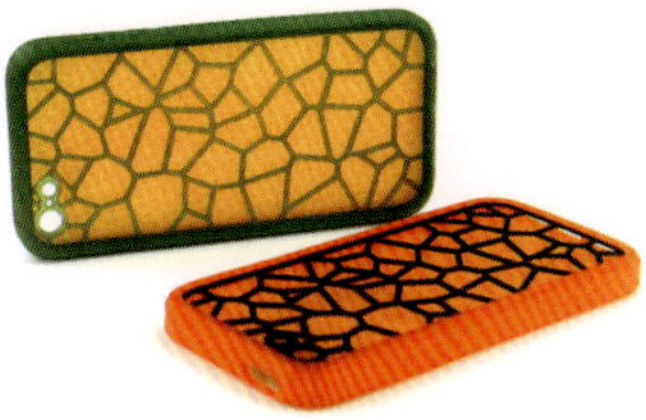

WOOD

WOOD 是一种由再生木材和聚合物组成的复合材料，会散发出木香，表面粗糙，强度较弱。使用 WOOD 材料之前，需要先确定其厚度是否符合自己的 3D 打印机。因这种材料本身的特点，最好使用 0.5mm 以上的喷嘴。打印环境的设定与 PLA 式相同。

FILAFLEX

FILAFLEX 是一种具有橡胶性质的材料，主要适用于制作鞋类、服装等可弯曲的物件。打印温度为 220℃，且不需要对底板加热。产品的详细信息请参见 http://www.recreus.com。

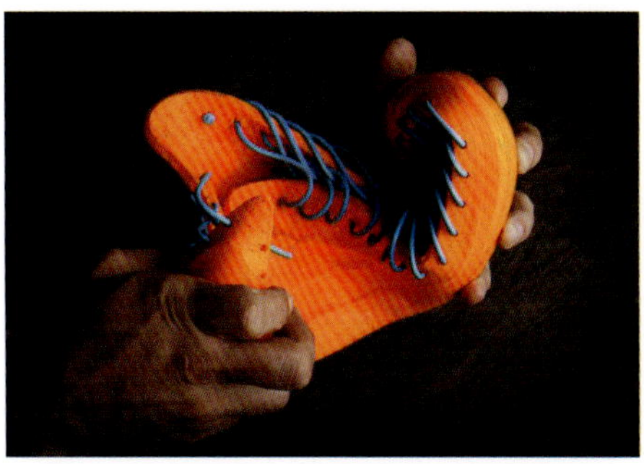

PVA

PVA（Polyvinyl Alcohol）是一种具有水溶性特征的材料，其主要用途并不是打印材料，而是用于支撑打印物件的支架。如果将打印物件浸泡在水中，支架部分就会自动溶解，可使用户毫不费力地徒手取下物件，从而得到较完整、干净的打印产物。因这种材料易溶于水，故不可存放在湿度较高的地方。由于需要同时使用打印材料和支架材料，因此PVA适用于双挤压机式的3D打印机。

HIPS

HIPS（High Impact Polystyrene）是一种强度高，易加工，不可燃，光泽性出色的材料。这种材料抗湿能力较强，但容易出现热收缩现象，打印较大物件时可能出现裂缝或弯曲现象。这种材料可溶于柠檬烯，所以能够像PVA一样用作支架。打印环境的设定与ABS材料相同。

树脂

SLA或DLP式3D打印机需要使用UV树脂材料。这种材料很难在普通的购物商场买到，需要向3D打印机厂商购买。购买时需要了解清楚所购材料能否用于其他3D打印机。

3D打印机材料购买网站

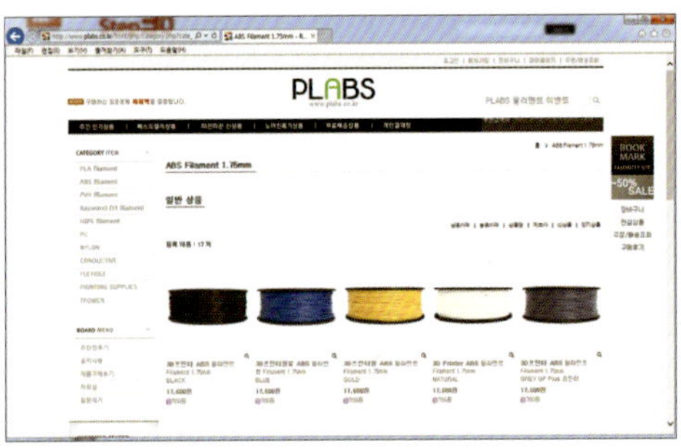

PLABS主页 http://www.plabs.co.kr
Step 3D主页 http://www.step3d.net
it mart主页 http://www.it-mart.net
Device Mart主页 http://www.devicemart.co.kr在“机械机器人电动机”菜单中选择“3D打印机”即可。

3D 打印机相关程序的准备

若想使用 3D 打印机，就需要利用建模程序制作 3D 数据，再通过切片程序设定打印环境，接着利用控制 3D 打印机的主程序进行 3D 打印。利用程序进行打印的全过程如下：

建模程序

建模程序是制作3D数据的程序。

123D Design, SketchUp, 3ds Max 等

模型制作

保存为 STL 文件

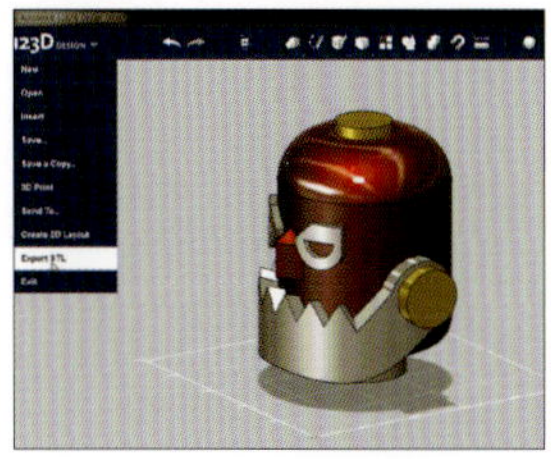

▼

切片程序

切片程序为了完成3D打印，对STL、OBJ、DAE等3D数据进行分层，并设定相关打印环境参数，最终转化为Gcode文件的程序。

Cura, Slic3r, KISSlicer

打开 STL 文件

设定模型数据打印环境

保存为 Gcode 文件格式

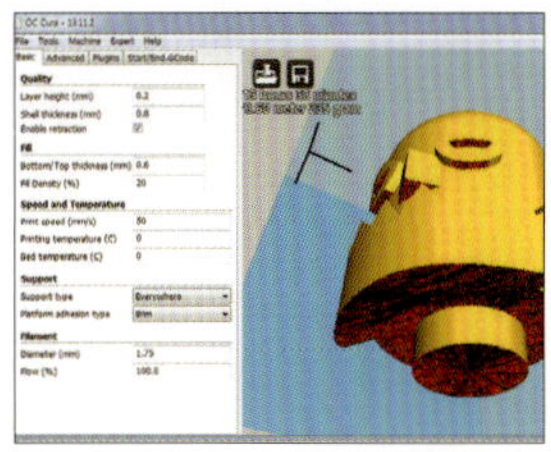

▼

主程序

连接3D打印机和计算机，并通过Gcode文件控制打印。

Printrun, Repetier-Host

打开 Gcode 文件

设定打印环境

开始打印

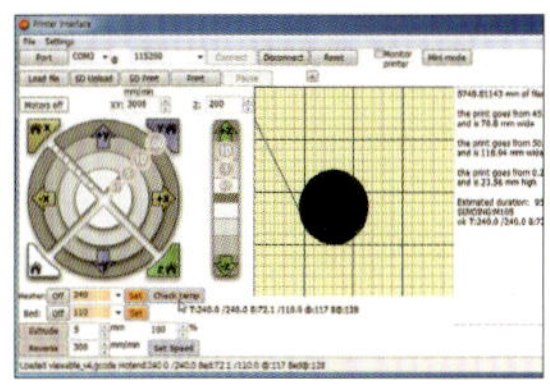

厂商专用程序

3D Systems、MakerBot等专家级3D打印机需要使用专用程序。专用程序同时包含前文中所提到的切片和打印控制功能，所以不需要额外安装其他程序。

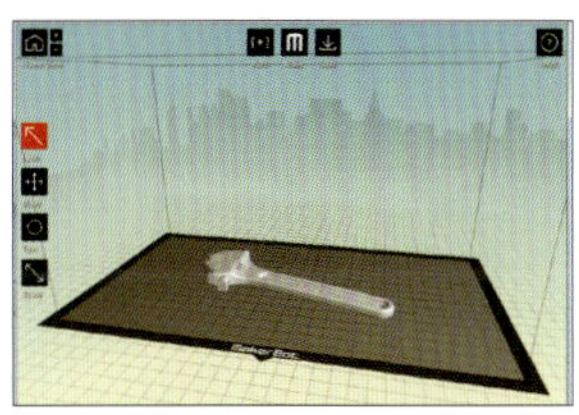

做好3D打印的准备了吗

想要进行3D打印，应先启动3D打印机，然后将打印机连接到计算机，再加入打印材料。接下来让我们了解一下进行3D打印之前3D打印机的设置方法，这里以OpenCreators的OCP-ALMOND模型为例进行介绍。不同型号的3D打印机的设置方法不尽相同，具体事项请参照产品说明书。

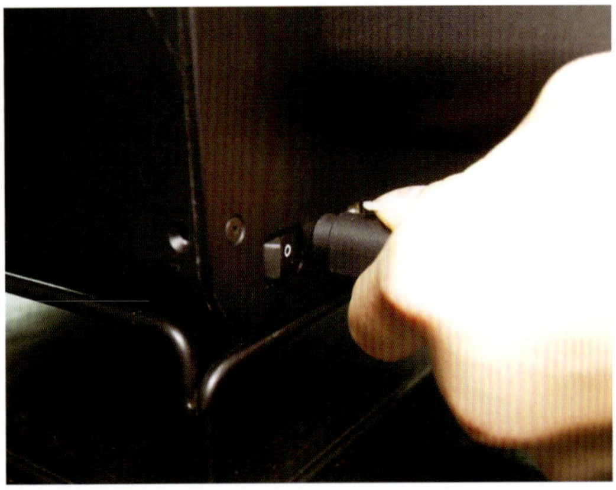

插上3D打印机的电源线，用USB连接线连接打印机和计算机，连接完成后即可开启打印机电源。

将计算机和3D打印机成功连接并不代表可以立刻投入工作，只有在计算机上安装了3D打印机驱动程序和3D打印机控制程序，才可以使打印机进入工作状态。详细的连接方法请参照Part 03。

▼

将打印材料置入3D打印机的材料盒内。因为需要将材料放进3D打印机内侧的挤压机中，所以要保证在从材料盒进入挤压机这一过程中，打印材料不会出现因散乱而堵塞机器的现象。某些产品会将材料插入输送管中。不同产品加入材料的方式可能会有所差异，所以具体操作方法还是应该参照打印机的说明书。

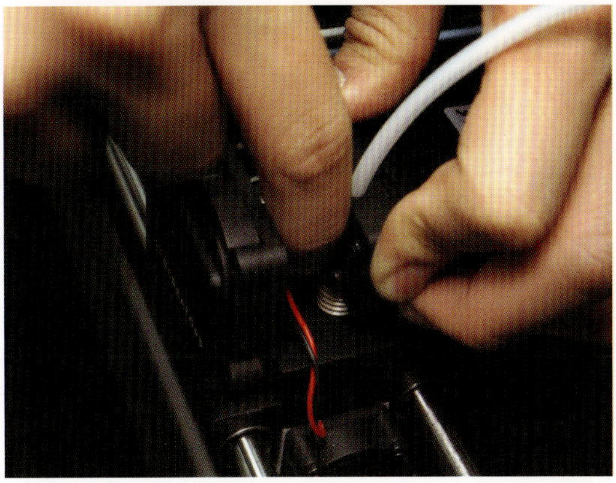

将打印材料送入挤压机内。挤压机前方有一个按钮，按住该按钮就可以顺利将材料输送至注入口，插入时应尽可能将材料置入挤压机底部。有些产品需要利用LCD才能使材料顺利进入。

▼

连接正常之后，将在挤压机内的打印材料注入喷嘴。挤压原理就是对喷嘴进行加热，使材料融化，从而使材料从喷嘴处喷出。平时不会自动加热，但开始进行3D打印时或利用Prinrun等打印控制程序启动加热时才可以开始加热。

SD卡槽

如果3D打印机上有SD卡槽，就不需要连接计算机而可以直接在3D打印机上进行打印。具体方法为：先将打印物件的数据保存在SD卡中，再将卡插入打印机上的卡槽，随后通过LCD面板上的SD卡打印命令进行打印。

Part02 123D Modeling

3D 建模

安装 123D Design 程序

123D Design 是 Autodesk 公司提供的免费 3D 打印机专用程序，用于进行 3D 建模。在开始使用 123D Design 之前，让我们先了解一下 123D Design 程序的安装方法。

1 | 登录 AutoDesk 123D 主页（http://www.123dapp.com），在 Apps 界面中单击 123D Design。

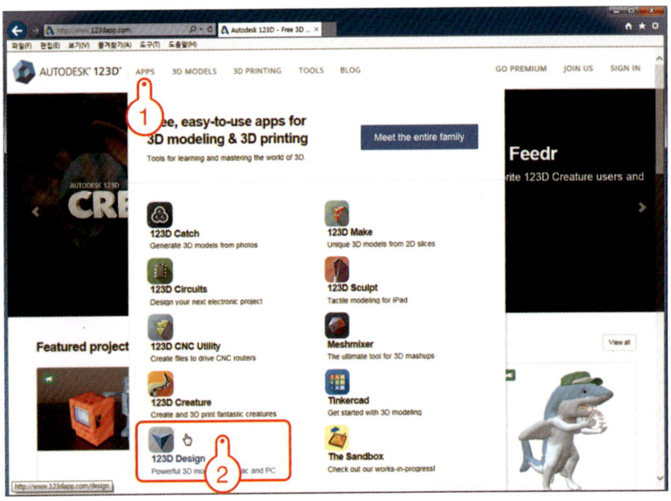

2 | 单击 [Download for PC and Mac 中的 Download for PC(64-bit) 按钮进行下载。

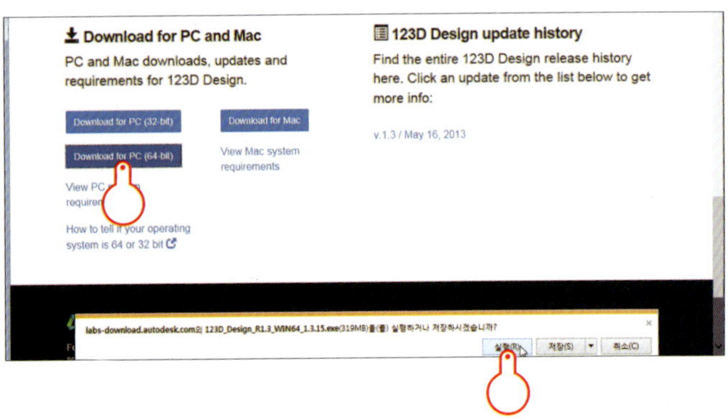

32 位 Windows XP 用户需要单击 Download for PC(32-bit) 进行下载。

3 | 完成安装之后，从“开始”菜单中选择“123D Design”，执行程序。

4 | 在 Start Tip 界面中单击 Start a New Project 按钮。

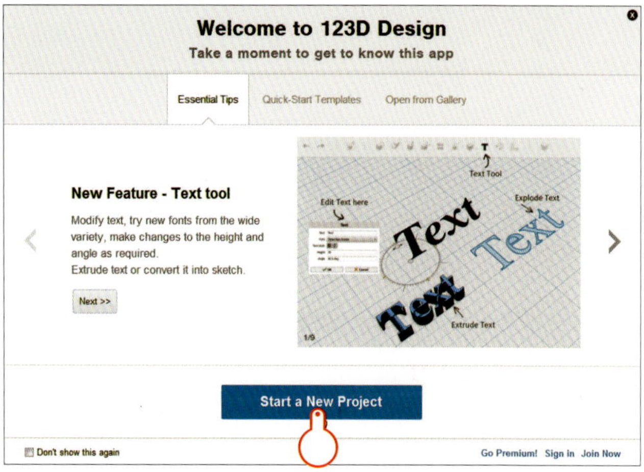

Start Tip 窗口会出现有关 123D Design 使用的简单提示信息。

5 | 界面上会出现带有网格的空画面。

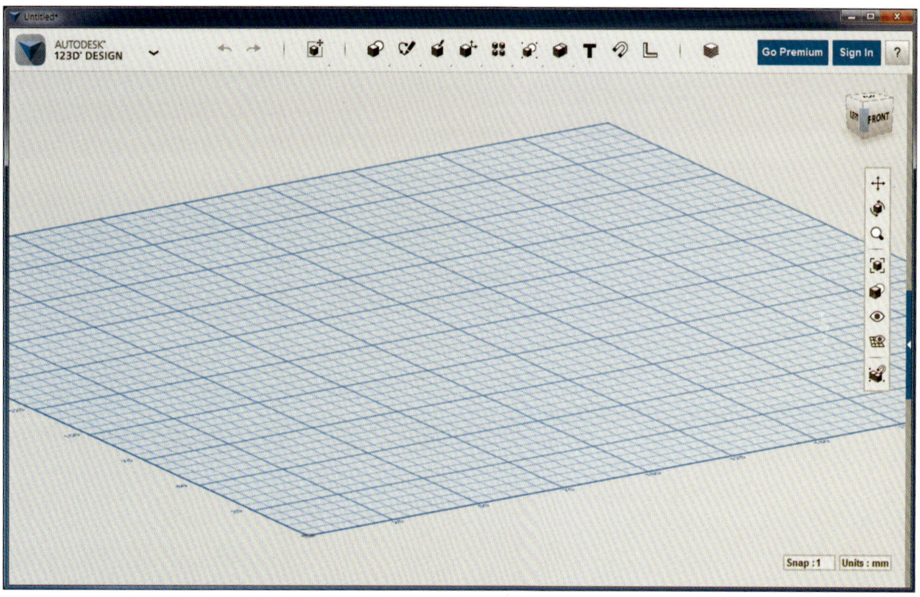

PART 02 123D Modeling

打开样本建模素材

123D Design 提供各种可用于建模的样本素材。下面让我们了解一下打开机器人物件，并利用查看工具从各种角度查看物件的方法。

1 | 单击右侧箭头状按钮，打开板块。

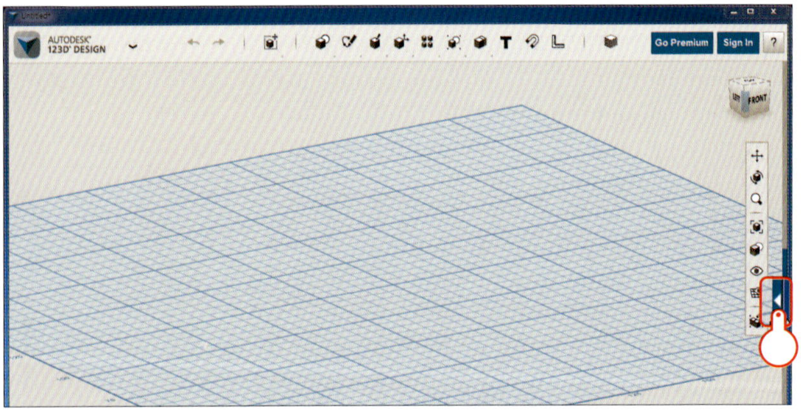

位于画面右侧的小箭头按钮可以用来打开或关闭板块

2 | 从下拉列表框中选择 Robot。

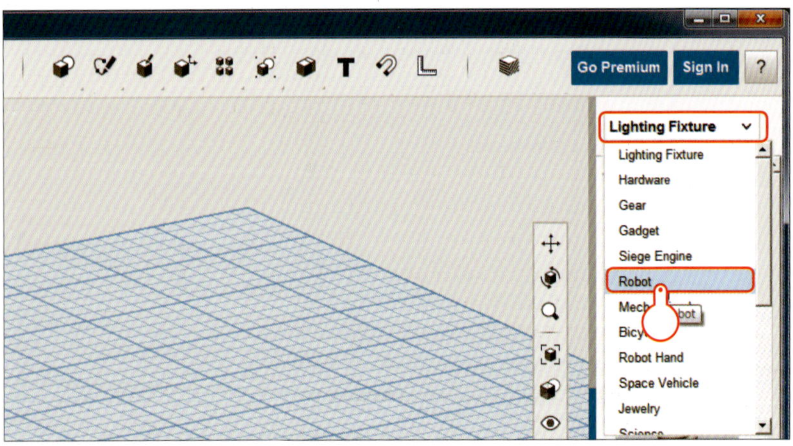

建模数据需要从网上读取，因此计算机必须联入互联网。

3 | 将所要查看的模型素材拖动到空白处。

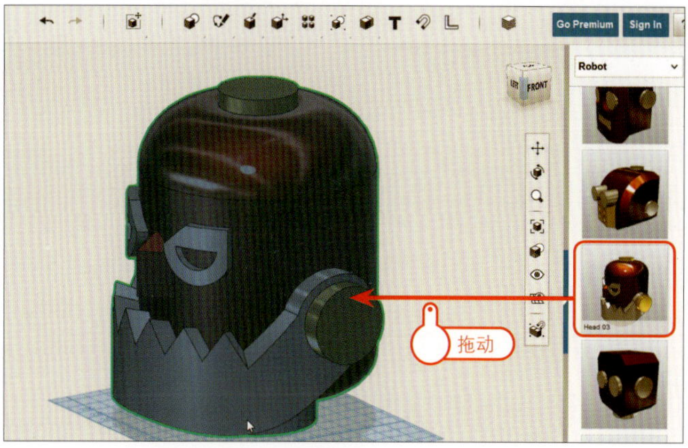

4 | 单击选中模型，利用鼠标进行拖动，移动模型。

按住鼠标左键可沿水平方向移动模型素材。

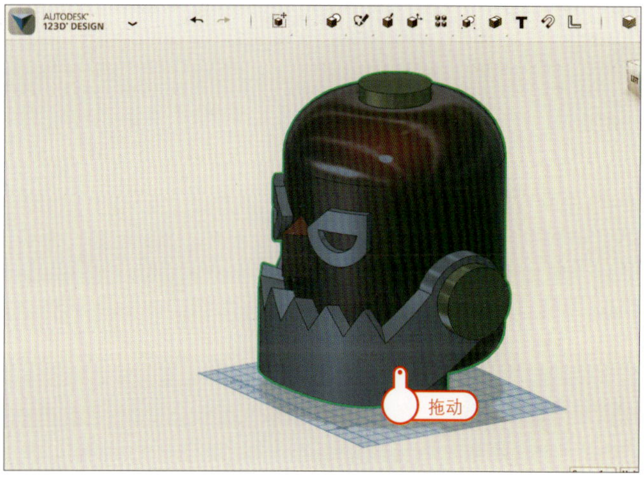

5 | 按住鼠标右键进行拖动可旋转素材。

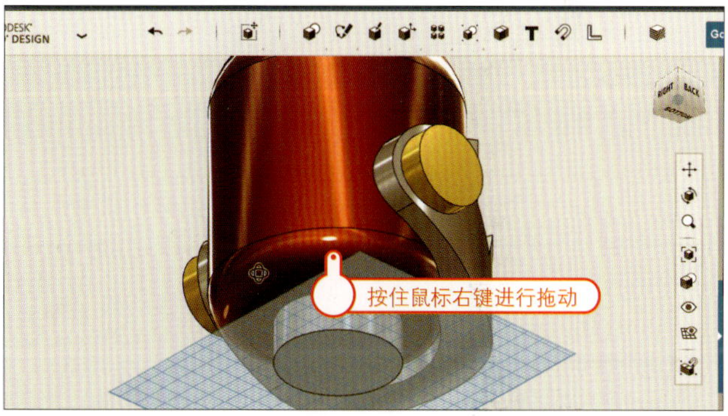

6 | 滑动鼠标滚轮，可放大或缩小素材。

7 | 单击 Transform → Move 按钮。

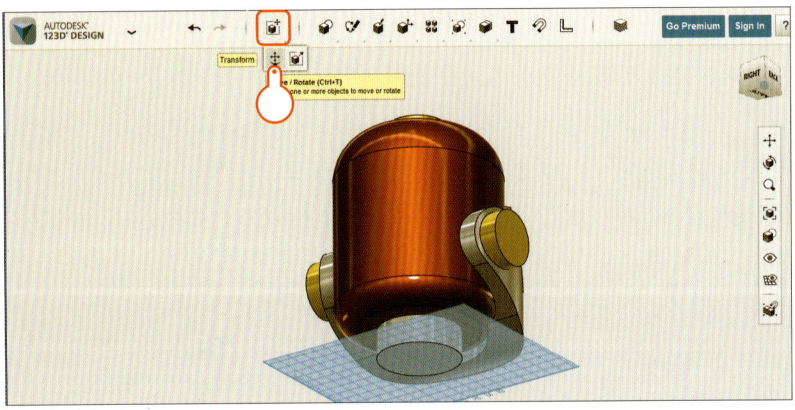

使用 Move 工具可沿水平或垂直方向移动或旋转素材。

8 | 单击素材会出现三个方向的箭头，拖动箭头就可沿着该方向移动素材。

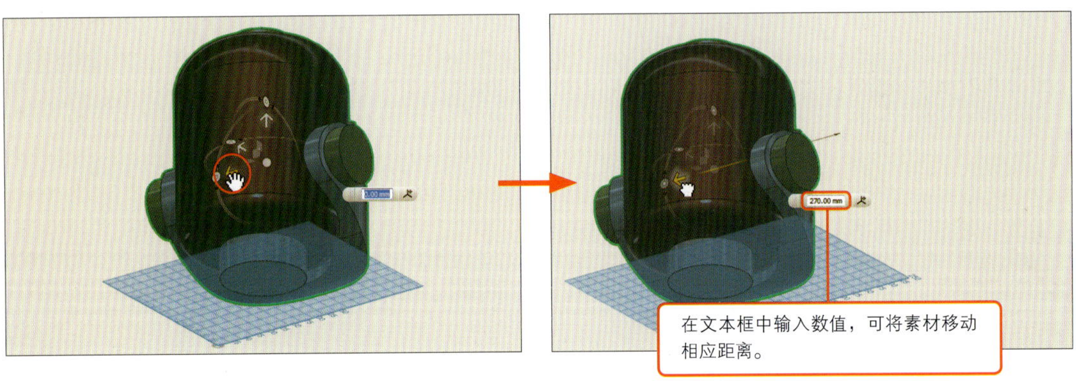

9 | 用鼠标拖动圆形把手按钮，可沿着圆弧的方向旋转素材。

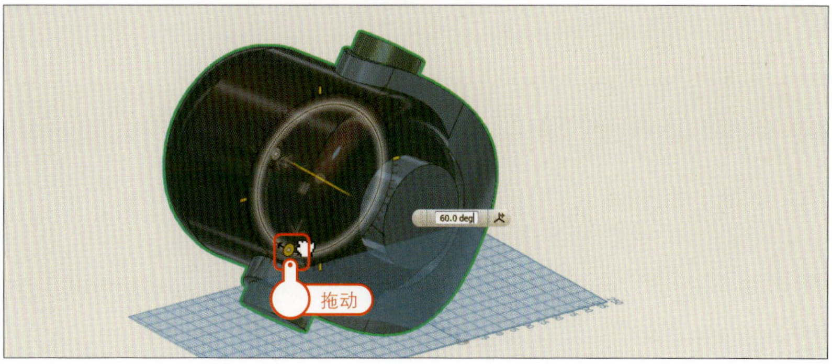

素材会沿着圆所在的轨迹旋转。

10 | 单击右上方 View Cube 中的 BACK，即可定位到相应角度。

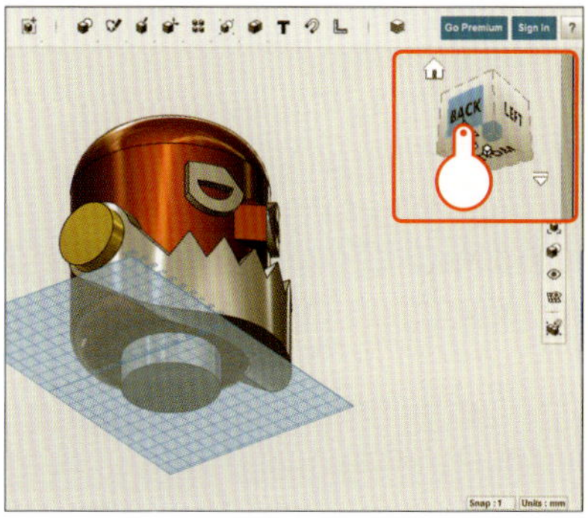

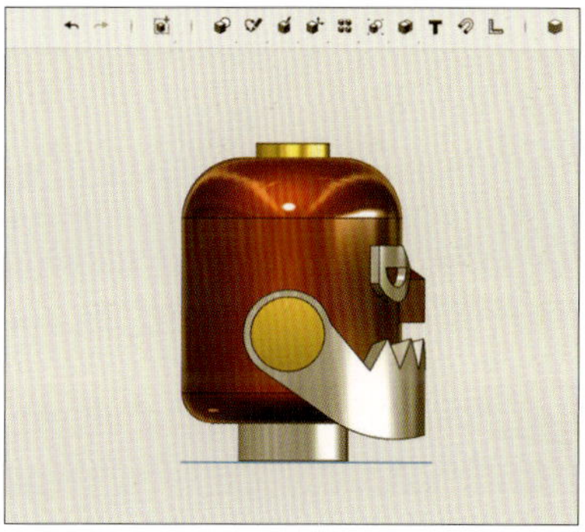

单击“主页”按钮，素材便会恢复到 45° 的基本视角。

11 | 将鼠标指针移动到 CUBE 上，单击任意指示箭头即可移动到相应视角。

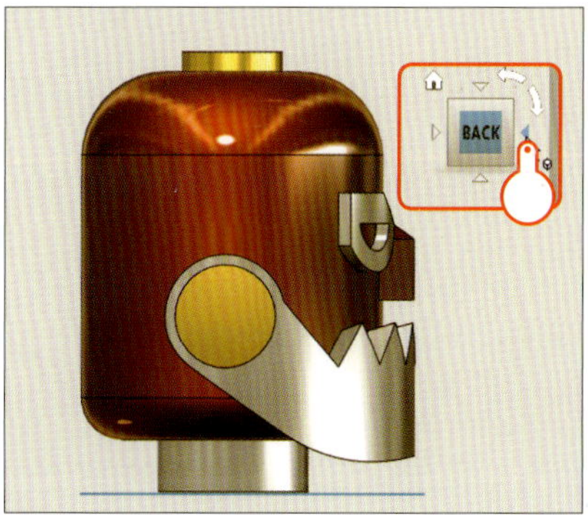

将鼠标箭头移动至希望看到的视角，相应的面便会变成蓝色，单击该部分，就可以转向相应视角。

PART 02 123D Modeling

在 Autodesk 云中保存已建好的模型

123D Design 提供云服务，可随时将作业内容上传至云空间进行储存，即可在已联入互联网的任意一台安装有 123D Design 的计算机上下载并打开相关文件。接下来我们了解一下为了使用 123D Design 云服务加入会员及保存作业内容的方法。

1 | 选择 中的 Save → To My Projects 命令。

To My Projects 命令用于在云空间中保存作业数据。只有计算机联入网络时才可使用该命令。

2 | 出现登录画面之后单击“申请账户”按钮，完成申请会员之后可以 Autodesk 账户登录。如想以 SNS 账户登录，可以单击下方相应的 SNS 图标。

3 | 输入所选的 SNS 账户名称及密码单击“登录”按钮。

4 | 单击“保存”按钮，以后便可通过 SNS 账户登录 Autodesk 账户。

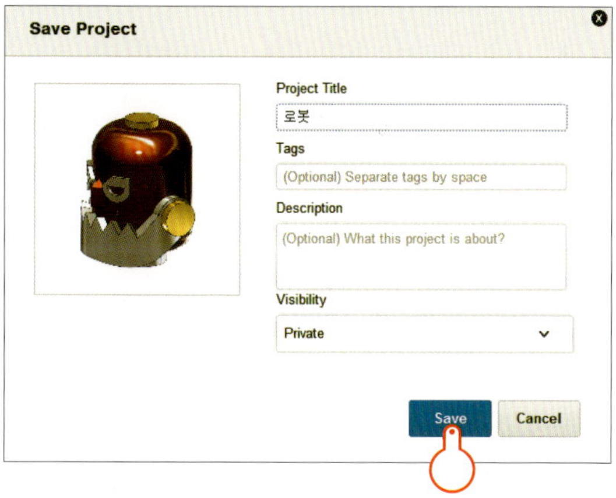

传输速度受数据大小和网速的影响。如传输未能成功，请稍后再试。

通过 FACEBOOK 账户登录

如果已经注册了FACEBOOK账户的话，就不需要重新申请，直接通过FACEBOOK账户轻松登录。在登录界面单击FACEBOOK之后，输入FACEBOOK的账号与密码就能自动登录了。

在计算机中保存和打开模型

123D Design 不仅可以保存在云端，还可以保存在计算机中。作业数据会被保存为 123D Design 格式的文件，以便用户在任何时候都可以通过 123D Design 重新打开。

1 | 选择 AUTODESK 123D DESIGN 中的 Save → To My Computer 命令。

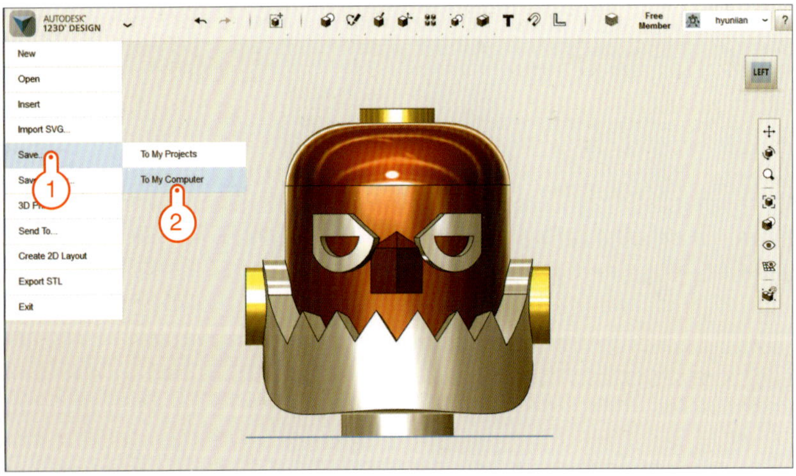

2 | 待弹出“另存为”对话框后，选择要保存的文件路径，输入文件名后单击“保存”按钮。

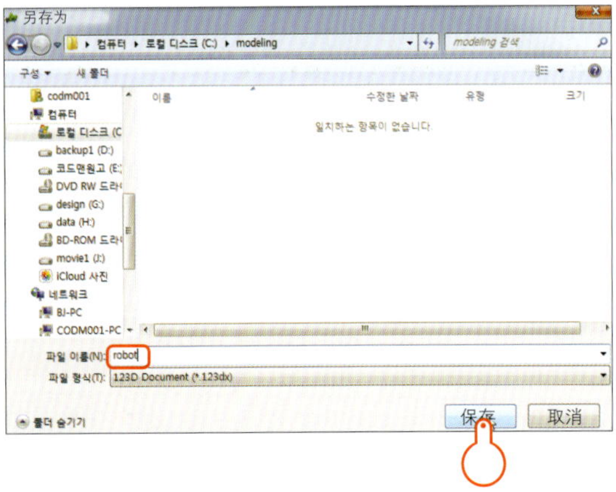

*.123dx 是 123D Design 的基本文件格式，只能通过 123D Design 读取。

3 | 退出 123D Design 时选择 AUTODESK 123D DESIGN 中的 Exit 命令。

4 | 打开模型时，先启动 123D Design，再选择 AUTODESK 123D DESIGN 中的 Open 命令。

5 | 待弹出 Open Project 对话框后，在 Browse My Computer 选项卡中单击 Browse 按钮。

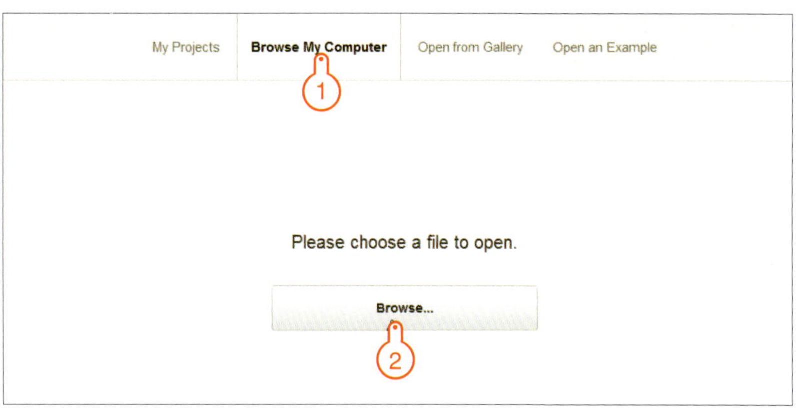

若想打开保存在云端的数据，就需要切换至 My Projects 选项卡。

6 | 待弹出“打开”对话框后，在 123D Design 模型数据（*.123dx）所在的路径中选取文件，并单击“打开”按钮。

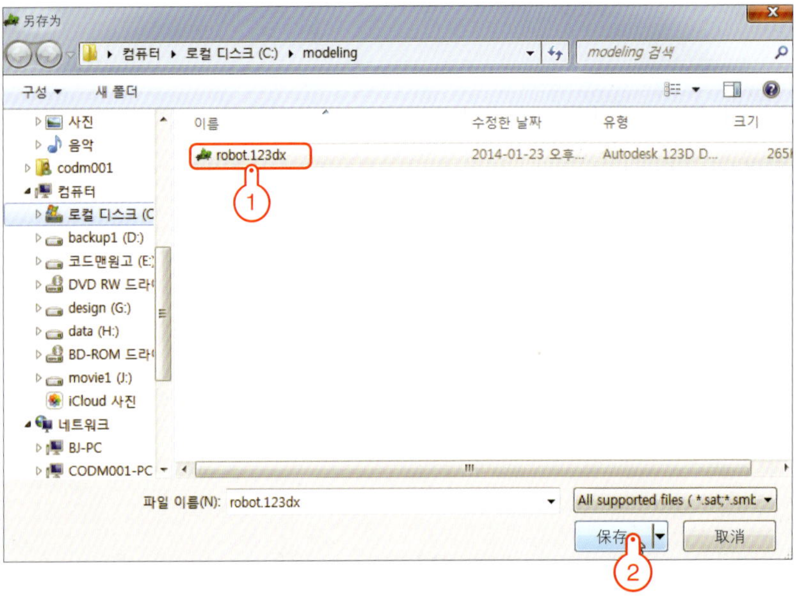

7 | 成功读取选中的模型数据。

查看 123D Design 工具菜单功能

123D Design 的界面非常简洁，常用的工具整齐摆放在菜单界面中，有利于初学者快速上手。为了更好地使用 123D Design，就需要了解每种工具都具有哪些功能。接下来让我们了解一下 123D Design 的界面结构和各种工具。

什么是 3D 扫描仪

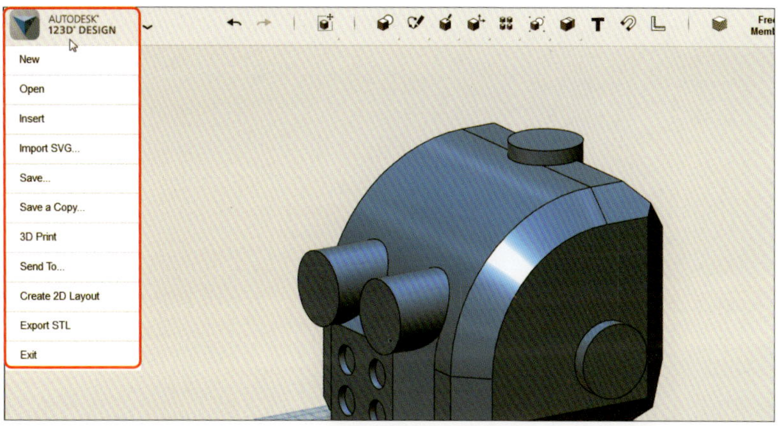

作业菜单 | 单击 AUTODESK 123D DESIGN 按钮便会打开菜单，其中包含“新建”“打开”和“保存”等基本操作中所用到的命令。

- New：新建工程。
- open：打开用 123D Design 制作的模型数据（*.123dx）文件。
- Insert：在现有的文档中打开 *.123dx、*.sat、*.smb、*.stp、*.step 格式的模型数据。
- Save：将作业文档保存为 123D Design 的模型数据文件（*.123dx）。
- Save a Copy：将模型数据另存为新文件。
- 3D Print：通过连接至计算机的 3D 打印机打印模型。
- Send To：将模型数据传送至可连接的其他程序。
- Create 2D Layout：将模型数据保存为 CAD 格式的文件（*.dwg）。该功能仅限于高级版本（收费）。

· Export STL：将模型数据保存为 3D 打印机所能打印的标准 STL 文件。

· Exit：退出程序。

界面查看、调节工具：组成作业界面的图面与物件查看、调节工具。

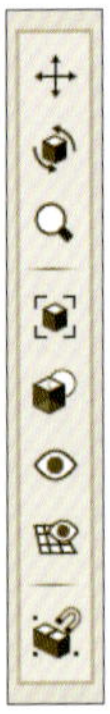

· Pan：移动图面。

· Orbit：旋转图面。

· Zoom：放大或缩小图面。

· Fit：按照界面大小调整图面大小。

·：选择查看物件的面和线。

·：切换物件 / 构图线查看模式。

·：显示或隐藏网格线。

·：【SNAP】利用工具粘贴对象的时候，首先指定是否要把所有对象组成一组。

Transform 菜单 | 用于移动、旋转、放大或缩小物件的工具。

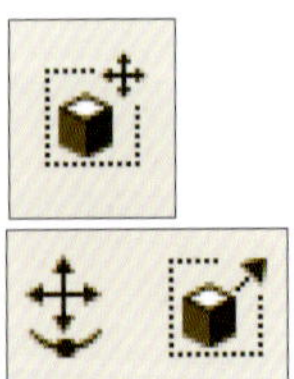

❶ ❷

❶ Move：选择或移动选中的物件。选择工具并单击物件，拖动指示箭头便可沿相应方向移动物件，还可以拖动圆形把手按钮部位旋转物件。

❷ Scale：放大选中的物件。选择工具并单击物件，拖动箭头即可放大或缩小物体。

Primitives 菜单 | 画二维图形和三维图形的工具集合。

❶ ❷

❶ ：所能画的图形包括正六面体、球、圆柱、圆锥、甜甜圈形等。

❷ ：所能画的图形包括四边形、圆形、椭圆形、多边形等。

Sketch 菜单 | 画图形和线的工具集合。

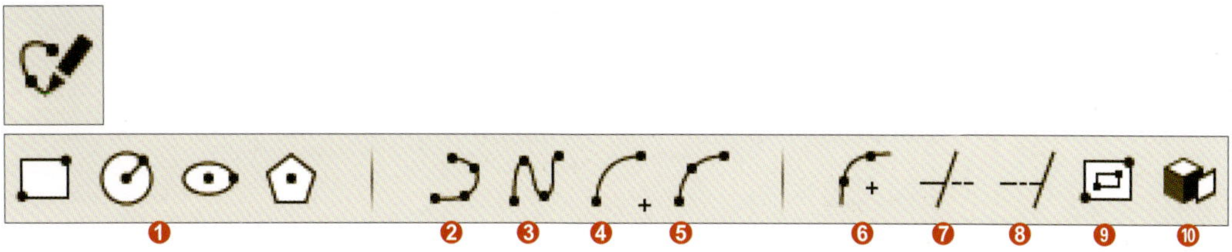

❶ ：所能画的图形包括四边形、圆形、椭圆形、多边形等。

❷ Polyline ：绘制直线和曲线。通过画点构造直线，通过拖动点构造曲线。

❸ Spline ：通过画点构造曲线。

❹ Two point Arc ：画圆。先取圆心，再确定半径，最后通过拖动构造圆。

❺ Three point Arc ：先后选取圆的起点和终点，通过拖动构造圆。

❻ Fillet ：对图形进行圆角处理。单击图形顶点，通过拖动箭头调节曲率。

❼ Trim ：裁剪二维图形中的特定面。先单击需要被裁剪的图形，再单击裁剪面上连接的线。

❽ Extend ：连接二维图形中切除的面。先单击已裁剪的图形，再单击需要连接的线。

❾ Offset ：制作二维图形边框的工具。单击 Offset，再单击需要制作边框的面，最后单击边框。

❿ Project ：在两个图形中，将其中一个图形的水平或垂直方向形成的图形，显示在另一个图形中。单击 Project 按钮之后，单击显示投影面的面，再单击被投影的图形即可。

Construct 菜单 | 通过延伸或填充组成形状的工具集合。

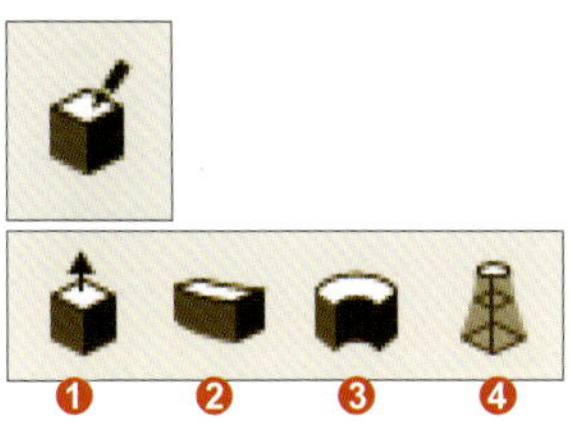

❶ Extrude ：拉伸所选的面之后展开或折叠。

❷ Sweep ：按照指定的路径扫描填充所选的面。

❸ Revolve ：以指定的轴为中心旋转填充所选的面。

❹ Loft ：自然连接所选的面，构造出图形。

Modify 菜单 | 调整模型形态的工具集合。

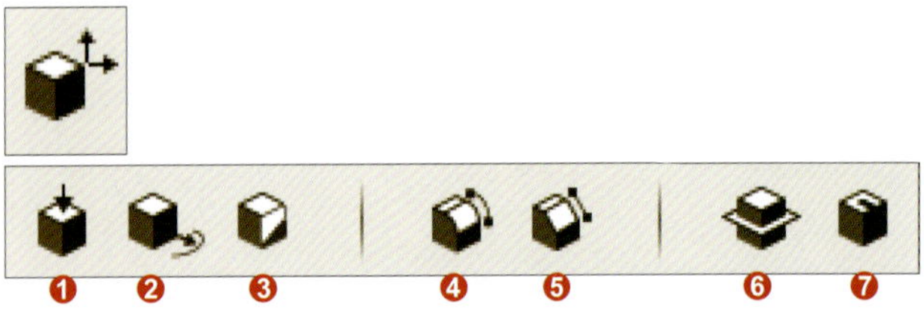

❶ Press Pull：延长或缩小图形中所选的面。

❷ Tweak：倾斜图形中所选的面。

❸ Split Face：以指定的路径为中心分离面。

❹ Fillet：对图形中所选的角进行倒圆角处理。

❺ Chamfer：对图形中所选的角进行倒棱角处理。

❻ Split Solid：沿着指定的路径分离图形。

❼ Shell：沿着指定的边缘从图形中进行抽壳操作。

Pattern 菜单 | 沿着直线、圆形、自由曲线等方式批量复制图形的工具集合。

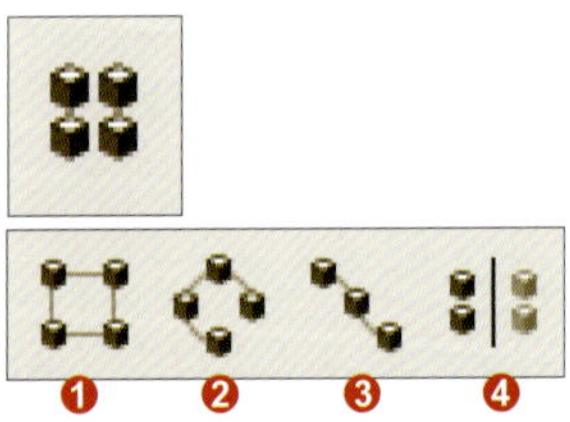

❶ Rectangular Pattern：单击 Solid 按钮，选择需要作为样例的图形，再单击 Directions 按钮，接着单击要复制的方向，最后通过拖动方式即可沿着指定方向复制所选的图形。

❷ Circular Pattern：单击 Solid 按钮，选择需要作为样例的图形，单击 Axis 按钮，再单击要复制的轴向，即可沿着圆形轨迹复制所选的图形。

❸ Path Pattern：先按照要复制图形的方向画出轨迹线，再单击 Solid 按钮选取图形，单击 Path 按钮，再单击画好的轨迹线，最后通过拖动便可沿着指定的方向复制图形。

❹ Mirror：以所选的线为中心线，在对称位置复制图形的工具。单击 Solid 按钮选取图形，再单击 Mirror Plane 按钮，选定作为镜面的面或线。

Grouping 菜单 | 将多个物件组合为一个物件或将一个物件拆分为多个物件的工具。

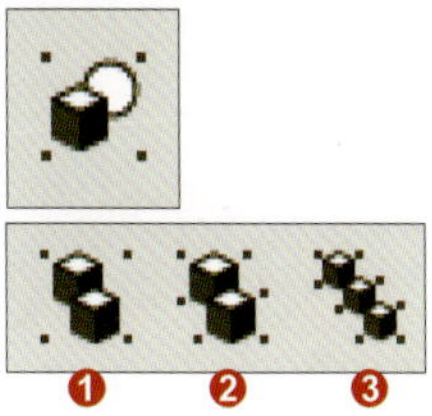

❶ Group：将所选的物件组合为一个物件。

❷ Ungroup：拆分物件。

❸ Ungroup All：彻底拆分经过多次组合形成的物件。

COMBINE 菜单 | 把已经选择的对象组合成一个对象、只删除选择的领域或者只留下相互重叠的部分时使用。

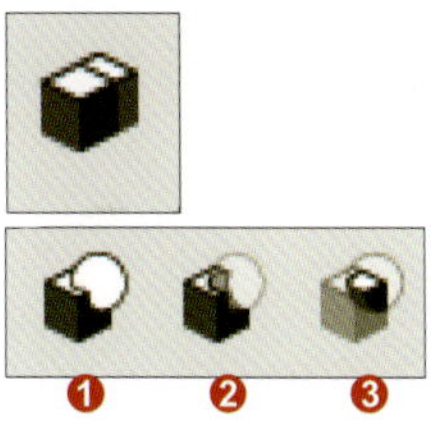

❶ Merge：把所有选择的对象组合成一个对象。

❷ Subtract：从目标对象中删除源对象领域。

❸ Intersect：只留下目标对象和源对象相互重叠的部分，其余全部删除。

其他工具

❶ Text : 插图文本元素（Text elements）

❷ Snap : 将已经选择的对象自动粘贴到选择界面。

❸ Measure : 对已选择对象利用各种工具进行测量。

❹ Material : 给选择界面上色。

制作马克杯

制作某种物件时需要考虑如何组合各种图形。大部分物件都可以利用 123D Design 中提供的图形制作而成。接下来就让我们利用圆柱形来构造出马克杯的形状，再利用倒圆角和抽壳工具制作出漂亮的马克杯。

1 | 运行 123D Design，单击 Pirmitives → Cylinder 按钮。

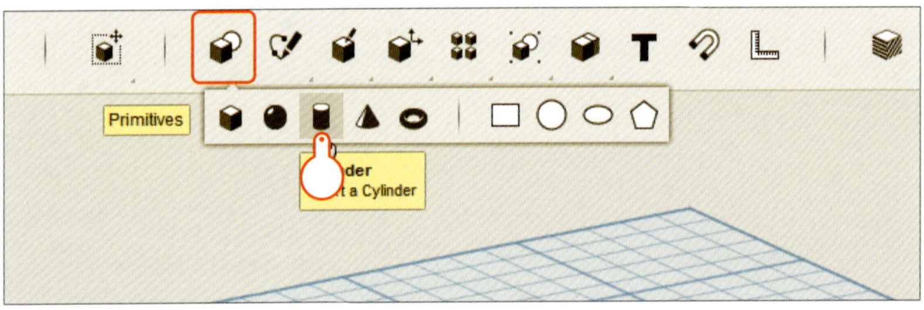

2 | 将鼠标箭头移至需要放置图形的位置上。在 Radius 文本框中输入“25”，然后按 <Enter> 键 Enter。

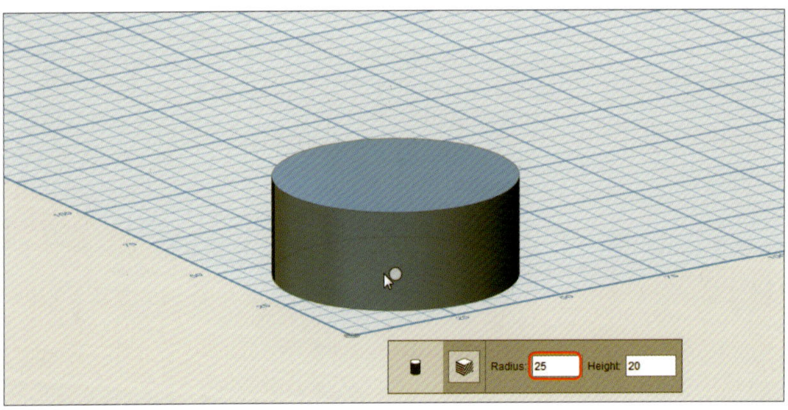

在 Radius 文本框中输入圆柱半径之后按 <Tab> 键 Tab，即可将光标移动至 Height 文本框，可在此指定圆柱体的高度。

3 | 选择 Construct → Extrude 工具。

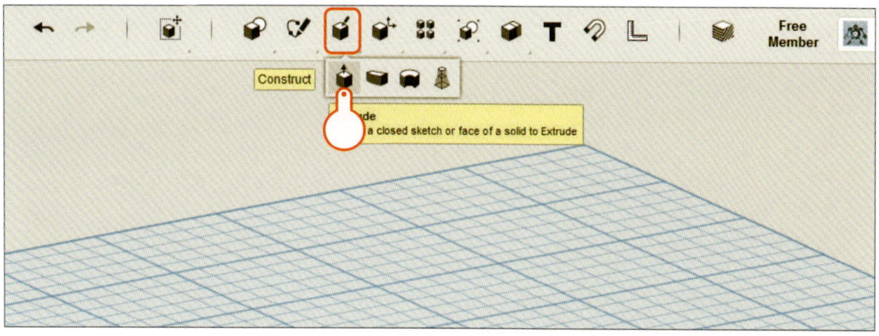

Extrude 工具用于拉伸所选面。

4 | 单击圆柱的正面会出现箭头，向上拖动该箭头可拉伸圆柱体。

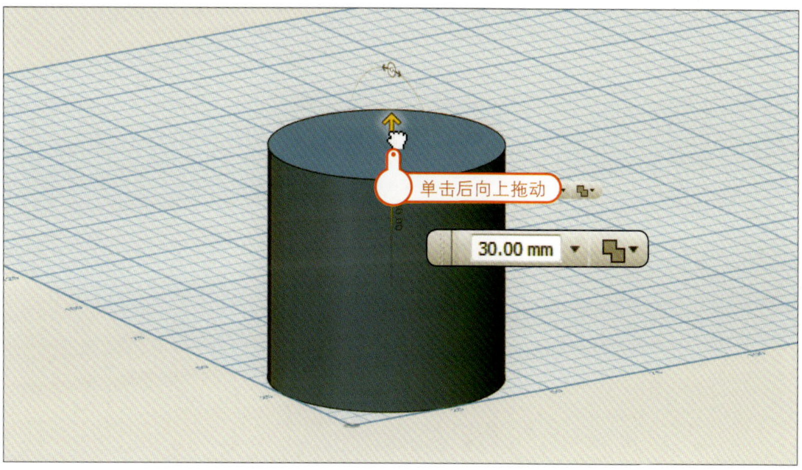

5 | 选择 Modify → Shell 工具。

Shell 工具可用于对所选的面进行抽壳操作。

6 | 单击圆柱体的正面。

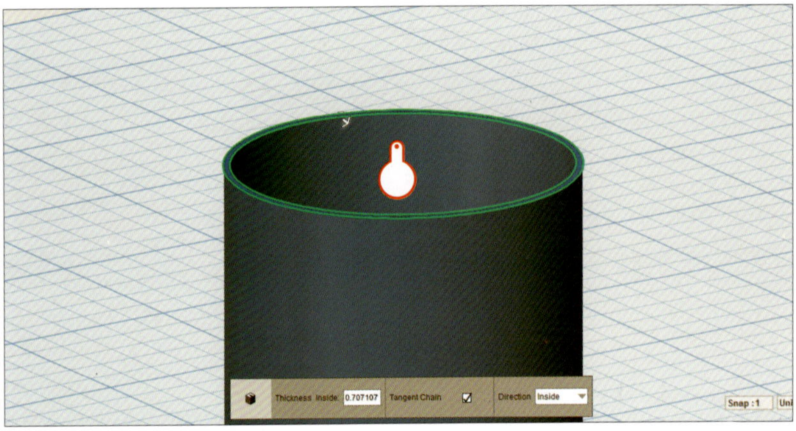

在 Thickness Inside 文本框中输入数值，以精确地调节厚度。

7 | 用鼠标拖动箭头可调节圆柱体的厚度。

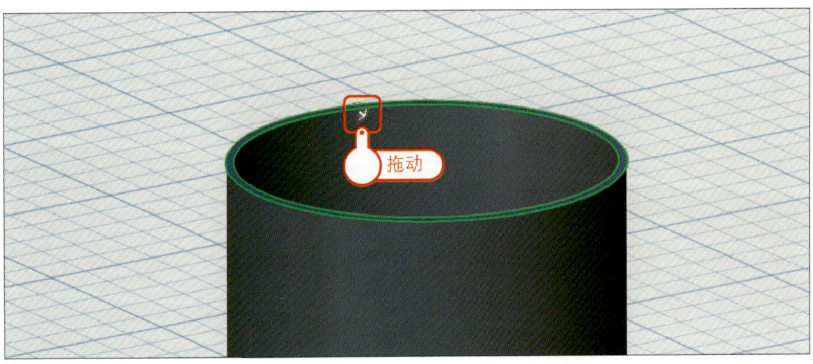

8 | 选择 Modify → Fillet 工具。

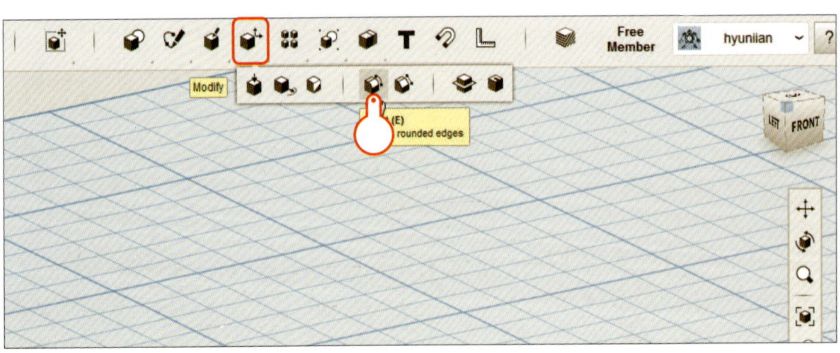

Fillet 工具可对所选的面进行倒圆角操作。

9 | 单击需要进行倒圆角处理的面。

10 | 用鼠标拖动箭头，调节曲率。

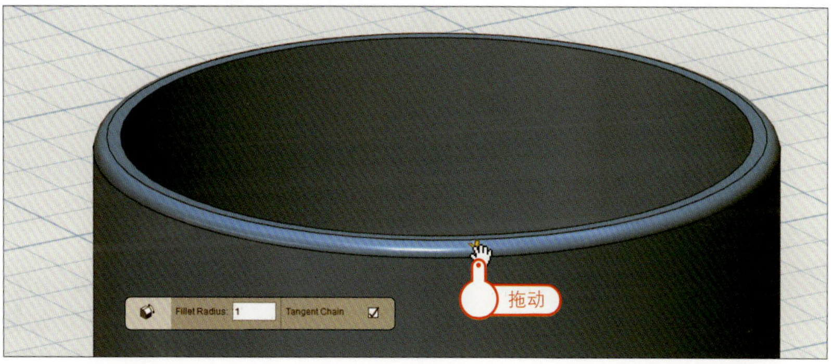

可在 Fillet Radius 文本中指定圆角的值。

11 | 用同样的方法对内面进行倒圆角处理。

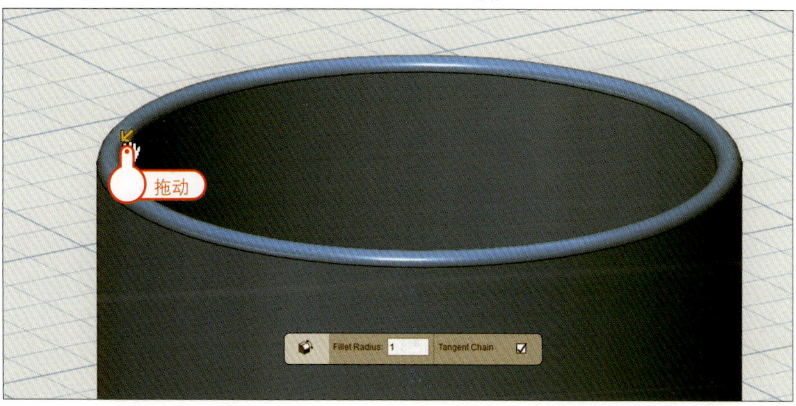

和之前的 Fillet Radius 文本框中输入的值相同。

12 | 单击按钮，再从展开的菜单中选择 Outlines Only 命令。

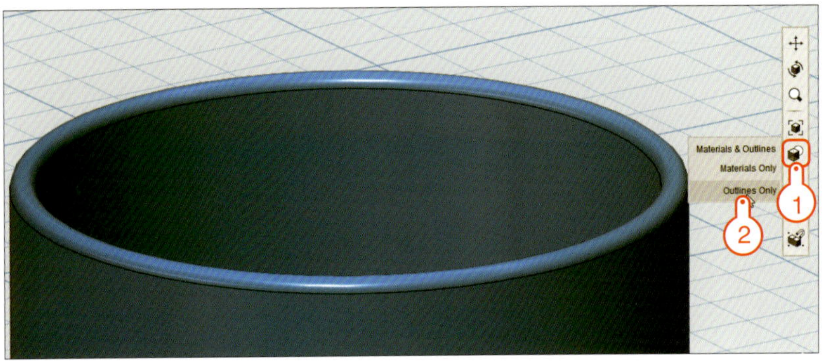

执行 Outlines Only 命令后，界面中只显示图形线条。

13 | 最后确认杯子边框是否正常。

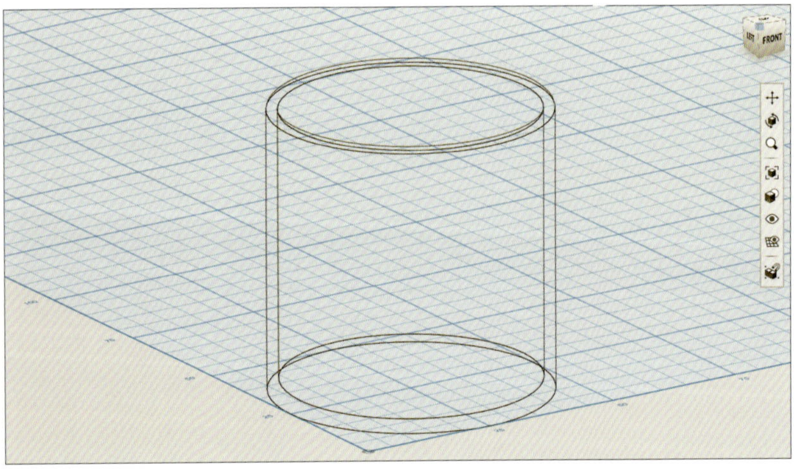

选 择 Materials & Outlines 命令可以显示所有面和线条。

选择对象领域

单击一次对象就能把这个对象全部选择，这个状态下把鼠标指针放在对象界面时，界面的边界出现翻转的现象，这个时候就能单击选择该界面。或者把鼠标指针放在边角位置，此时该边角位置会出现翻转现象，这个时候就能单击选择该边角。

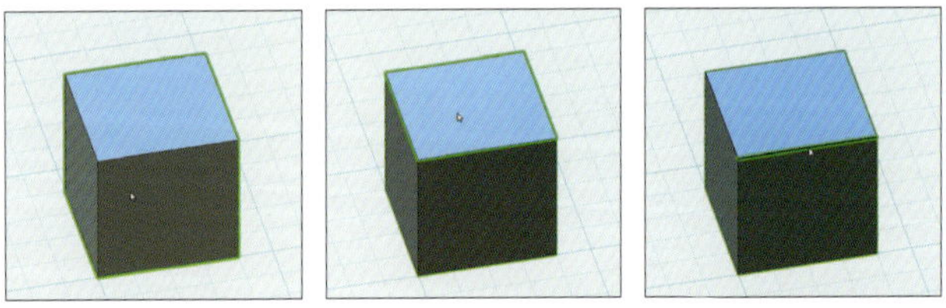

制作马克杯的把手

若想制作马克杯的把手，就需要先画出把手形状的线条，再将其转化为面，最后通过填充工具完成绘制。将制作好的把手贴在前文中完成的杯子上，就可以得到一个完整的马克杯。

制作把手

1 | 运行 123D Design，单击 View Cube 中的 TOP。

画线条时最好将视角设为 Top 角度。

2 | 单击按钮后，用鼠标将完成的杯子图形拖动至画面空白处。

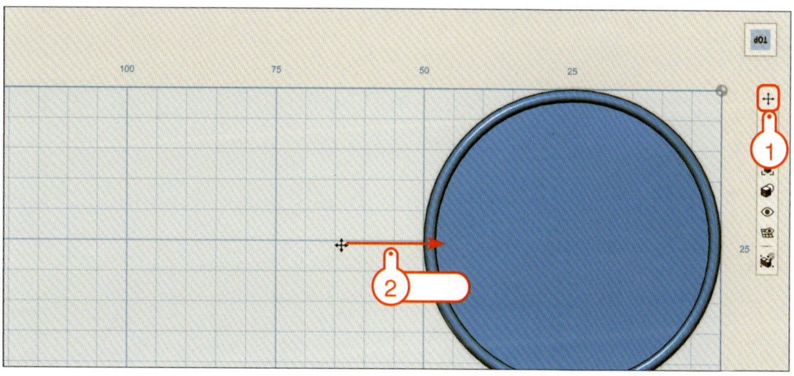

按钮可用于移动图形。

3 | 选择 Sketch → Polyline 工具。

Polyline 工具用来画直线或曲线。

4 | 单击需要画直线的起点。

5 | 在变向的位置单击鼠标。

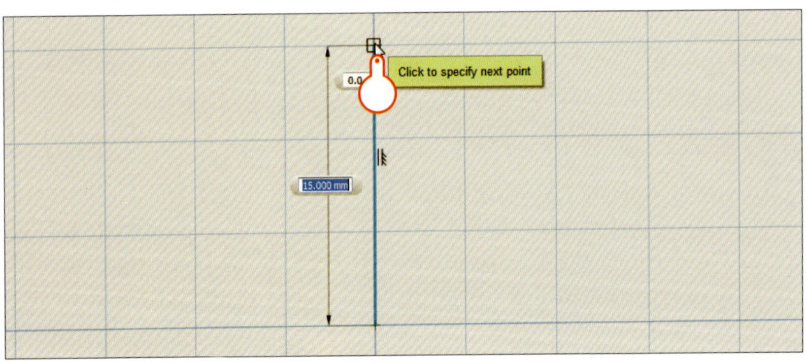

可在文本框中输入具体的数值，以确定线条的长度，或参照图的数值调整线条的长度。

6 | 用相同的方法画出其他线条，单击 <Enter> 键后弹出提示。

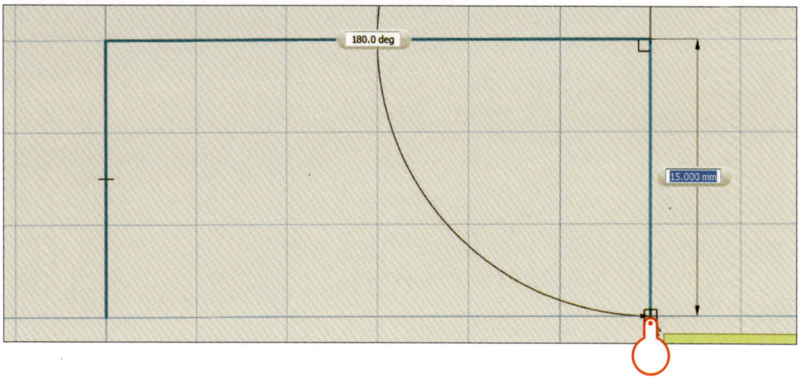

单击 <Enter> 键后弹出提示，只有单击按钮才能停止画线。

7 | 选择 Sketch → Sketch Fillet 工具。

Sketch Fillet 工具可用于调节线条圆角。

8 | 将鼠标指针移至线条的棱角处，当出现红色指示线时单击鼠标。

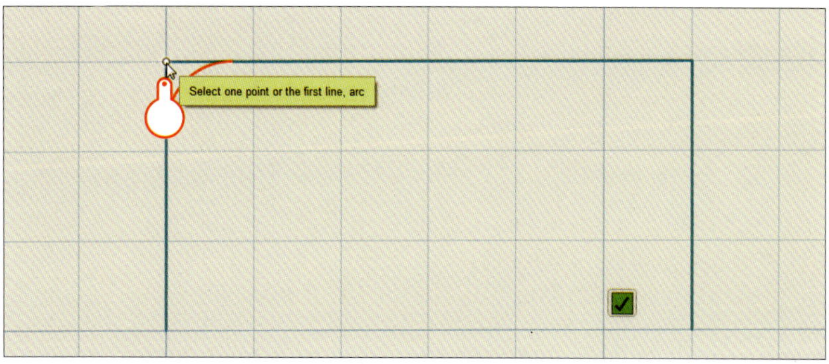

可在 Fillet Radius 文本框中输入具体数值，以确定圆角半径。

9 | 当出现箭头时，可用鼠标进行拖动，以调节角度。

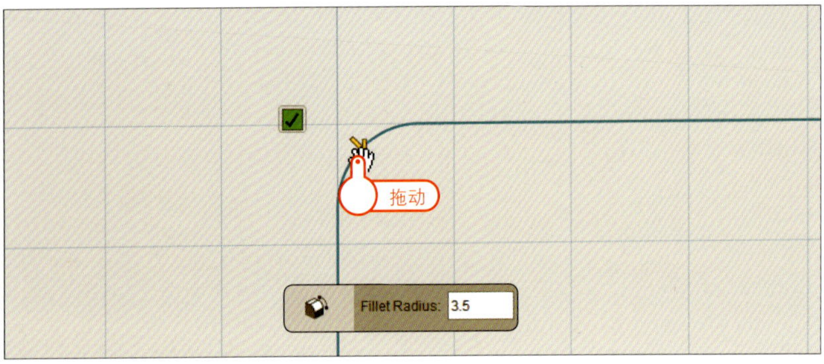

10 | 用同样的方法处理另一个棱角。

11 | 选择 Sketch → Circle 工具。

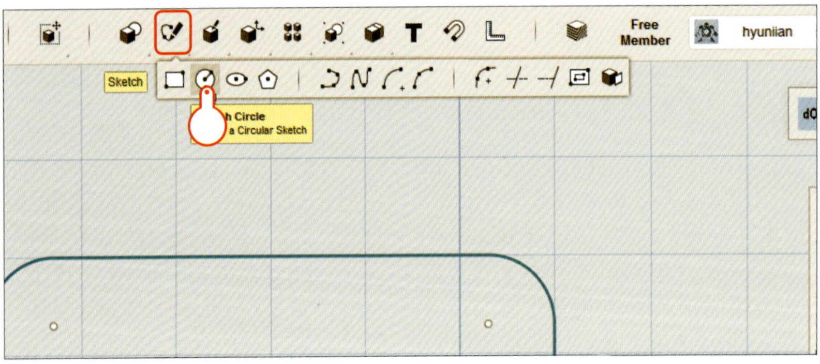

12 | 单击确定圆心的位置，移动光标至圆半径距离处，再次单击即会出现圆形，最后单击✅按钮完成绘制。

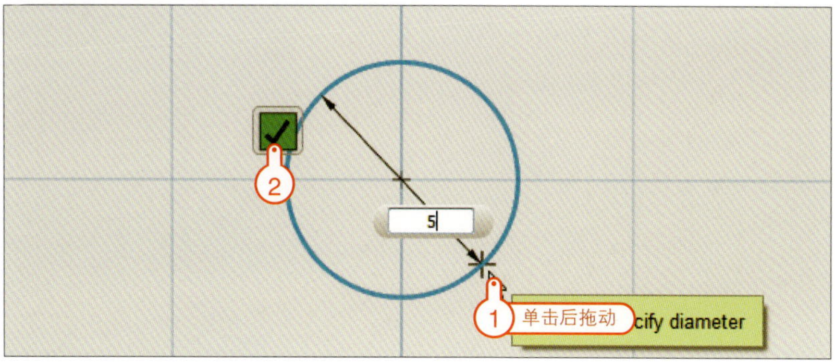

该图形为把手的断面图。

13 | 将图面的视角旋转 45° 左右，选择 Transform → Move 工具。

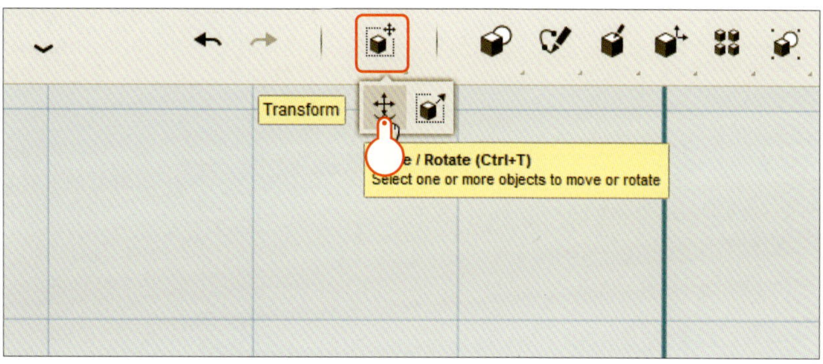

移动或旋转物件时，最好将视角调整为指示线明显的角度。

14 | 拖动旋转方向盘，使圆形和线条呈垂直关系。

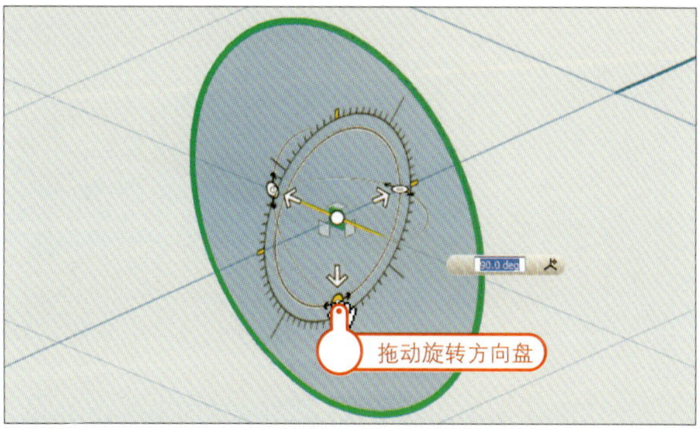

在三个方向的旋转轴中拖动需要被旋转的轴向方向盘，也可通过在文本框中输入具体数值将图形旋转为精确的角度。

15 | 拖动移动箭头至之前绘制而成的线条图形。

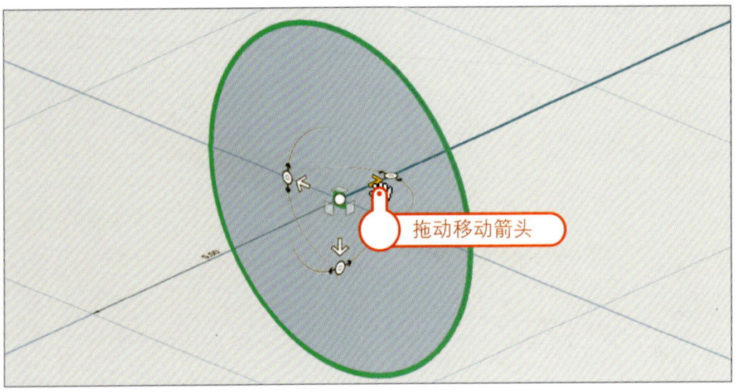

调整圆形的位置，保证线条与圆心接触。

16 | 选择 Construct → Sweep 工具。

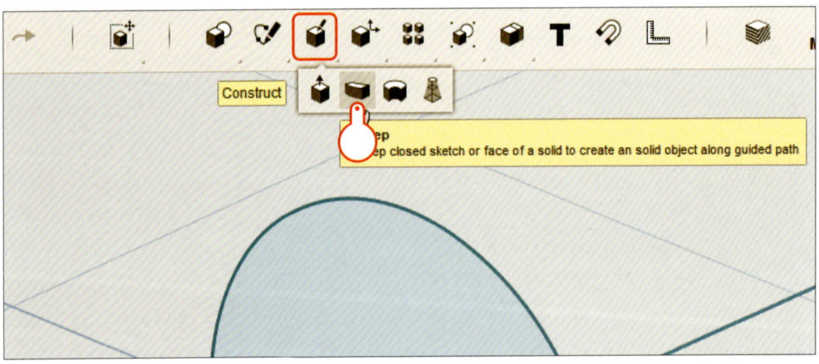

Sweep 工具可用于沿着所选线条的方向扫描填充所选的面。

17 | 在 Profile 按钮处于按下状态时单击圆形。

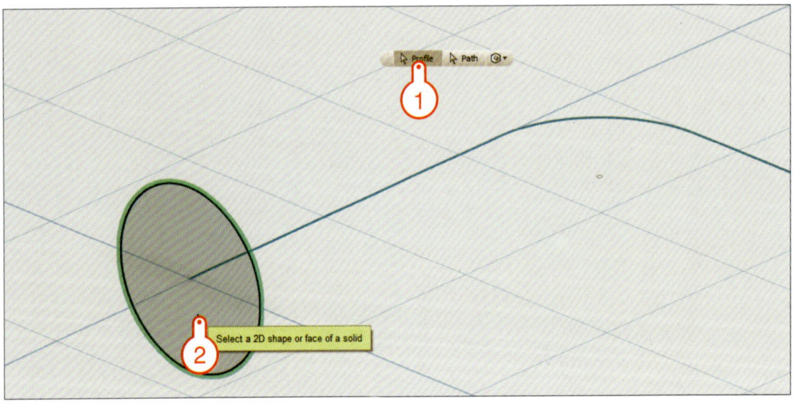

选择需要构成面的图形。

18 | 在 Path 按钮处于按下状态时选取线条图形。

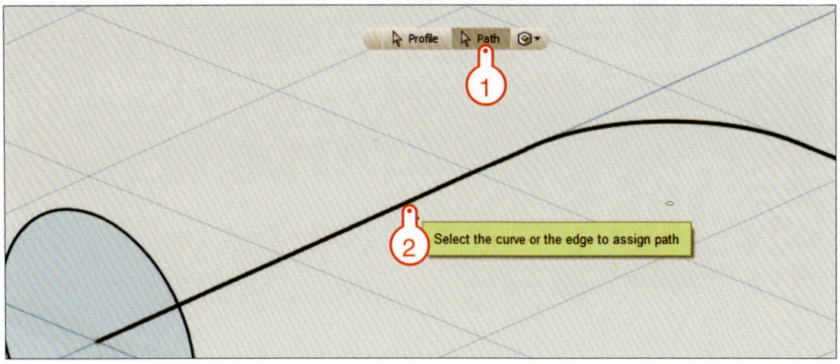

选择需要填充的路径。

19 | 所选的圆形会沿着线条图形进行填充。

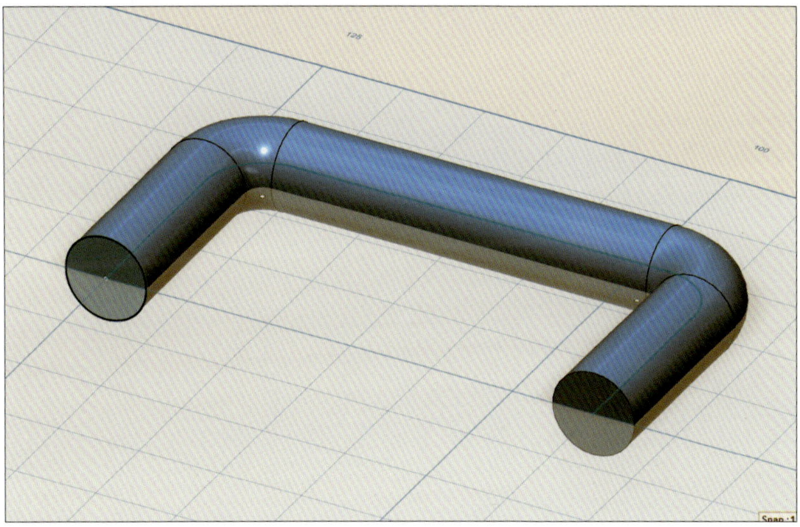

组合杯子和把手

1 | 选择 Transform → Move 工具。

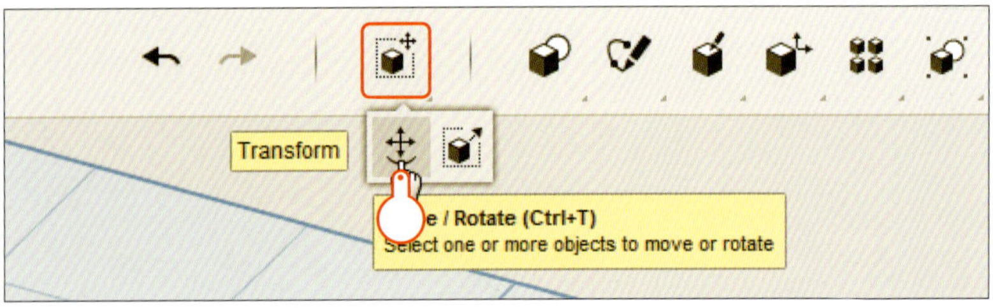

2 | 拖动旋转方向盘将把手图形旋转至贴合杯子图形的角度。

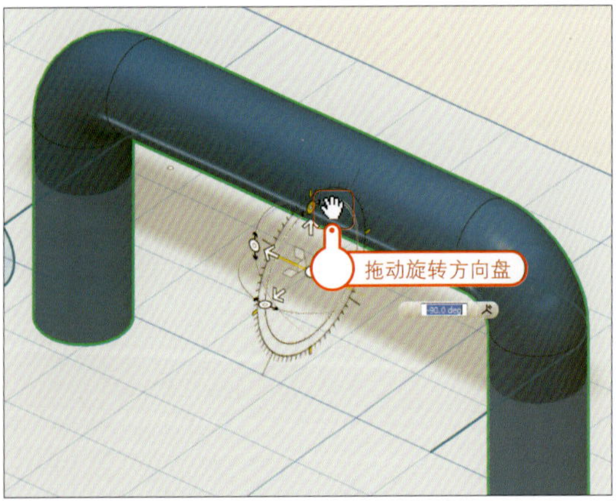

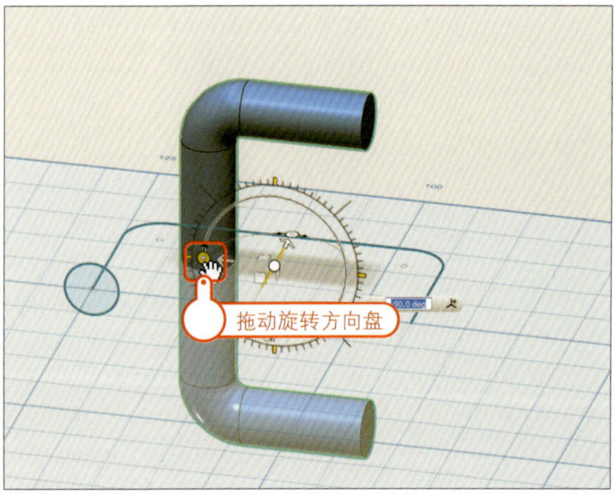

3 | 拖动移动箭头，将把手贴在杯子上。

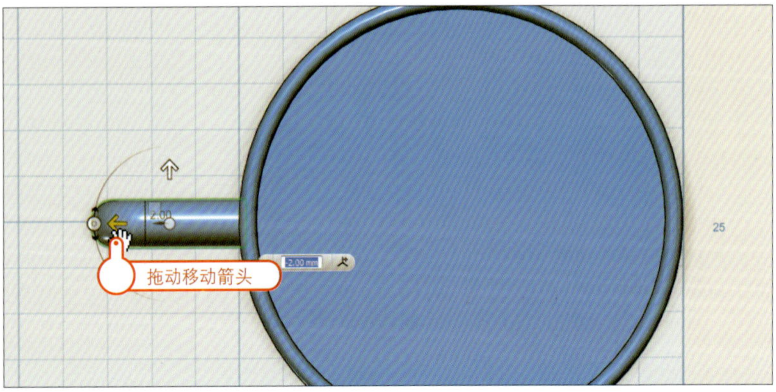

可以通过切换视角确认两种图形是否重合。

4 | 旋转视角，查看把手位置是否正常。

对于初学者来说，将模型的位置调整至理想位置并不是一件容易的事情。因此需要沿着 X、Y、Z 轴三个方向转动模型，确保各个图形的位置都能保持正确。

5 | 选择 Combine → Merge 工具。

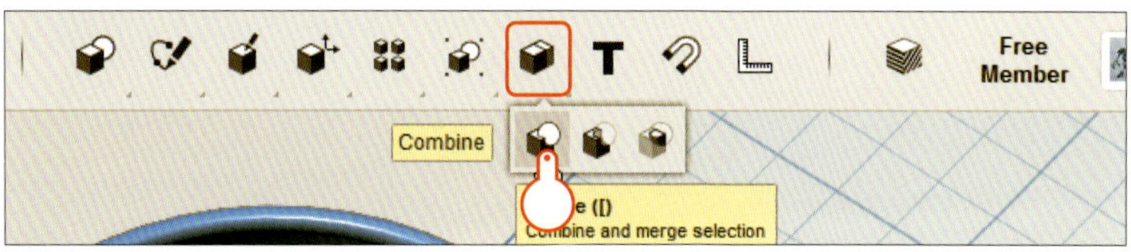

Combine 按钮可用于将多个物件合成为一个物件。

6 | 单击 Target Solid/Mesh 按钮选择杯子图形，再单击 Source Solid/Mesh 按钮选择把手图形。

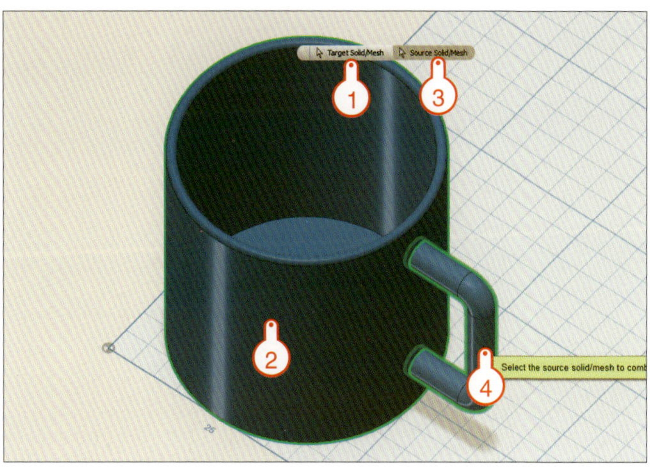

杯子和把手会合成为一个物件。

7 | 通过拖动选中不需要的路径线条和圆形，按 <Delete> 键 Delete 将其删除。

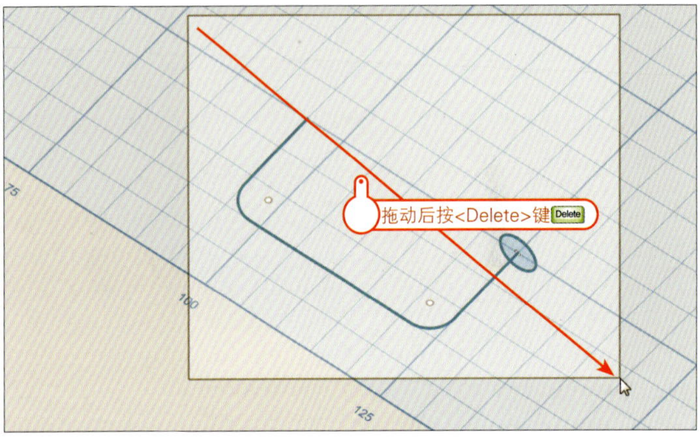

构图过程中所用到的线条和面会残留在图中，因此需要删除这些图形。

8 | 选择 AUTODESK 123D DESIGN 中的 Save → To My Computer 命令，保存制作好的模型。

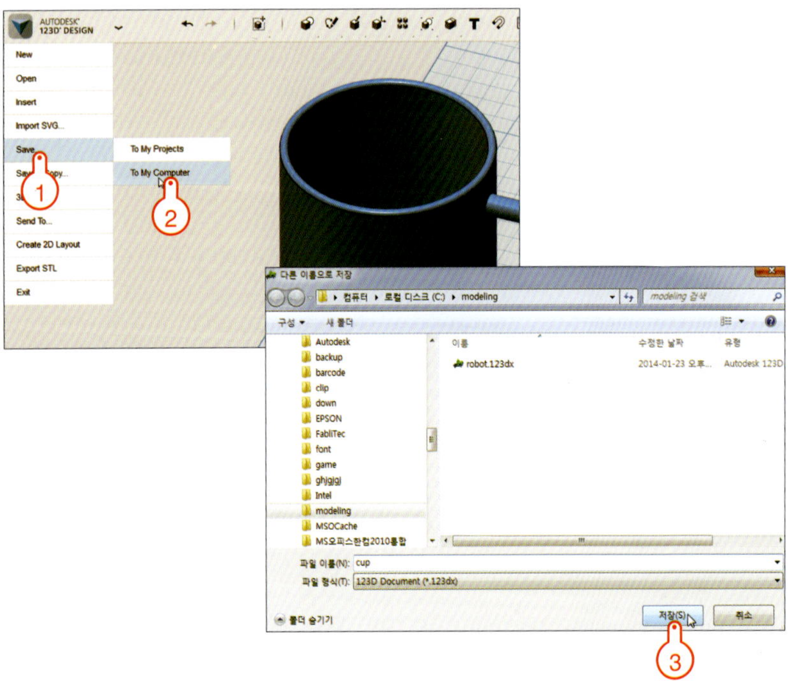

制作
纤细的花瓶

Loft 工具可以自然地连接所选的图形，并将其组合为一个完整的物件，非常适合制作左右对称的物体。下面就让我们通过制作花瓶来了解一下 Loft 工具的具体使用方法。

1 | 运行 123D Design 程序，单击 View Cube 的向下箭头之后选择 Orthographic 命令。

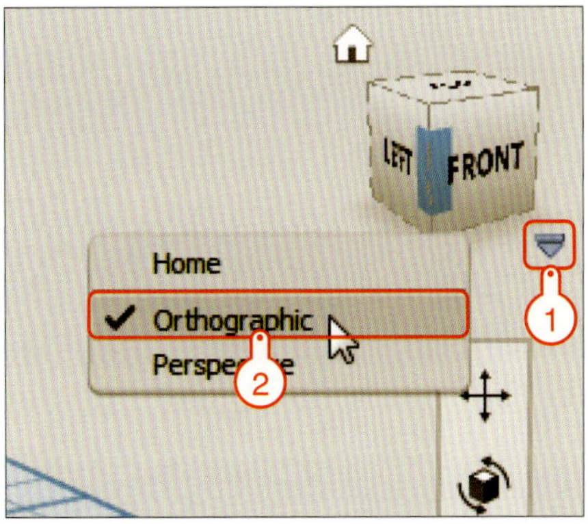

Perspective 命令可以使画面具有距离感；Orthographic 可消除距离感，用于需要确认物件布置状态的情况。

2 | 利用 Sketch → Circle 工具，绘制一个直径为 60mm 的原型。

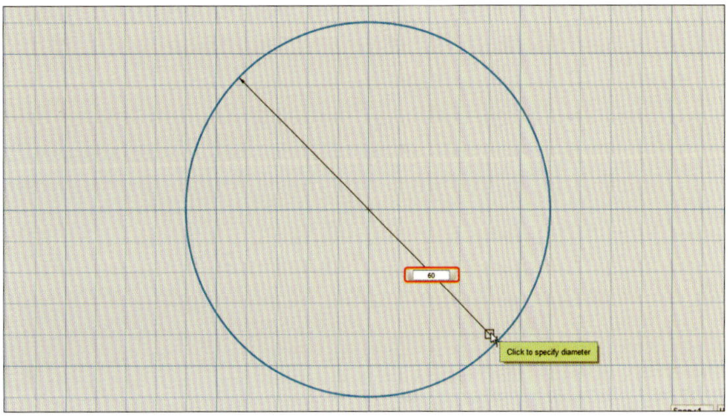

3 | 选取图形，单击按钮，再单击 Move 按钮。

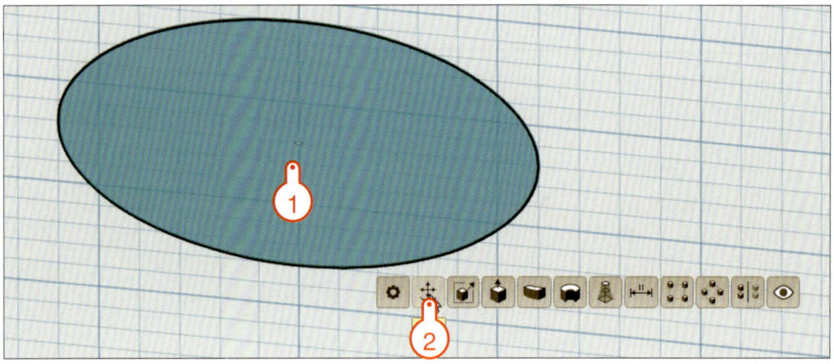

单击按钮，则单击物件时会出现物件可使用的工具按钮。

4 | 拖动旋转轴方向盘，使图形与地面垂直。

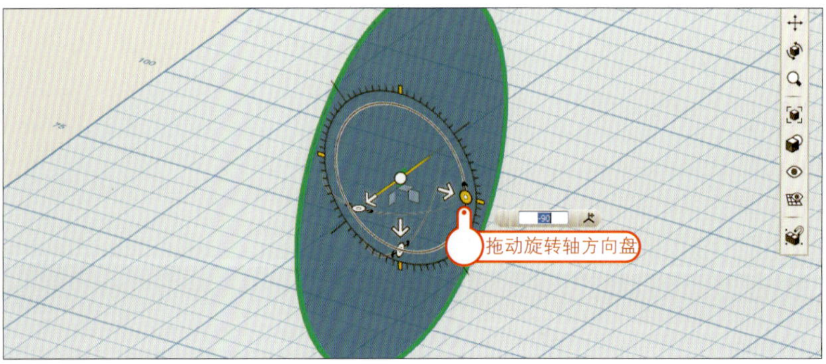

可在文本框中输入具体数值，使图形旋转保持准确的角度。

5 | 单击图形，按 <Ctrl+C> 组合键复制图形。

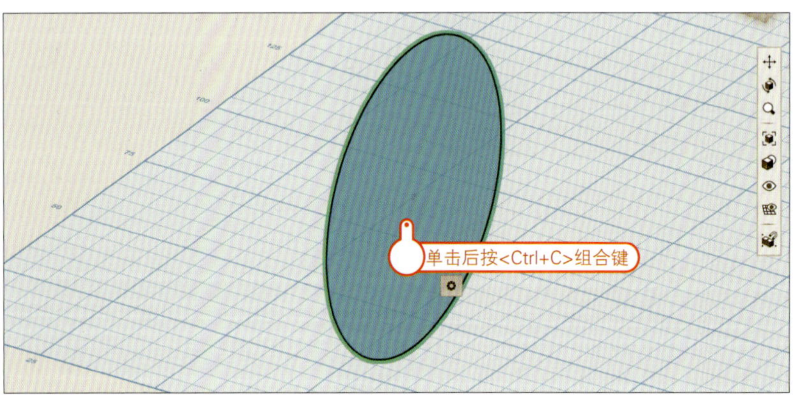

按 <Ctrl+C> 组合键可以复制所选的模型。

6 | 按 <Ctrl+C> 组合键进行粘贴时，画面中会出现移动工具。沿着箭头方向进行拖动，可将复制图形布置在原图形的前方。

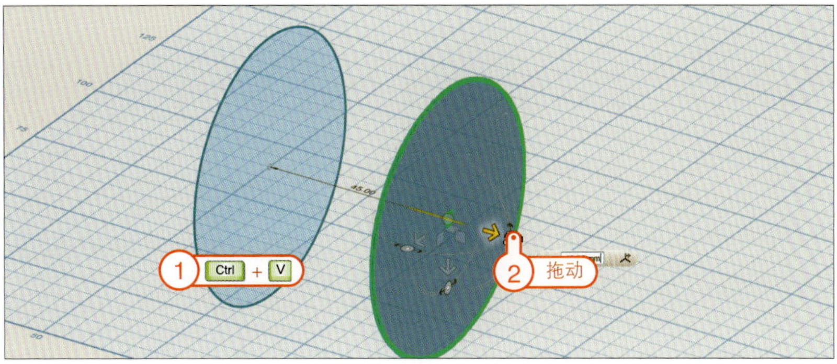

<Ctrl+C> 组合键可以将复制的图形粘贴至当前画面，并同时使移动工具显现在界面中。

7 | 再用同样的方法复制两个圆形，并按一定的样式进行排列。

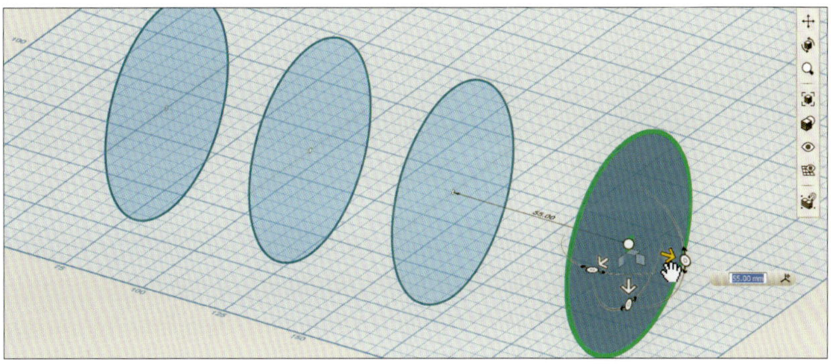

8 | 选取第二个圆形，单击 → Scale 按钮。

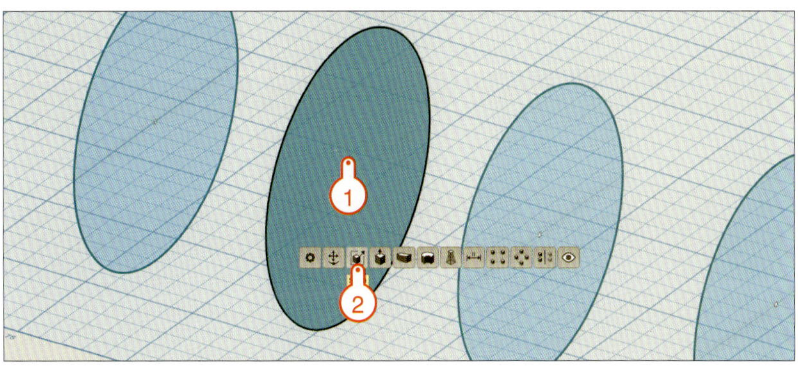

Scale 按钮用于放大或缩小所选物件。

9 | 拖动移动箭头，放大圆形。

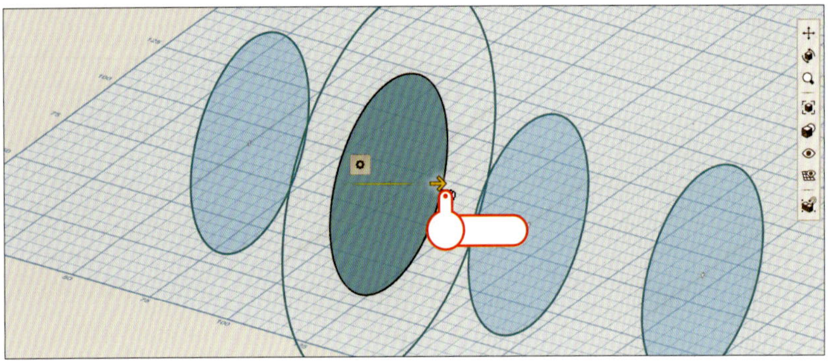

10 | 用同样的方法放大或缩小其他圆形。

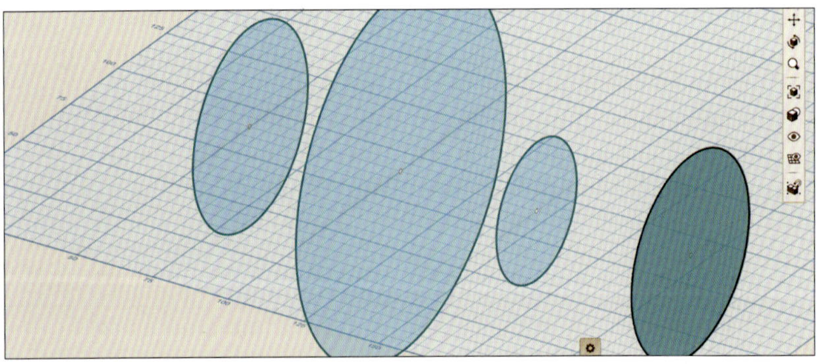

11 | 单击 View Cube 中的 FRONT，确认圆形是否为垂直排列。

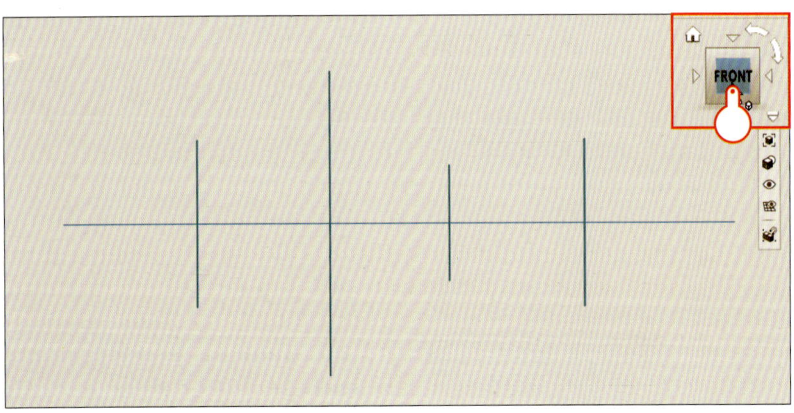

12 | 旋转视角，以便于观察所有图形，选取第一个圆形，按住 <<Shift>> 键 Shift，同时单击选取第二个圆形。

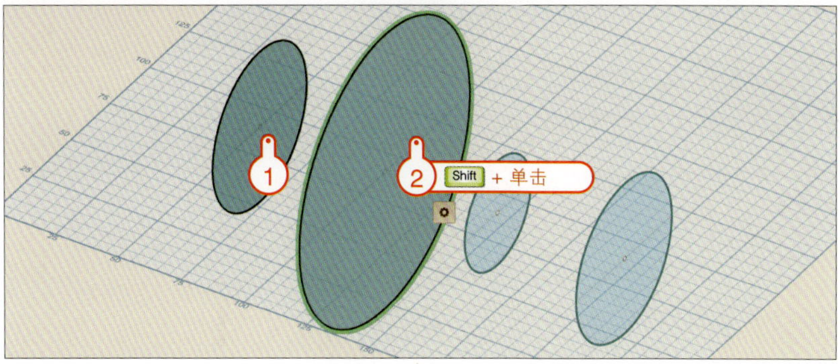

按住 <<Shift>> 键 Shift 可以同时选取多个物件。

13 | 按住 <Shift> 键 Shift 选取余下两个圆形之后，单击 Constuct → Loft 按钮。

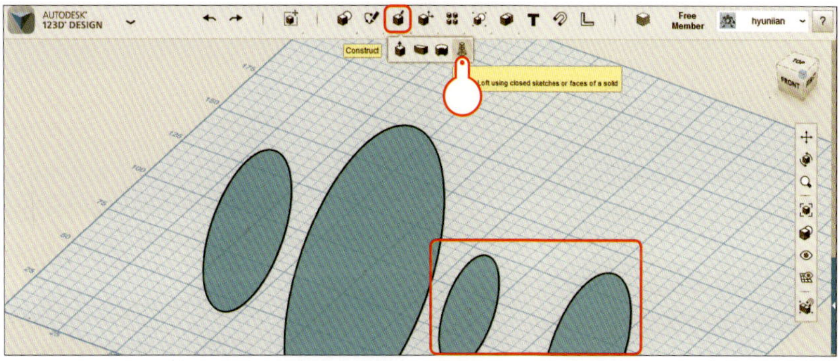

Loft 按钮能自然柔顺地连接所选的物件。

14 | 四个圆形会被连接为花瓶形状。

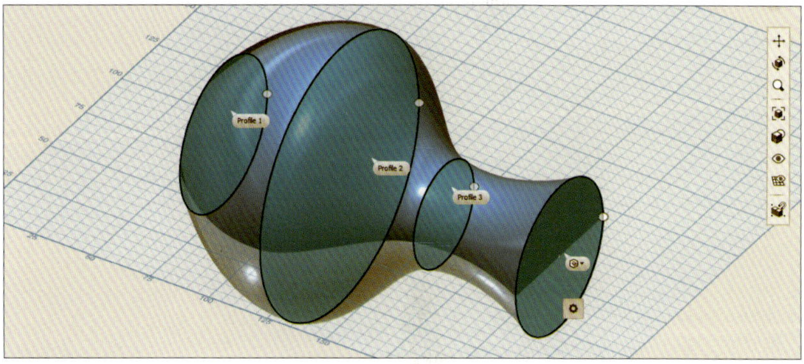

15 | 单击选中花瓶模型，再选择 Transform → Move 工具旋转模型，使之保持水平。

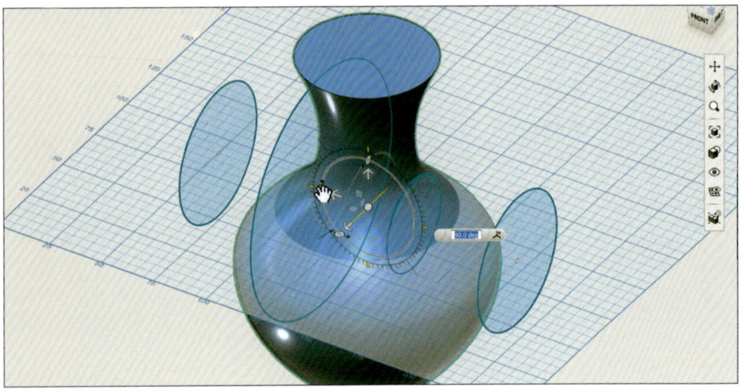

16 | 单击物件，用鼠标拖动，将图形移动至外侧。

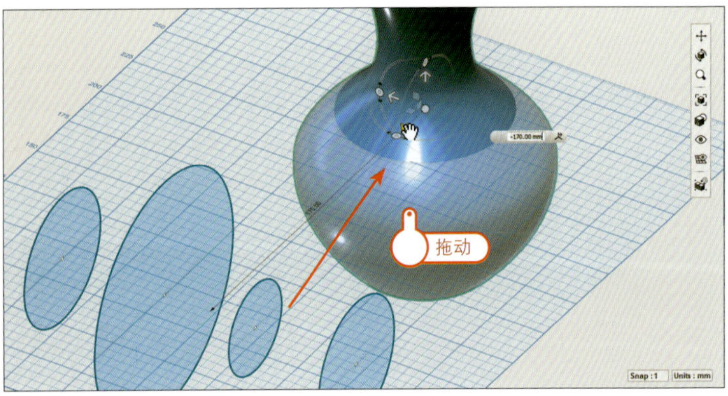

17 | 拖动选中绘图中用到的四个圆形，按 <Delete> 键Delete进行删除。

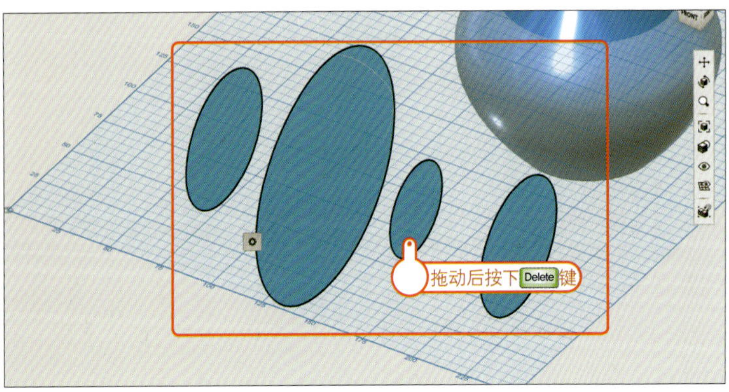

18 | 单击模型的正面，选择 Modify → Shell 工具。

19 | 拖动调节箭头，调节厚度，以完成花瓶的制作。

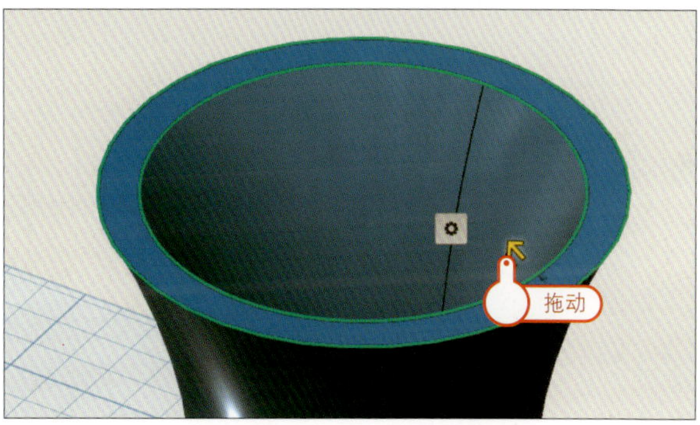

20 | 选择 AUTODESK 123D DESIGN 中的 Save → To My Computer 命令，保存制作好的模型。

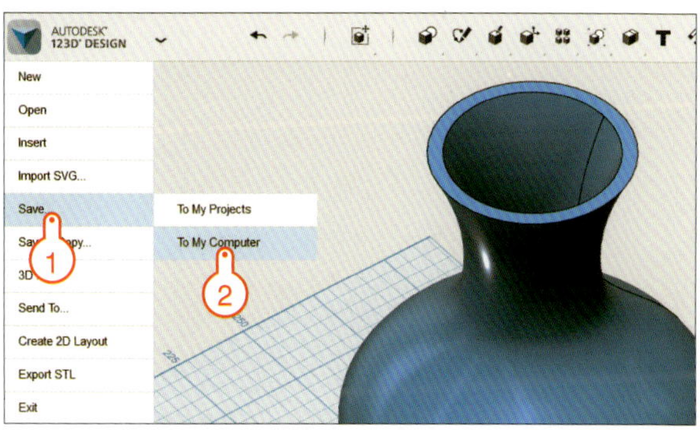

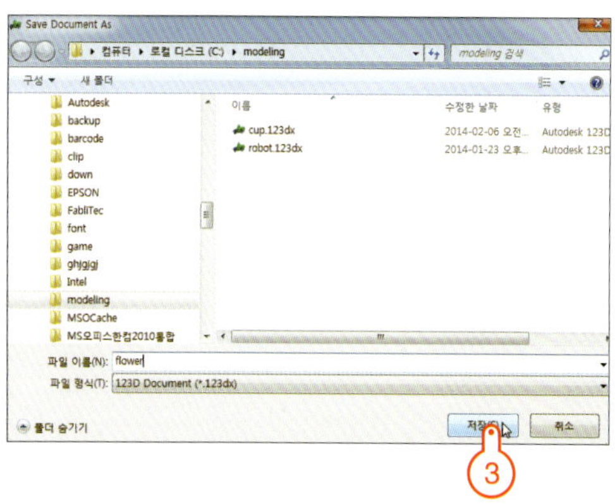

制作吃豆人

可以利用圆柱体物件来制作头部为球体的圆柱，并将圆锥排列在其底部，制作成锯齿。使用工具组合各种图形，就可以造出期望的物件。接下来让我们利用这种方法制作一款经典游戏中的人物——吃豆人。

制作火箭形状的圆柱体

1 | 运行 123D Design，单击 Primitives → Cylinder 按钮。

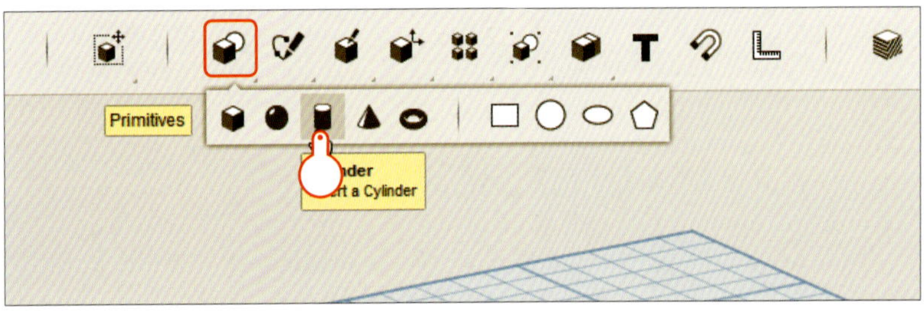

2 | 在插入圆柱图形的位置单击，插入基本大小的圆柱体。

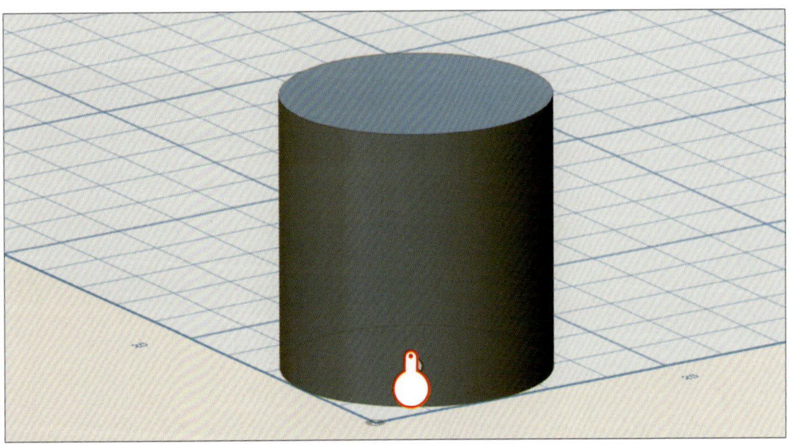

3 | 用鼠标选取圆柱上端的边缘，单击⚙ → Fillet 按钮。

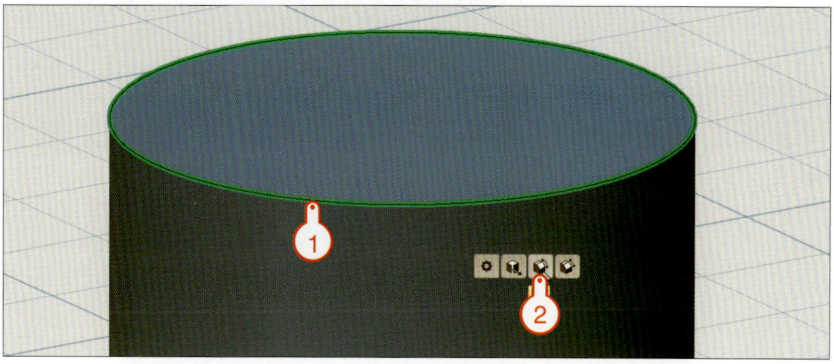

单击圆柱图形后将鼠标箭头移动到边缘处，边缘部分就会变成蓝色。此时单击鼠标就可以单独选取边缘。

4 | 拖动调节箭头，使圆柱头部变成球形。

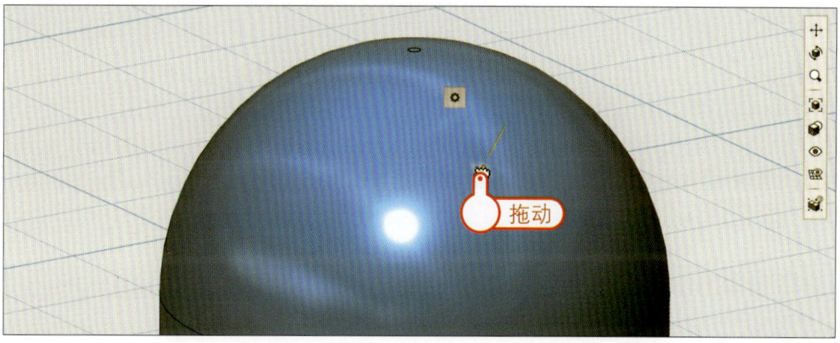

曲率过大会导致异常，所以要取适当的曲率。

5 | 为了延长圆柱的旋转时间，以便能够看到圆柱底部，单击⚙ → Press Pull 按钮。

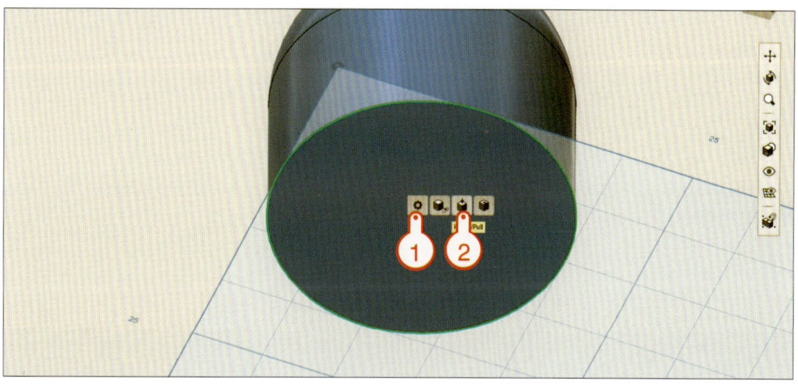

6 | 单击圆柱体底部，用鼠标拖动，将圆柱体延长至适当长度。

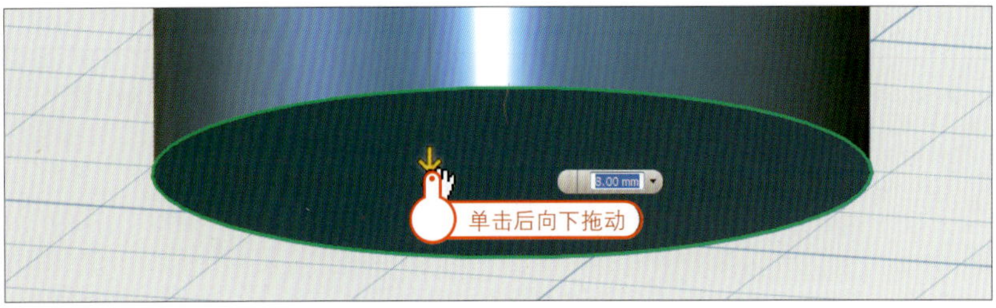

7 | 选择 Primitives → Cone 工具，添加圆锥图形。

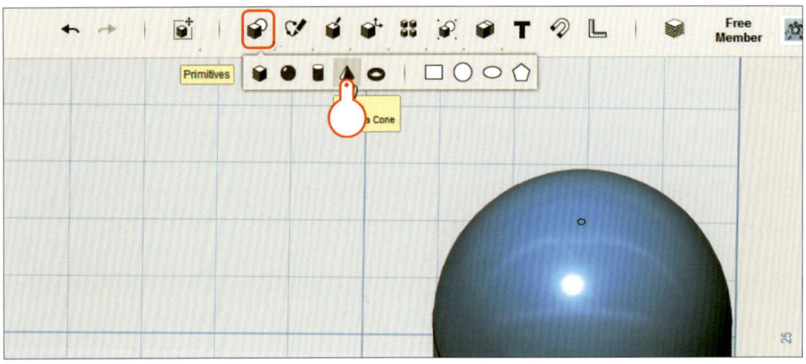

8 | 单击需要插入圆锥的位置，插入圆锥之后选择 Transform → Scale 工具。

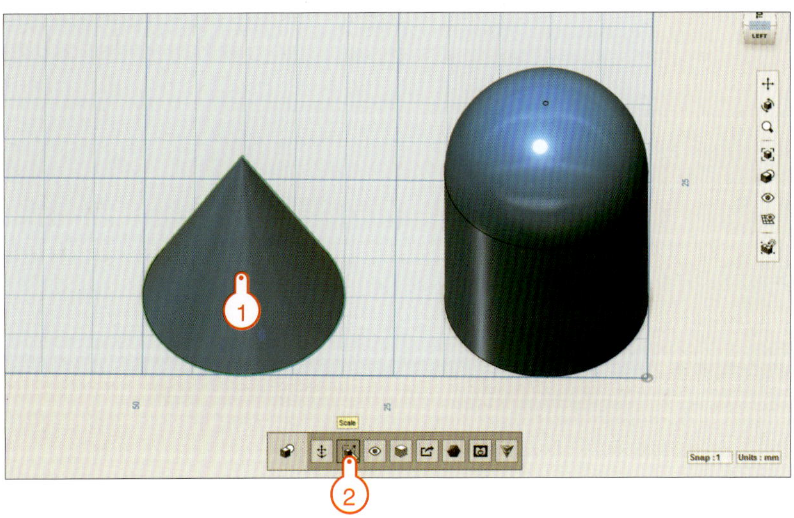

9 | 待画面中出现移动箭头时，用鼠标进行拖动，缩小图形至适当大小。

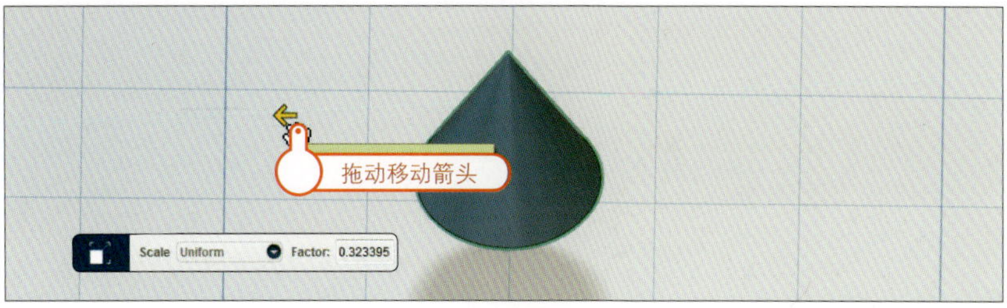

10 | 选择 Transform → Move 工具将圆锥的中心与圆柱体底部边缘对齐。

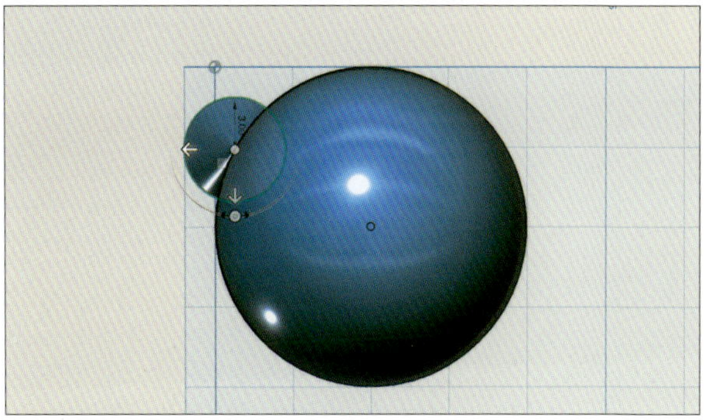

将视角设为 Orthographic，旋转顶部、侧面和底部，使圆锥和圆柱底部保持水平，并重叠一半以上。圆柱最好稍微比圆锥高一些。

11 | 旋转视角至能够看到圆柱底部，选择 Pattern → Circular Pattern 工具。

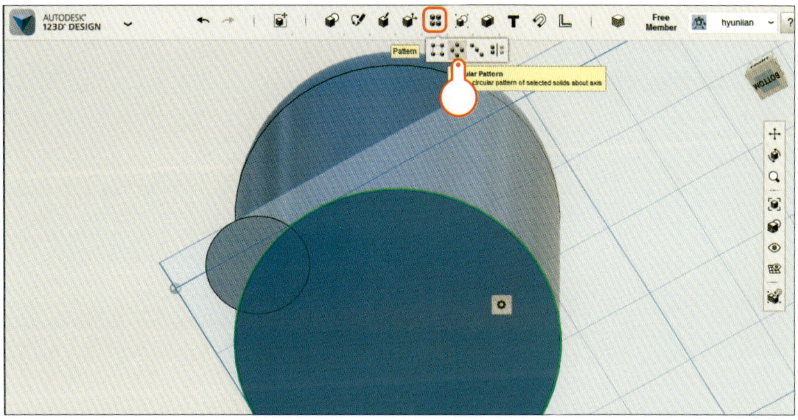

Circular Pattern 按钮用于沿着所选的线条复制所选的物件。

12 | 在 Solid/s 按钮处于按下状态时选取圆锥图形。

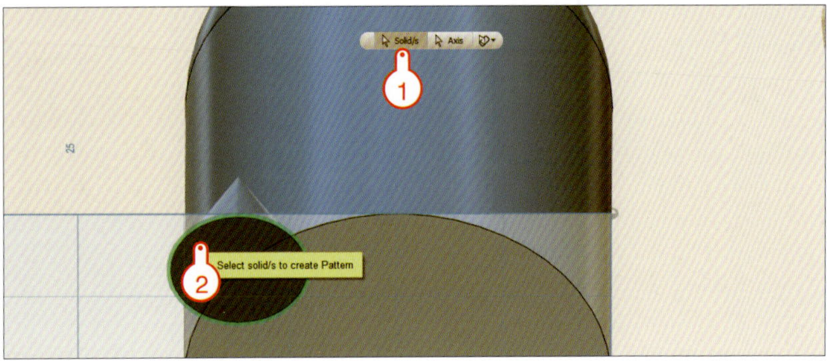

如果没选中整个圆锥图形，之后就无法进行复制。

13 | 在 Axis 按钮处于按下状态时，单击圆柱体的底部边缘。

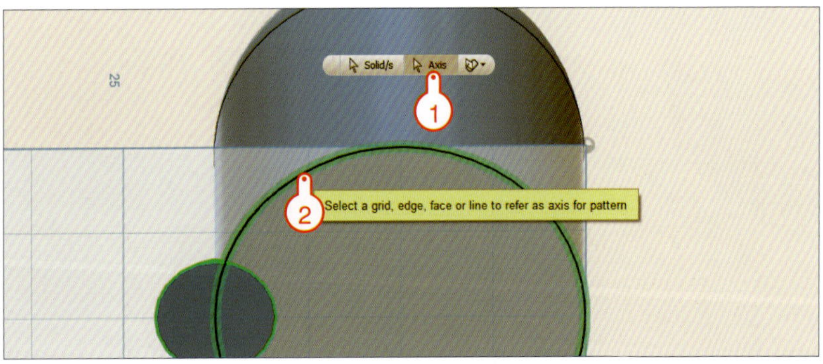

如果图形未能重复粘贴，可以按 <Esc> 键 Esc 取消作业，重新开始。

14 | 在文本框中输入需要重复粘贴的数量。

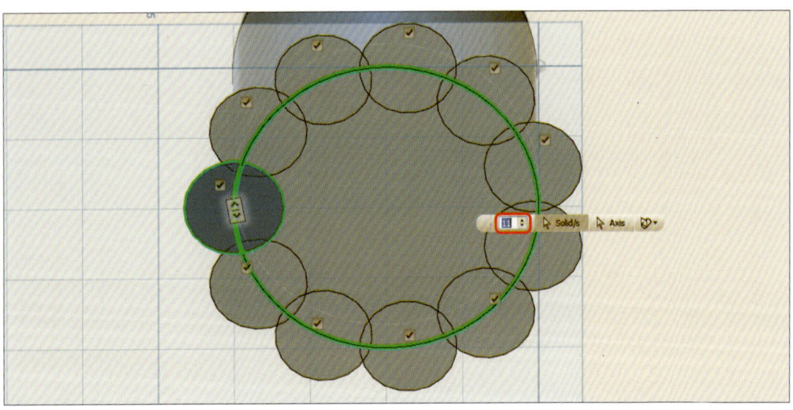

通过拖动线条上的方向盘或输入具体数值来调节重复图形的个数。

15 | 将圆锥图形重复粘贴在圆柱体的底部。

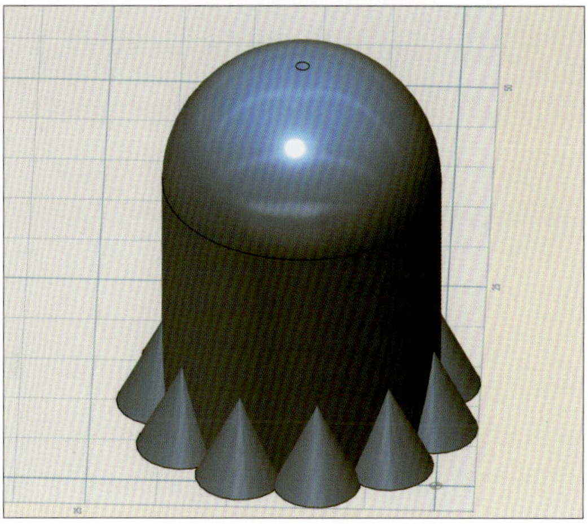

按照锯齿状切除底部

1 | 为了消除圆柱图形和圆锥图形的重叠部分，选择 Combine 工具。

2 | 在 Target Solid/Mesh 按钮处于按下状态时单击选取圆柱部分。

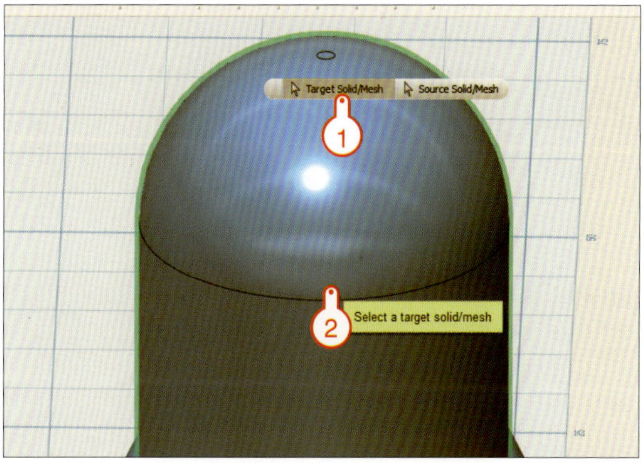

3 | 在 Source Solid/Mesh 按钮处于按下状态时，通过鼠标拖动方式选取圆锥图形所在的区域。

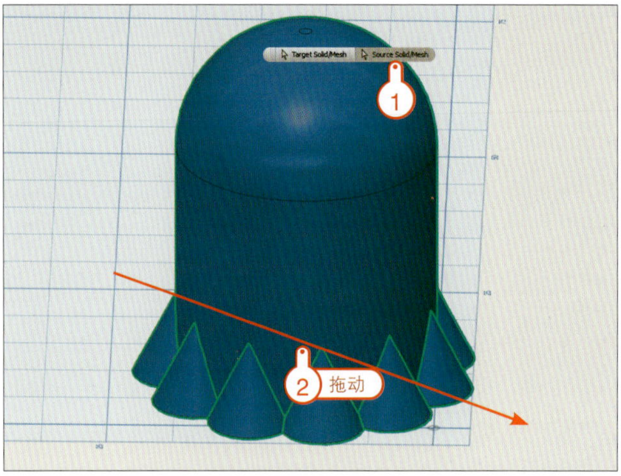

4 | 图形重叠的部分被删除。

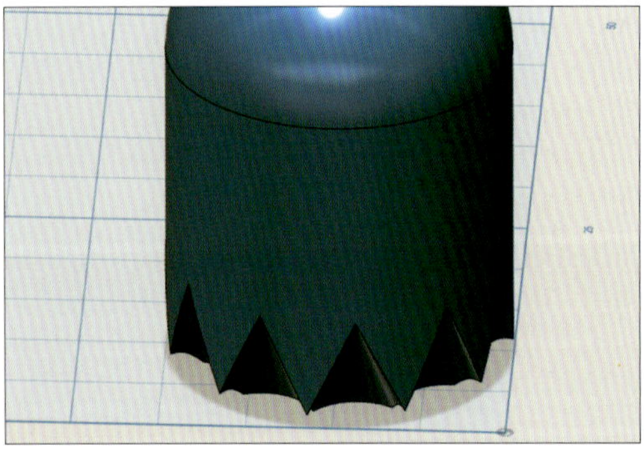

5 | 调整视角以便于查看圆柱体底部，单击选取曲线部分。

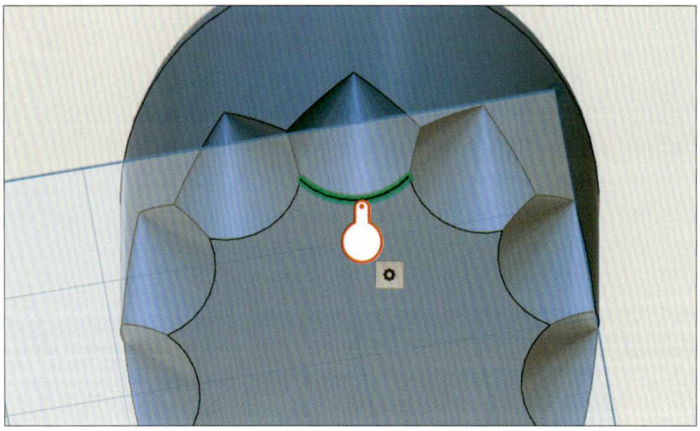

6 | 按住 <Shift> 键 Shift，选取所有曲线之后，单击 Modigy → Fillet 按钮。

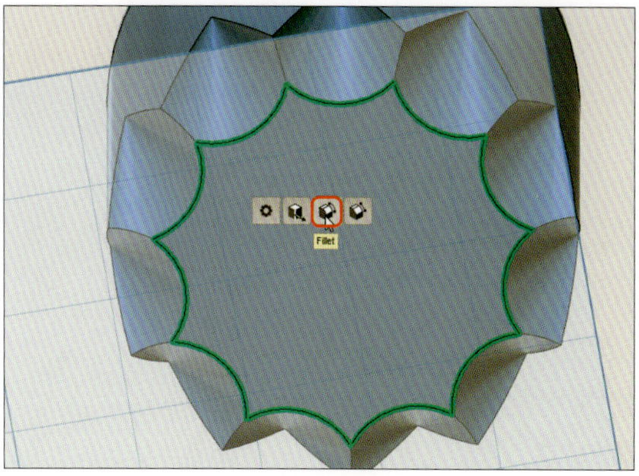

将多个面平滑处理为一个面的过程。

7 | 在 Fillet Radius 文本框中输入 “1” ，按 <Enter> 键 Enter，对所选的面进行平滑处理。

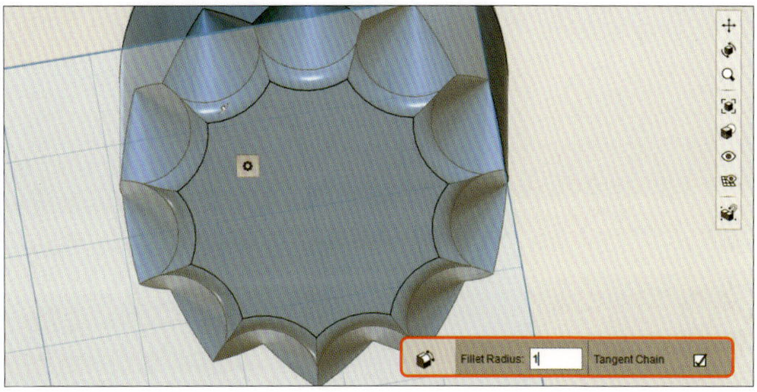

8 | 选取圆柱体下方，单击 → Shell 按钮。

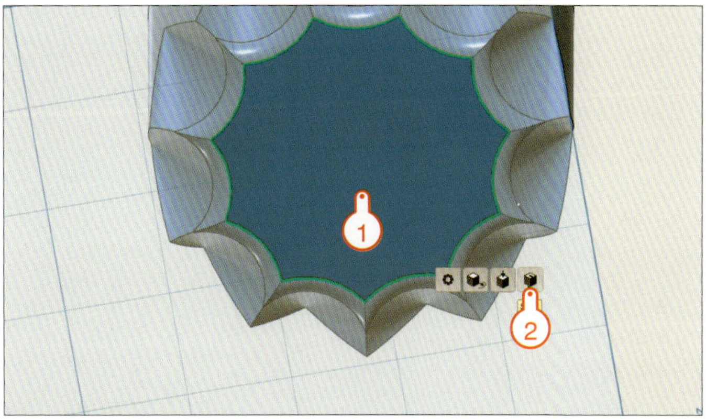

9 | 拖动调节箭头，适当调节厚度。

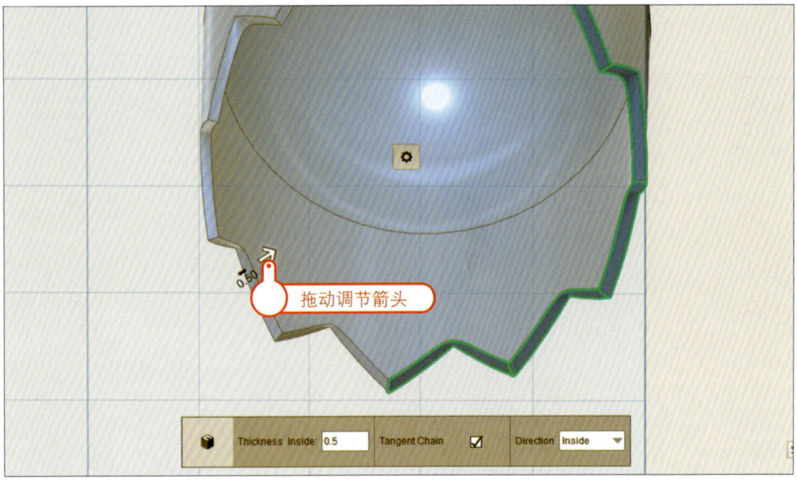

10 | 底部会呈现锯齿状。

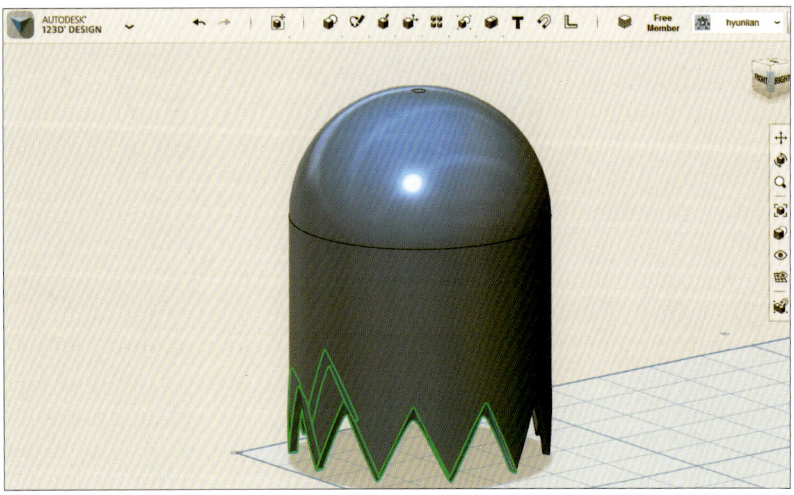

制作吃豆人的眼睛

1 | 为了绘制球体，单击 Primitives → Sphere 按钮。

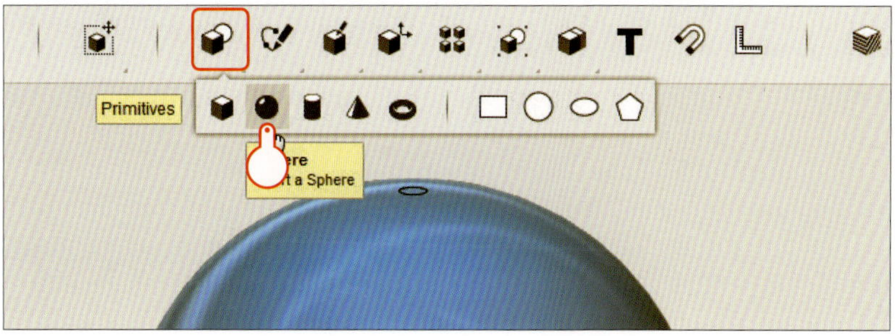

2 | 在 Radius 文本框中输入“1”，将鼠标指针对准圆柱体，单击鼠标左键。

将鼠标指针移至物件时，图形便会贴在物件上。

3 | 旋转视角，单击 Move 按钮移动球形，使一半球体嵌圆柱体中。

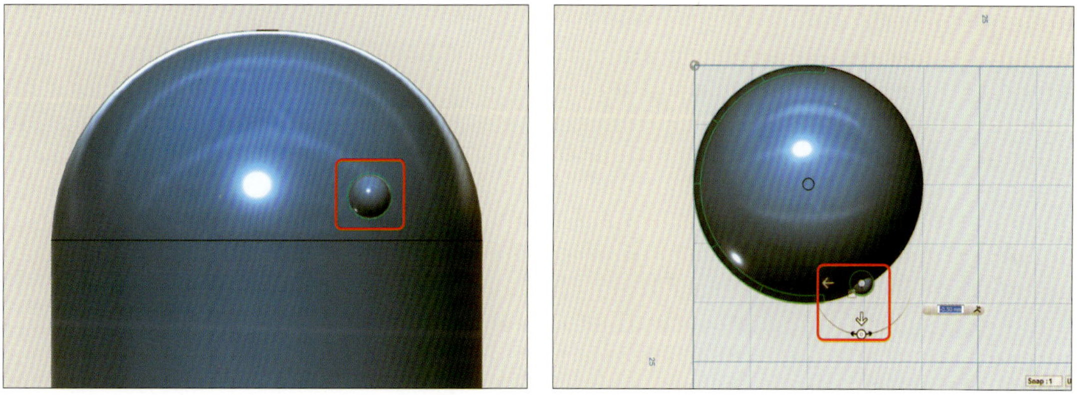

4 | 复制球体，置于对称位置。

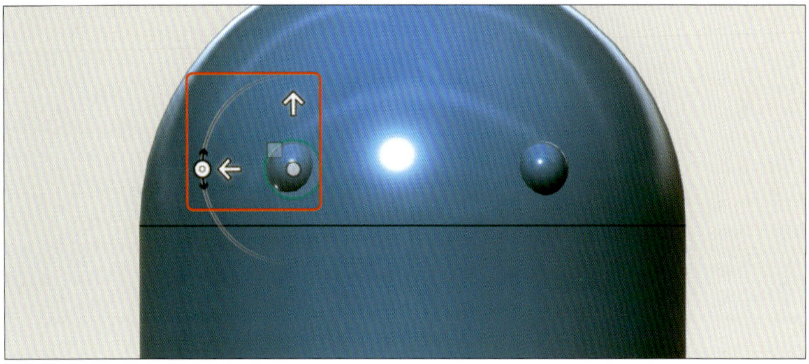

5 | 至此，吃豆人的制作过程全部完成。

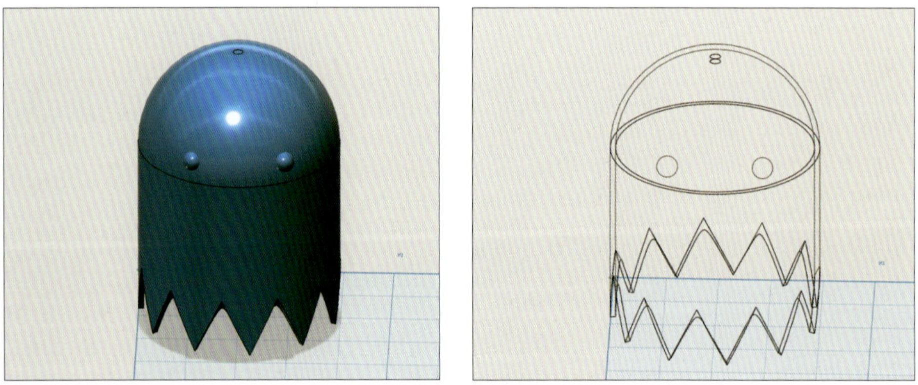

6 | 选择 AUTODESK 123D DESIGN 中的 Save → To My Computer 命令，保存制作好的模型。

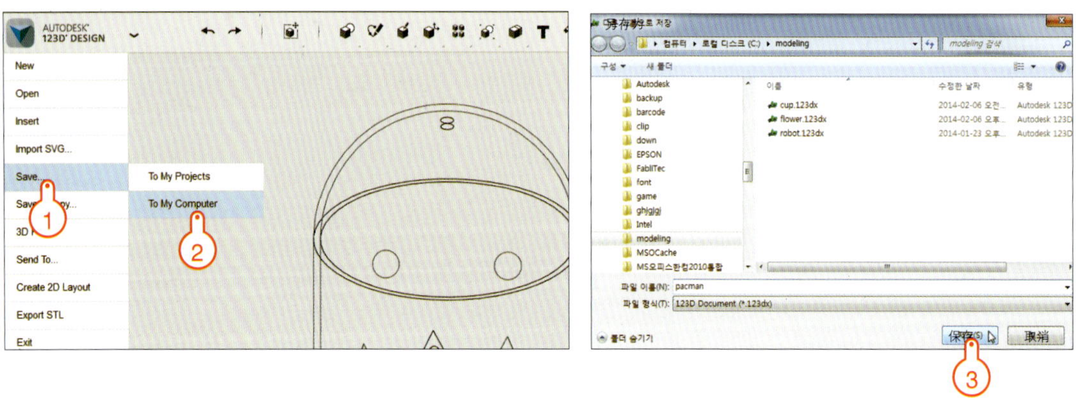

制作
柠檬榨汁器

123D Design 提供的工具之中，Revolve 可通过旋转将平面图形转化为立体图形。借助该工具就可以轻松地制作出结构复杂的对称图形。下面就利用 Revolve 工具制作一个柠檬榨汁器。

1 | 运行 123D Design，单击 View Cube 的 TOP 改变视角。

2 | 选择 Sketch → Polyline 工具。

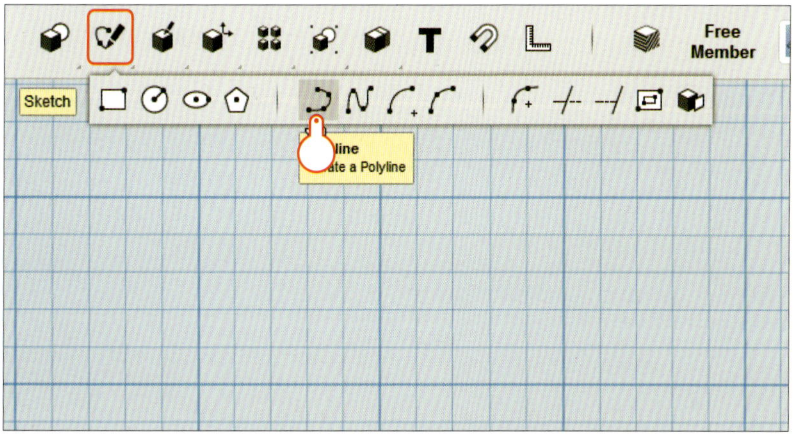

3 | 通过单击选取起点，在拐点处再次单击。

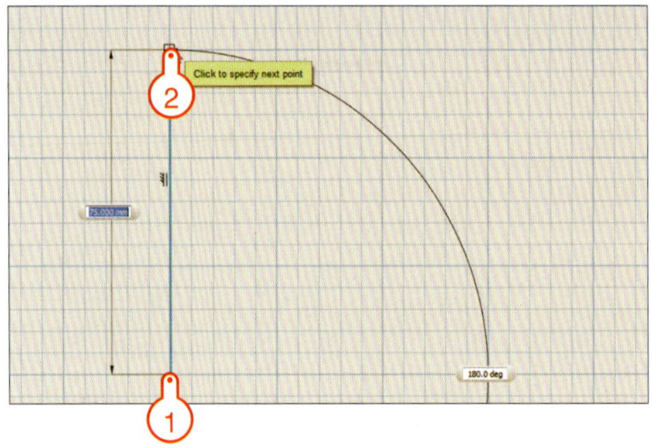

4 | 按照同样的方法绘制出图形，再一次单击起点完成绘制，最后按 <Enter> 键 Esc 终止作业。

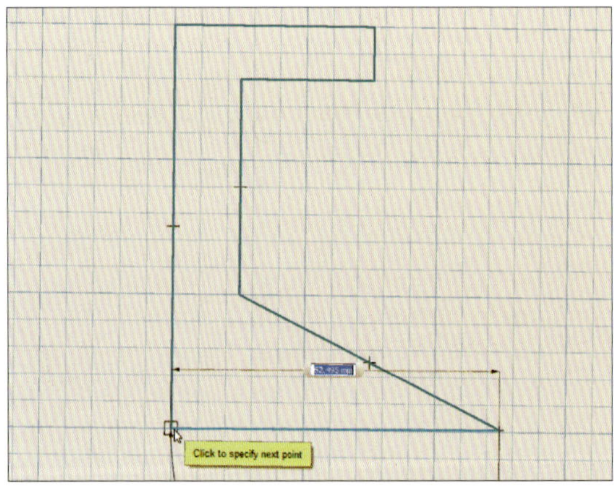

5 | 单击选取图形后，选择击 → Revolve 工具。

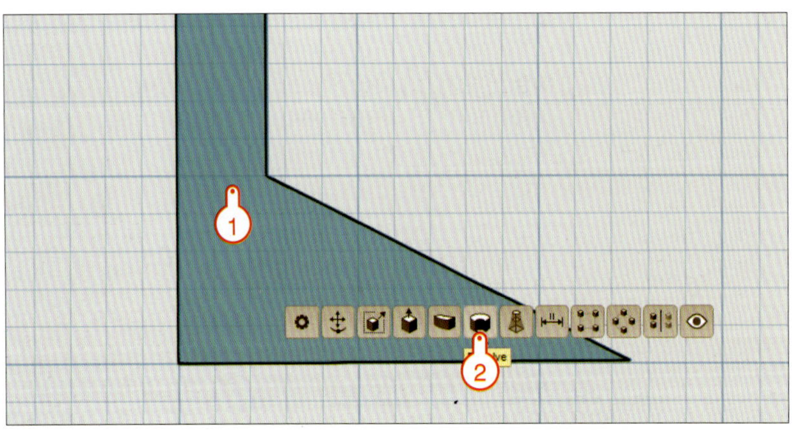

Revolve 工具可用于沿指定的轴旋转所选的图形。

6 | 在 Profile 按钮处于按下状态时单击选取图形。

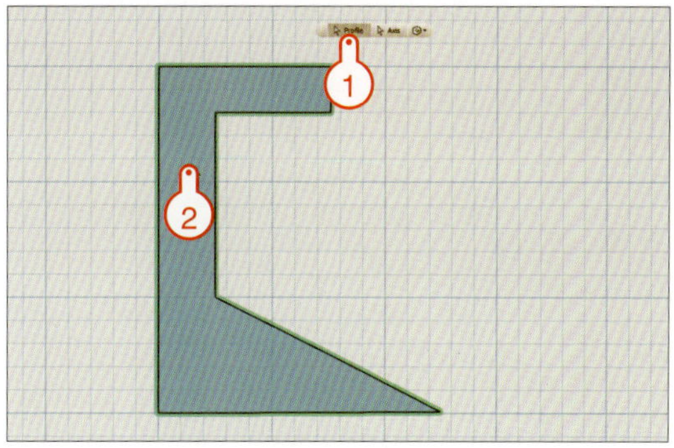

7 | 在 Axis 按钮处于按下状态时单击所需要旋转图形的中心轴。

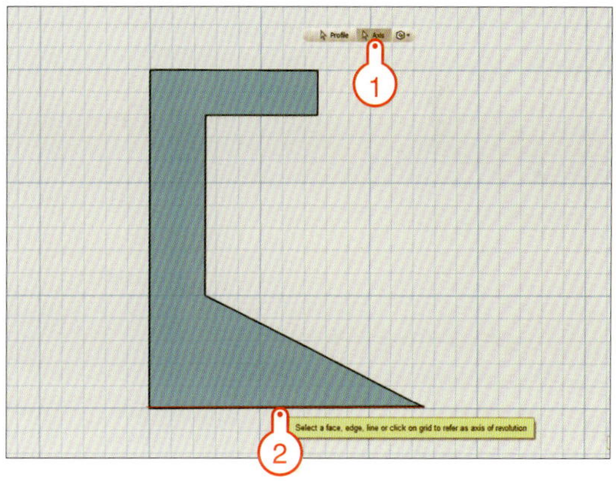

8 | 在文本框中输入旋转角度“360”，按 <Enter> 键 Enter 。

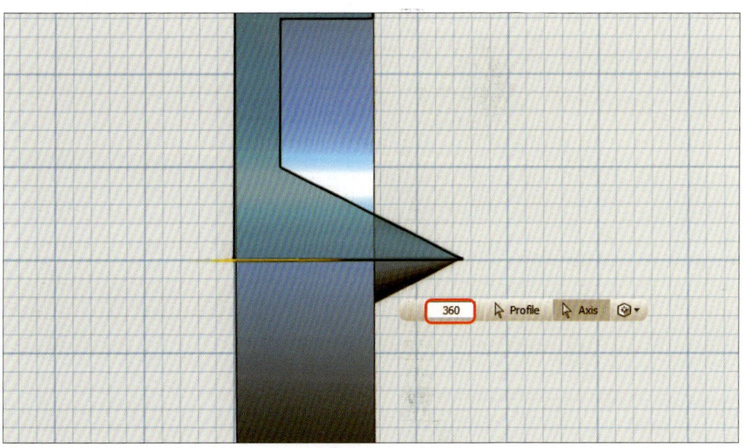

可以根据用户需求输入任意角度进行旋转。

9 | 利用 Move 工具将图形置于水平。

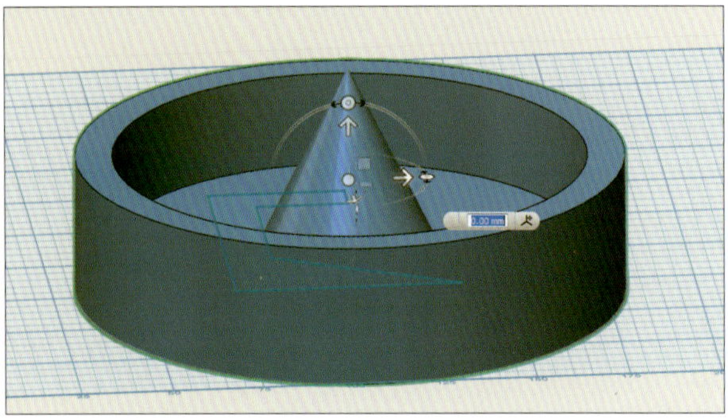

10 | 利用 Polyline 工具绘制三角形，选取图形后，选择→ Press Pull 工具。

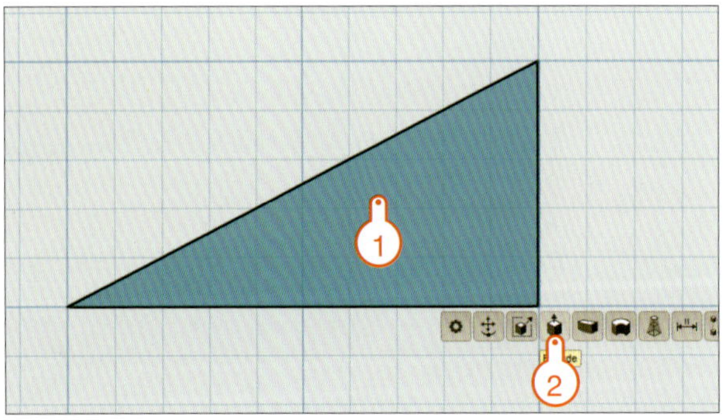

Press Pull 工具主要用于指定所选图形的厚度。

11 | 在文本框中输入“1”，指定所选图形的厚度。

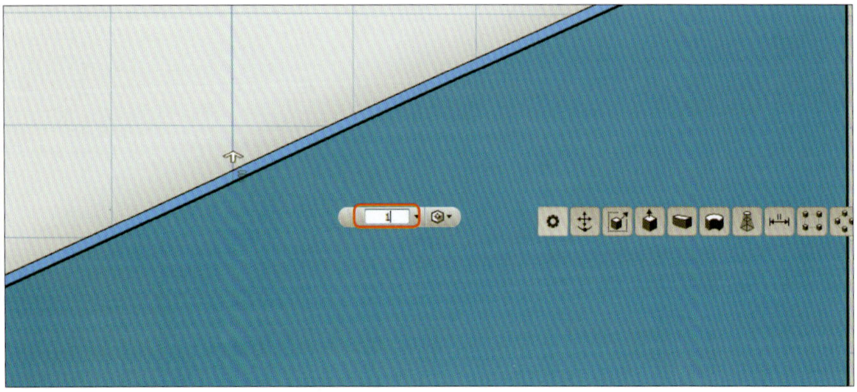

12 | 利用 Move 工具，将直角三角形置于之前绘制的图形上。

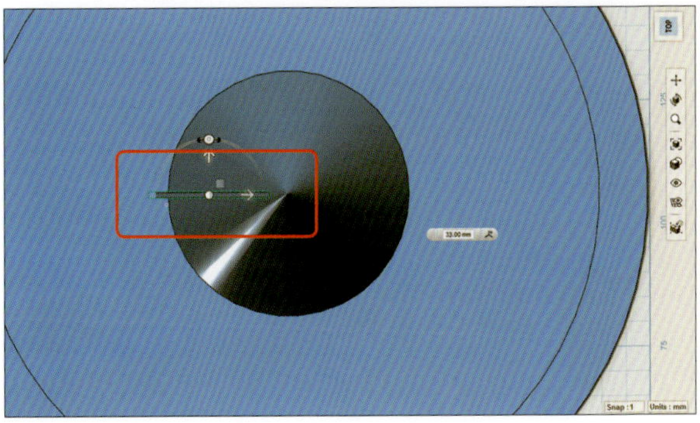

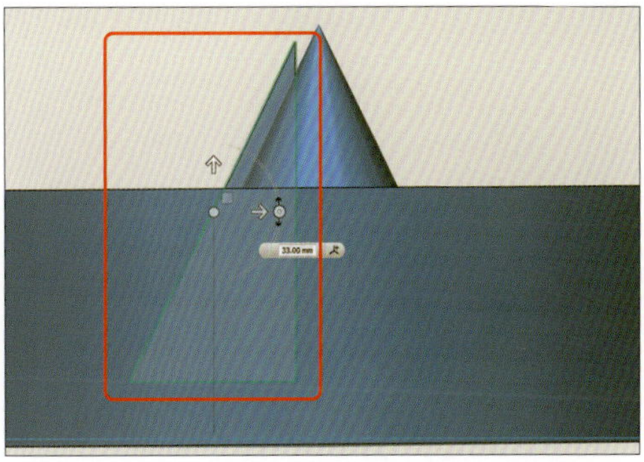

13 | 利用 Scale 工具适当调节三角形的大小，并利用 Move 工具旋转图形，使三角形的斜边从圆锥的侧面凸出。

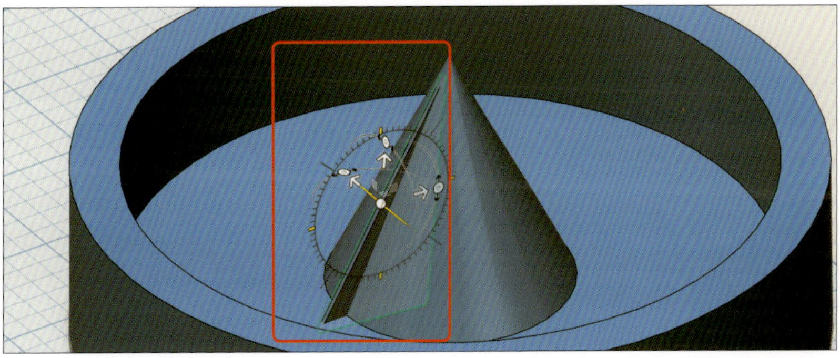

14 | 选择 Pattern → Circular Pattern 工具。

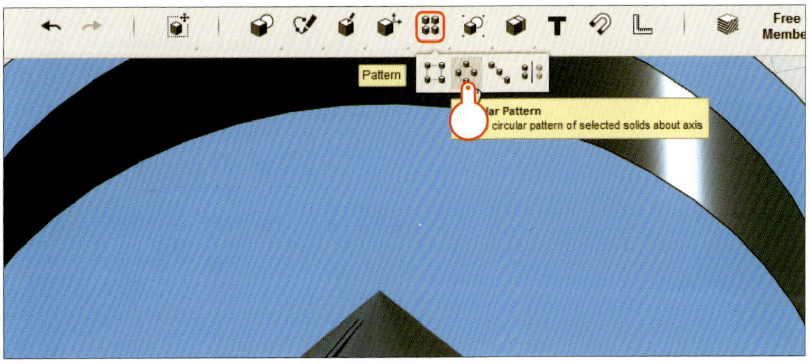

15 | 在 Solid/s 按钮处于按下状态时单击三角形图形。

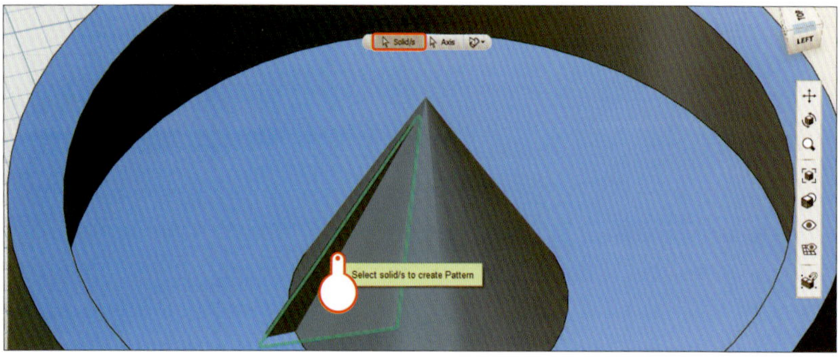

Circular Pattern 工 具 只能用于有厚度的立体图形。

16 | 在 Axis 按钮处于按下状态时单击圆锥的边缘。

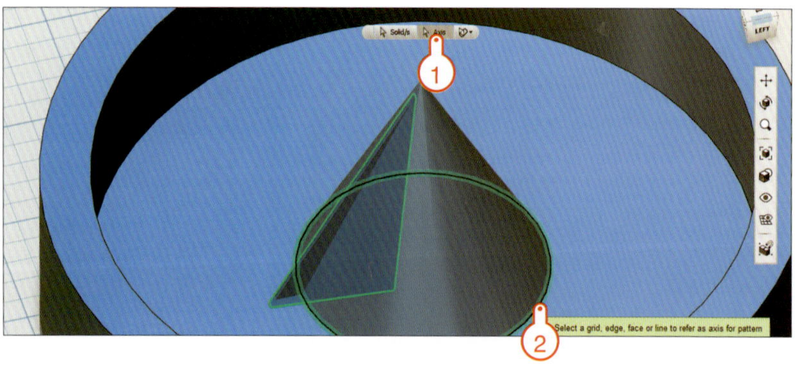

17 | 在文本框中输入需要复制的个数“20”，按 <Enter> 键 Enter 。

18 | 选择 Combine → Merge 工具，在 Target Sold/Mesh 按钮处于按下状态时单击选取图形。

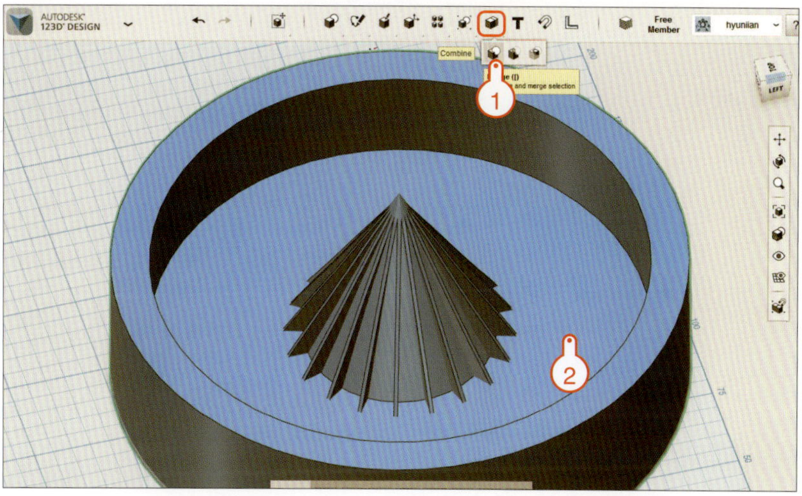

用 Merge 工具将多个图形结合为一个图形时，边界线也会得到自动整理。

19 | 在 Source Solid/Mesh 按钮处于按下状态时，用鼠标拖动选取圆锥周围的三角形，并按 <Enter> 键 Enter。

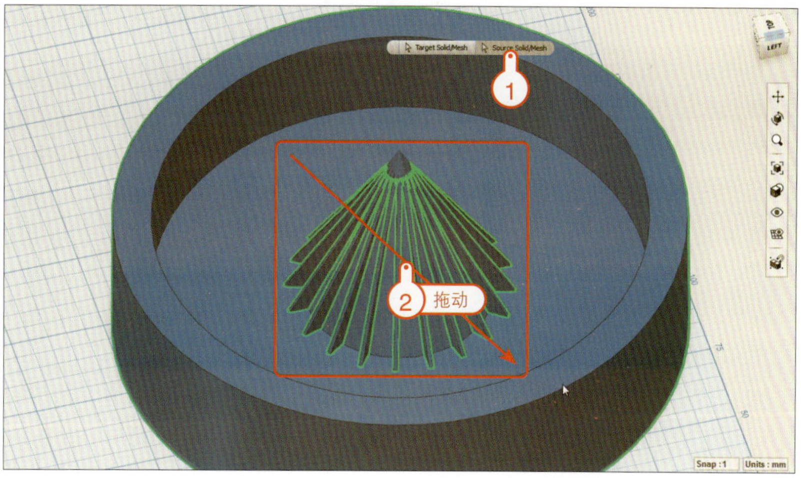

20 | 选择👁 → Outlines Only 命令，确认图形是否合成完好。

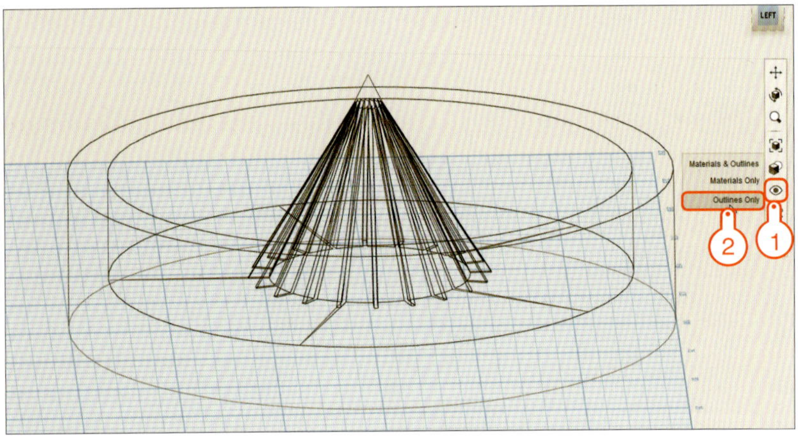

如果图形未能完全合成，隐藏部分就会出现立体三角形的轮廓线。

21 | 选择 AUTODESK 123D DESIGN 中的 Save → To My Computer 命令，保存制作完成的模型。

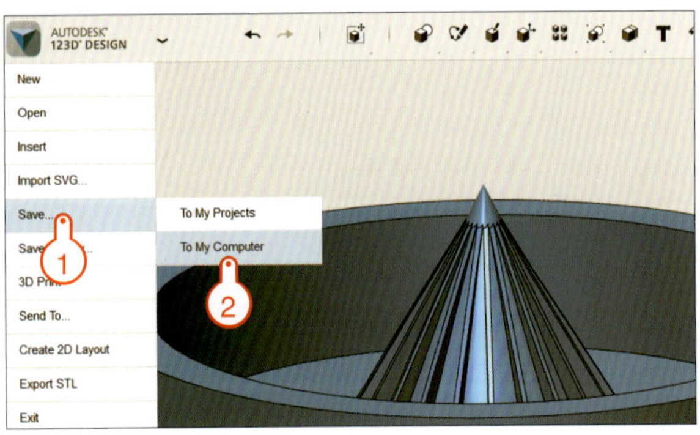

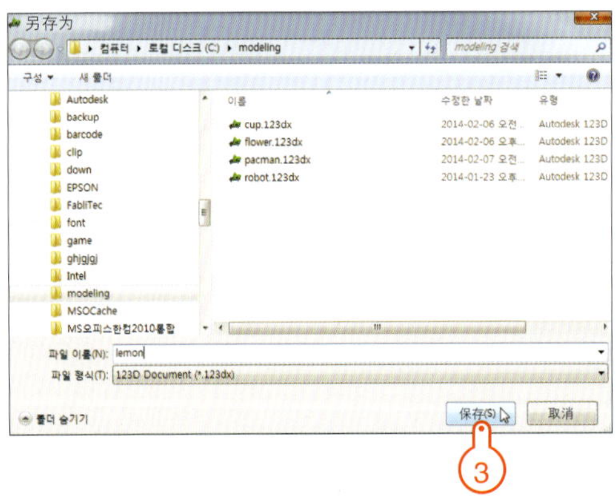

制作手机支架

Split Solid 工具可以从图形中分离出指定的面，可用于分离图形的一部分，以达到变形的目的。下面就用 Split Solid 工具制作手机支架，并在其上刻上个性化的文字。

制作手机支架模型

1 | 运行 123D Design，选择 Pirmitives → Inserx a Box 工具。

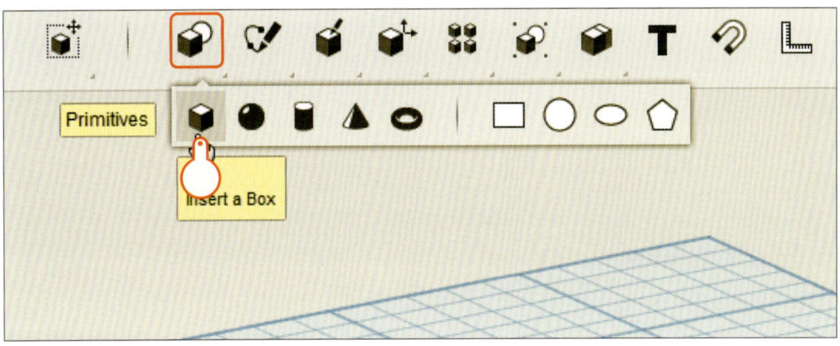

2 | 在 Length 文本框中输入“80”，按 <Tab> 键 Tab；在 Width 文本框中输入“20”，按 <Tab> 键 Tab；在 Height 文本框中输入“120”，按 <Enter> 键 Enter。

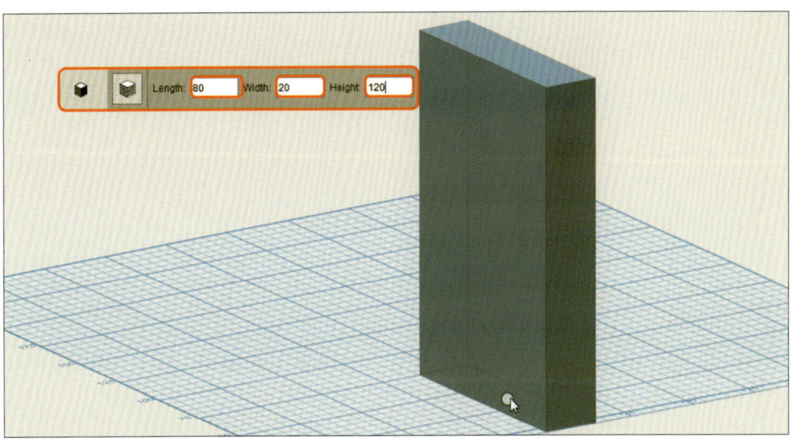

<Tab> 键 Tab 可用于切换光标所在的文本框。Length 为长度，Width 为宽度，Height 为高度。

3 | 在 View Cube 中单击选择 Left 面，然后选择 Sketch → Polyline 工具。

4 | 单击选取线条的起点和终点，按 <Enter> 键 Enter。

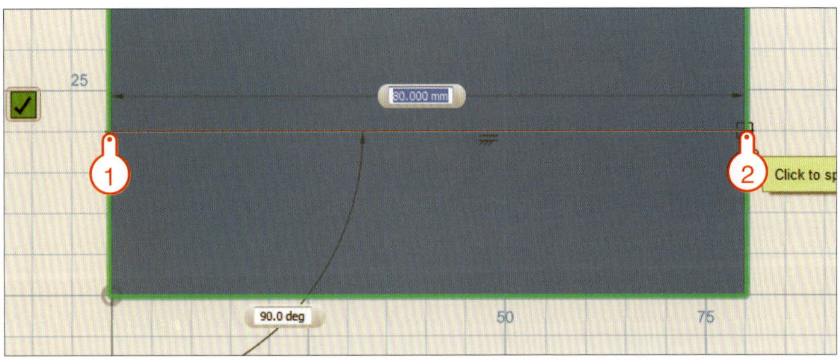

绘制线条时，将鼠标指针移至图形的水平断面，就会出现相应图面，并且可以在该图面上勾画线条。

5 | 倾斜视角，选择 Modify → Split 工具。

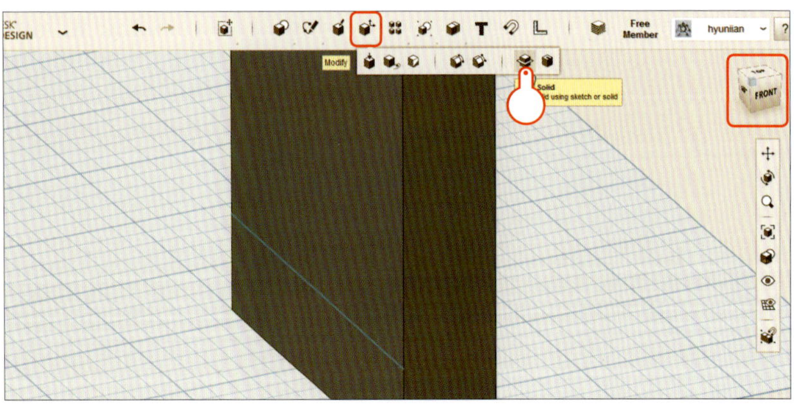

Split 工具可用于以选中的线条为界限分离图形。

6 | 在 Body to Split 按钮处于按下状态时，单击选取需要分离的面。

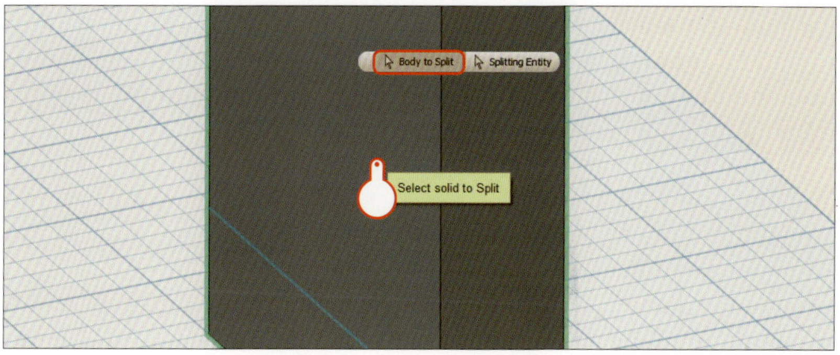

7 | 在 Splitting Entity 按钮处于按下状态时，单击分离线。

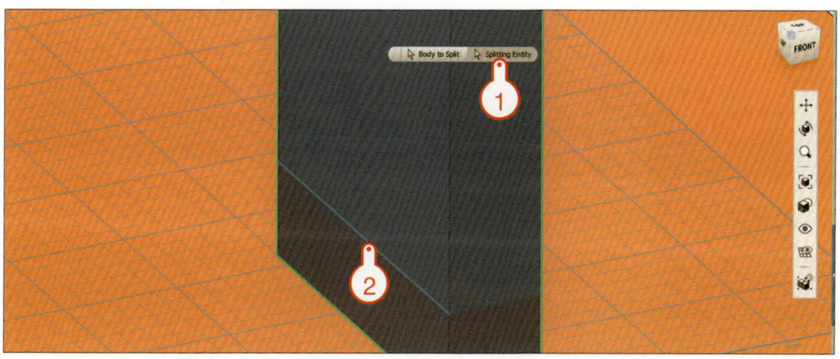

画面中会出现分离线所在的红色断面。

8 | 面分离完成后，选择 ⚙ → Press Pull 工具。

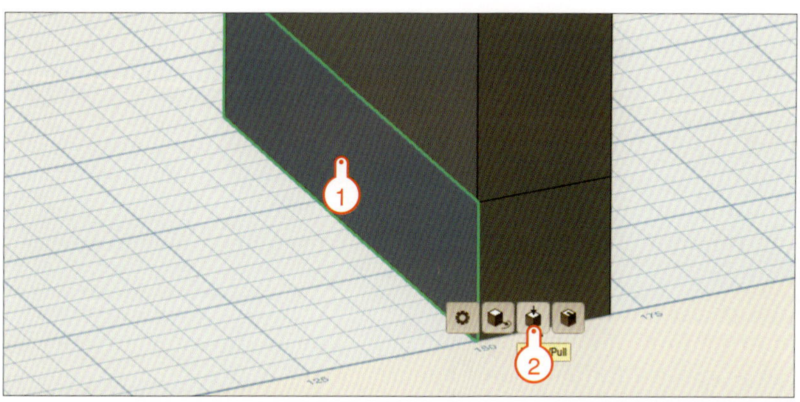

图形被正常分离之后，就可以选中分离之后的面。

9 | 拖动移动箭头延长面。

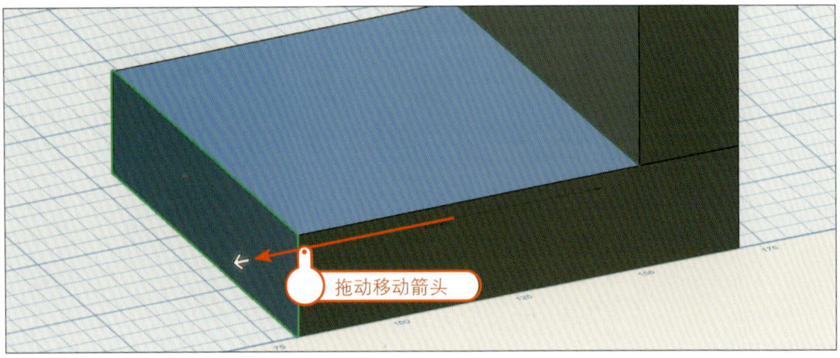

10 | 将视角调整为 TOP，依次选取变换之后需要分离的线的起点和终点，按 <Enter> 键Enter。

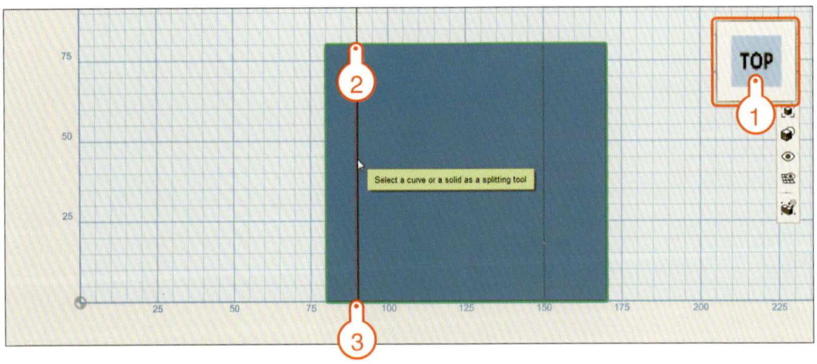

11 | 选择 Modify → Split Solid 工具，选取需要分离的面，单击 Splitting Entity 按钮，选择分离线，最后按 <Enter> 键Enter。

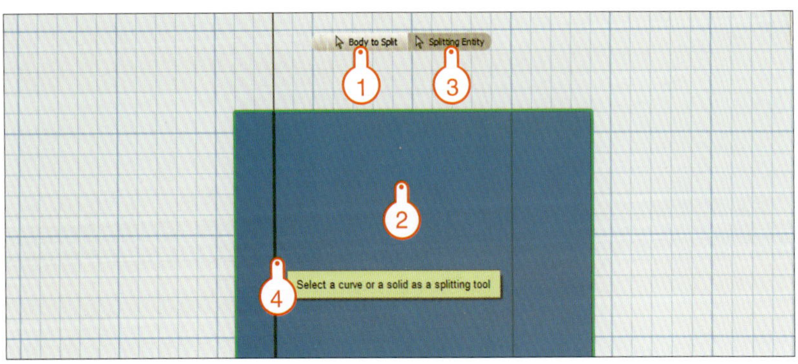

12 | 单击选取分离的面，选择 → Press Pull 工具，拖动调节箭头延长面。

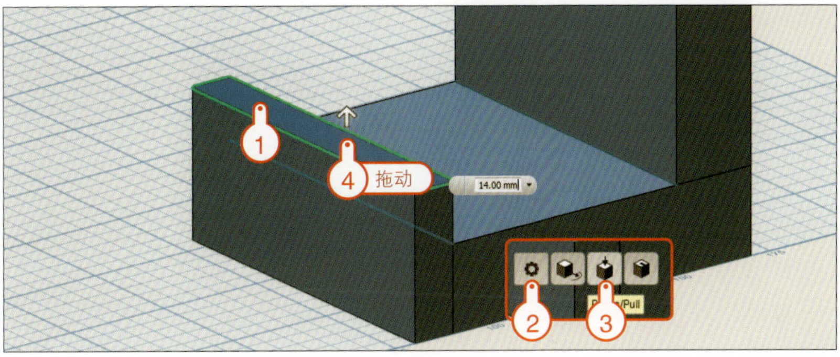

13 | 拖动旋转方向盘，得到尖锐的棱角。

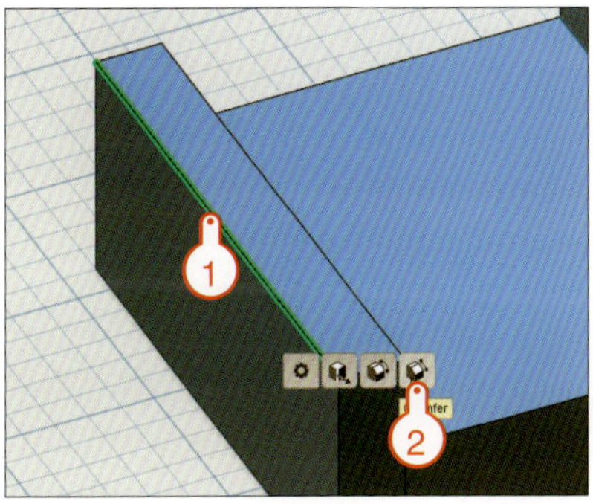

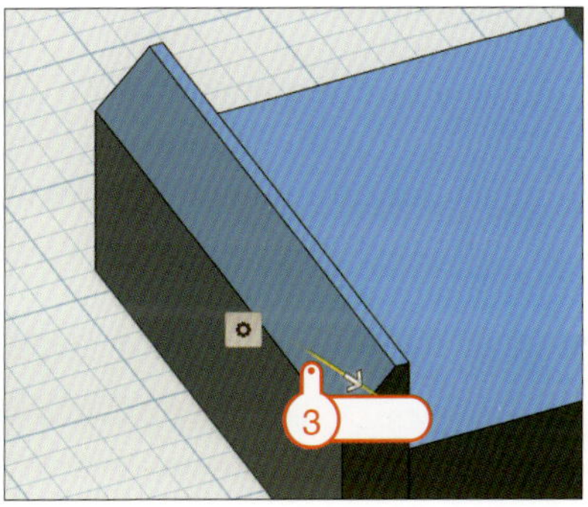

从延长的高度拖动至面的中心。

14 | 选择 Modify → Tweak 工具，以倾斜所选的面。

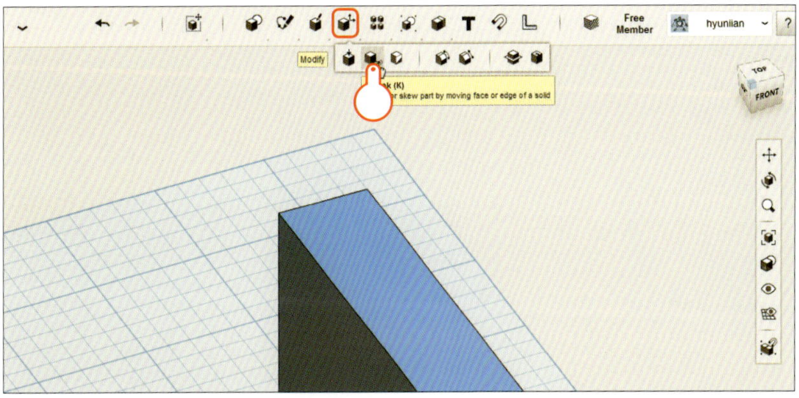

Tweak 工具用于倾斜所选的面。

15 | 单击需要倾斜的面，拖动旋转方向盘，旋转面。

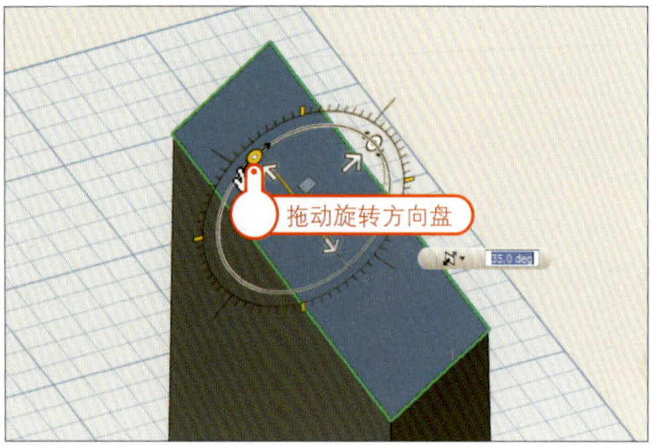

Press Pull 工具只能用于有厚度的立体图形。

16 | 至此手机支架就绘制完成了。

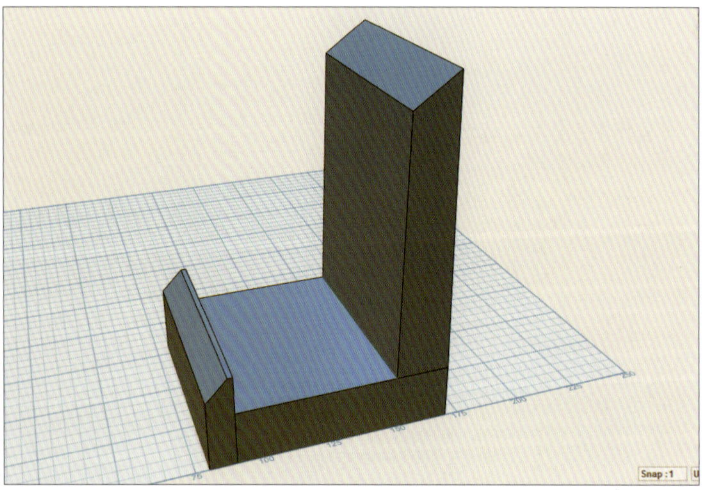

在手机支架上刻字

1 | 单击右侧面板，将 Text 工具拖动至画面中。

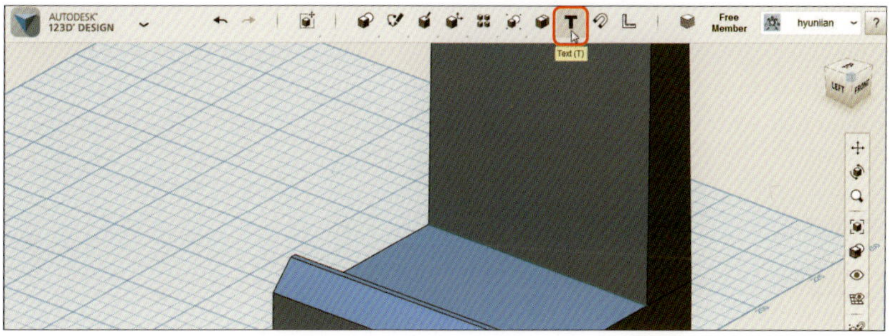

插入 Text 工具之后，下方便会出现文字编辑窗口。

2 | 在文字编辑窗口中单击文本框，在其中输入需要刻在手机支架上的文字，单击 Apply 按钮后按 <Enter> 键 Enter 。

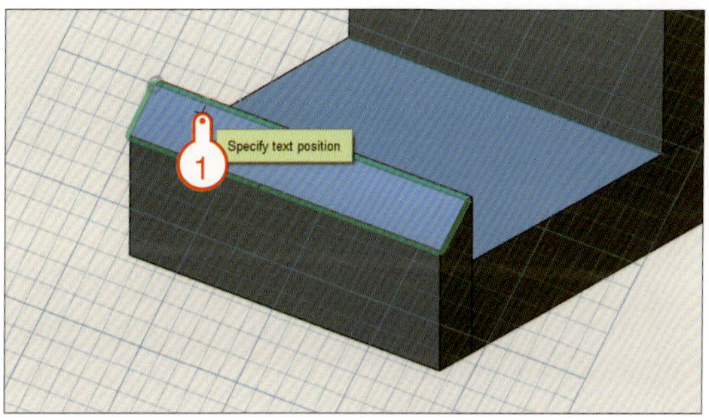

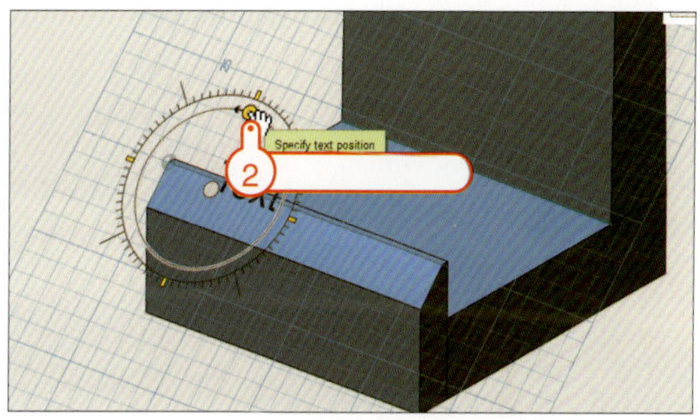

3 | 出现 TEXT 板面的时候在 TEXT 界面上输入要表示的字体，在 HEIGHT 选项设置字体大小之后单击 OK 键。

FONT 选项能够更改字体，TEXT STYLE 选项可以更改字体的粗细或者变成斜体字，ANGLE 选项能够设置字体旋转的角度。

4 | 单击 Text 按钮，在弹出的工具箱中单击 Move 工具。

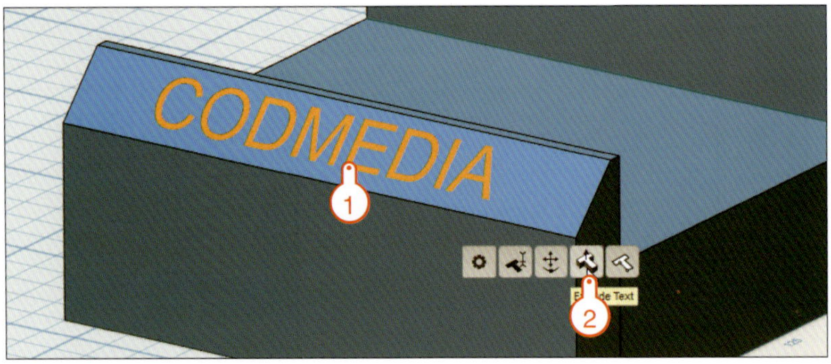

5 | 调节移动箭头和旋转角度，在如图所示的位置内放置文字。

单击 XX 按钮就可以打开文字属性窗口编辑文字属性。

Text 编辑菜单

❶ Edit Text : 打开Text板面设定字体内容及属性。

❷ Move Text :移动字体位置。

❸ Extrude Text :设定字体的阳角或者阴角。

❹ Explode : 任意编辑字体的线型。

6 | 单击 Source Solid/s 按钮，单击文字，单击 XX 按钮，选择 Subtract 选项。

就算把字体设定为阴角外面的部分还没有删除，因此选择剩下的部分之后进行删除。

7 | 确认一下文字的显示效果是否正常。

8 | 选择 AUTODESK® 123D® DESIGN 中的 Save → To My Computer 命令，保存制作好的模型。

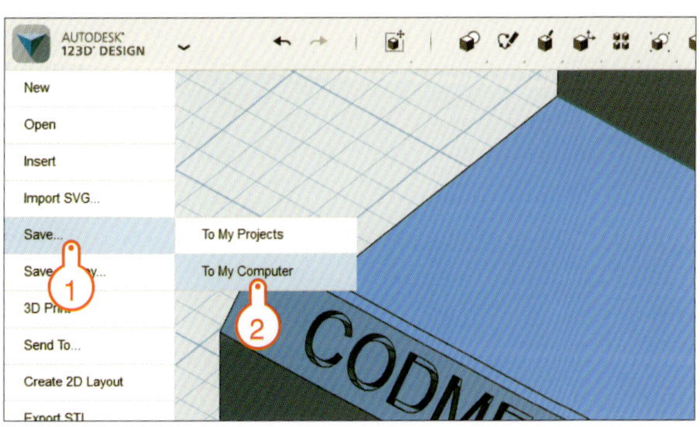

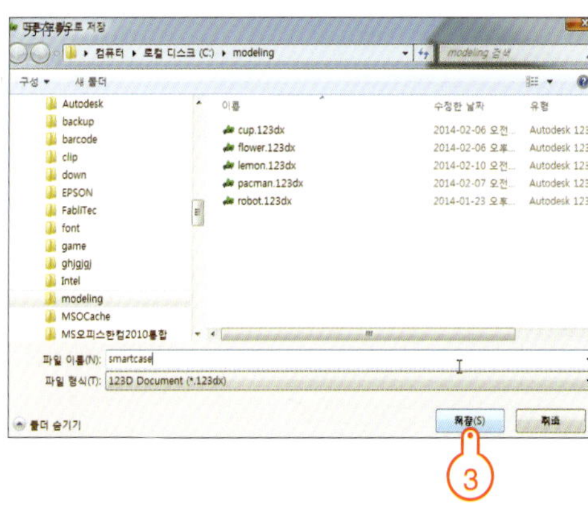

制作由两个环组成的挂件

使用 3D 打印机可以打印出互不重叠的模型，但需要支架的支撑。下面利用 Offset 工具制作由两个圆环组成的挂件，并介绍一下制作这类图形时需要注意的事项。

1 | 运行 123D Design，将视角设为 TOP，选择 Sketch → Circle 工具。

2 | 单击选取圆心位置，在文本框中输入“30”，绘制一个直径为 30mm 的圆形，然后按 <Enter> 键 Enter。

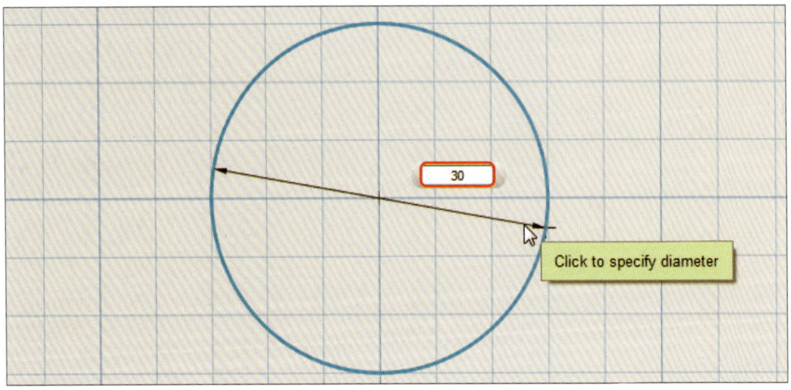

Circle 工具 可以通过输入圆形的直径绘制圆形。

3 | 选择 Sketch → Offset 工具。

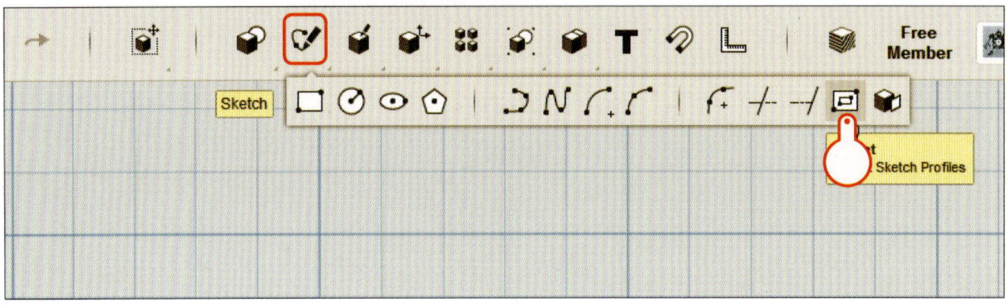

Offset 工具用来缩小所选的区域。

4 | 单击选取圆形。

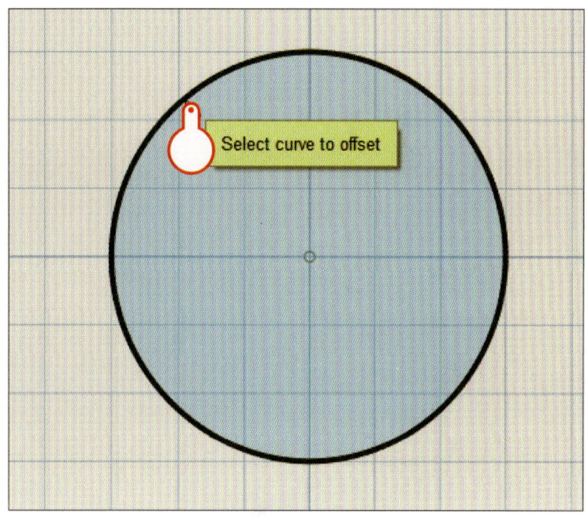

5 | 将鼠标指针移到圆形内部，就会出现红色的线条。移动到适当大小之后按 <Enter> 键 Enter 。

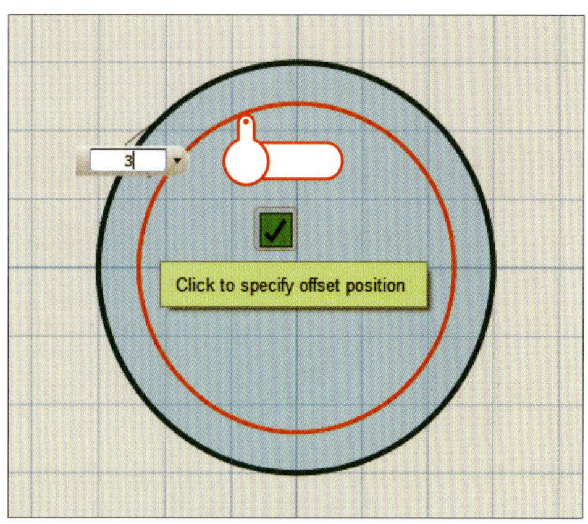

6 | 单击圆形的外部，选取相应部分之后选择 → Extrude 工具。

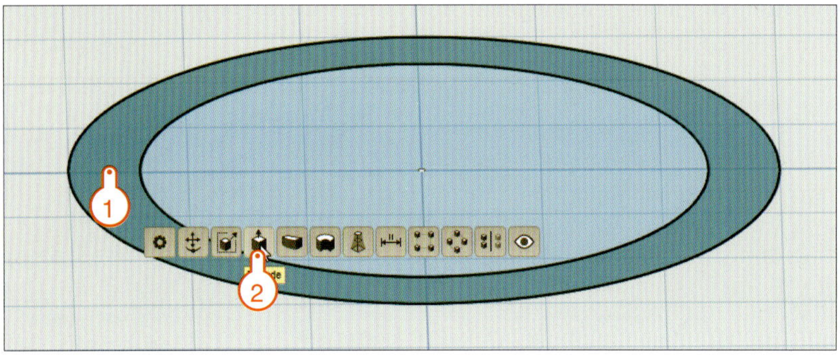

7 | 拖动调节箭头，移动到指定的圆环高度后按 <Enter> 键 Enter 。

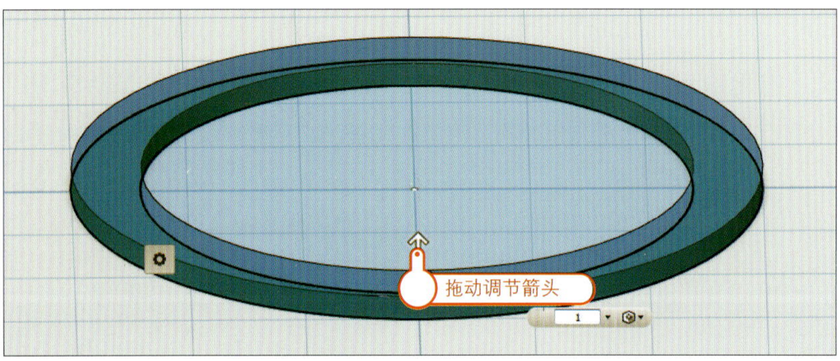

8 | 选中圆环外部之后，选择 → Tweak 工具，使图形倾斜。

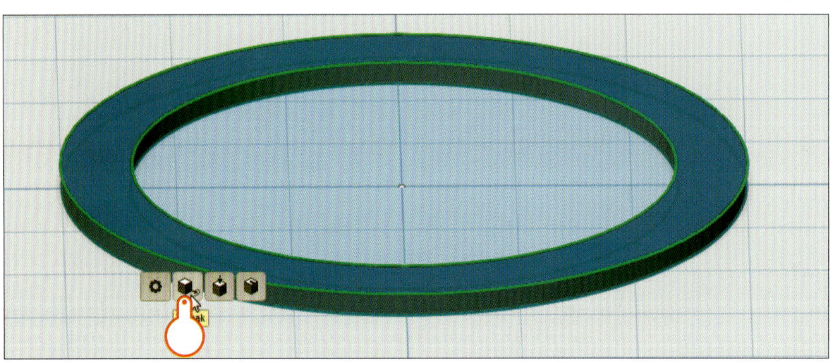

9 | 用鼠标拖动旋转方向盘，将图形旋转至一定角度。

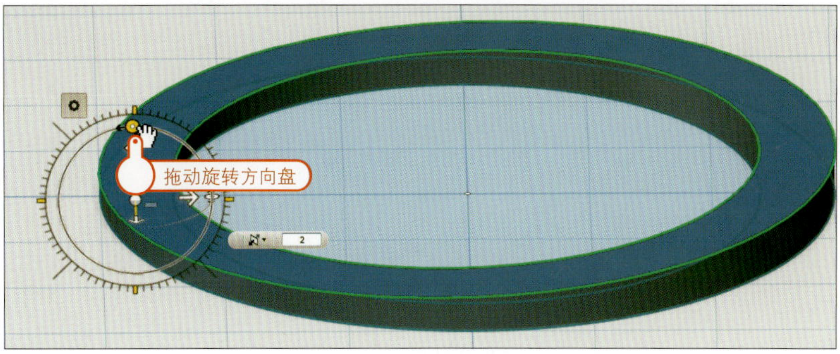

10 | 选取整个图形之后，按 <Ctel+c> 和 <Ctel+v> 组合键进行复制和粘帖操动，并拖动移动箭头，分离两个相同的图形。

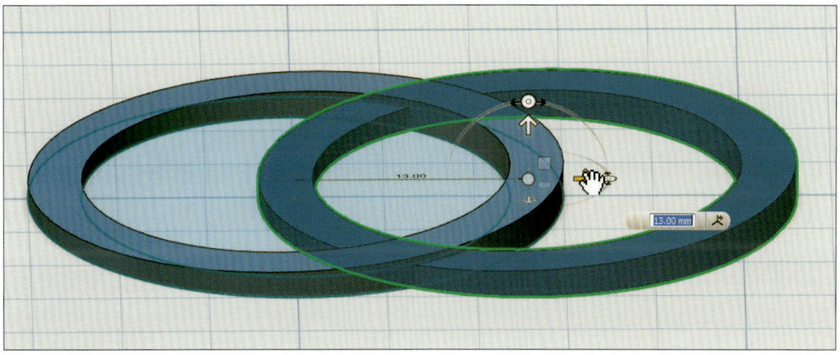

11 | 拖动旋转方向盘，倾斜第二个圆环。

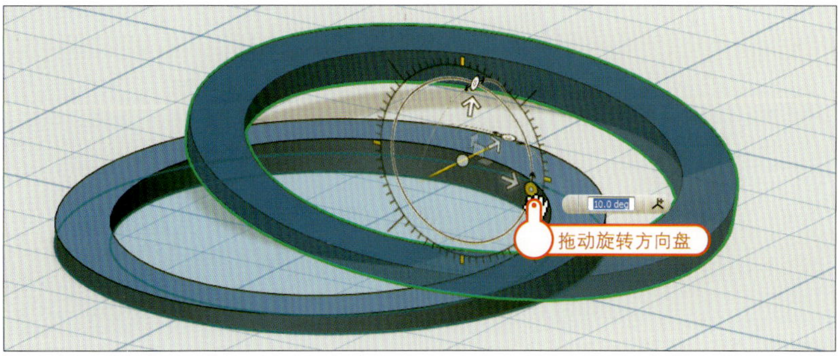

12 | 调节两个圆环的旋转角度，避免两个图形相互重叠。

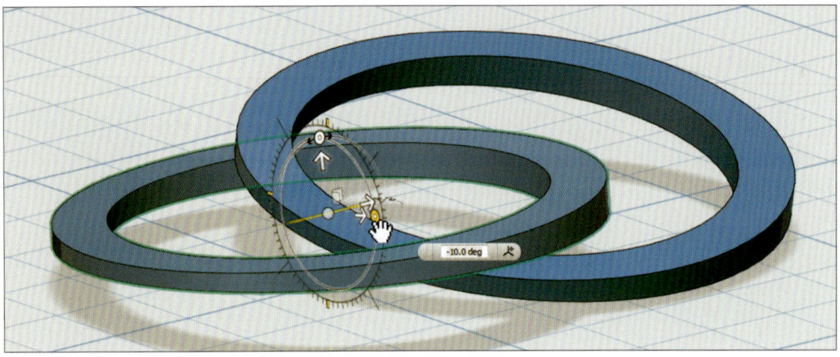

如果两个图形有重叠的部分，就无法分离，需要格外注意。此外，尽量降低图形的整体高度，是保证 3D 打印过程稳定进行并有效减少打印时间的合理方法。

13 | 旋转视角，确认两个圆环确实不存在重叠部分。

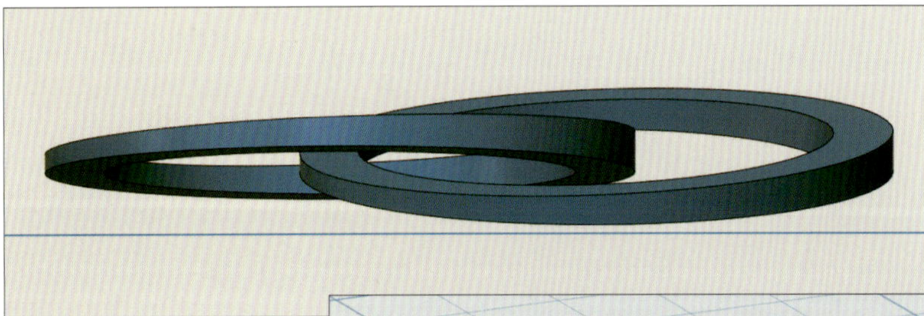

打印悬浮在半空中的图形时需要使用支撑打印物件的支架，而使用支架就必须将切片程序中的 Support 选项开启。

14 | 选择 AUTODESK 123D DESIGN 中的 Save → To My Computer 命令，保存制作好的模型。

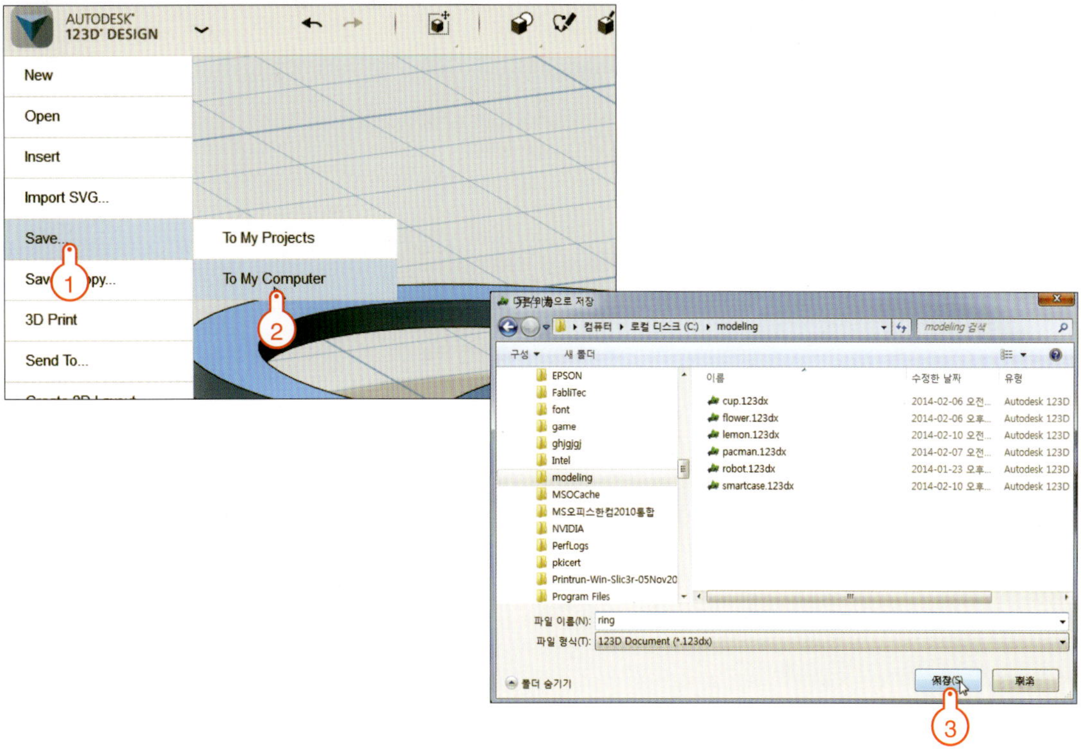

支架打印

打印悬浮在半空中的物件时需要使用支架。支架密度较小，可以徒手摘除。支架打印可在打印程序中另行设定。

用支架打印物件

摘除支架之后的成品

用网络版 123D Design 制作小狗饭碗

网络版 123D Design 是在线工作的程序，只有连接网络时才可以使用，不需要安装额外的本地程序。下面利用他人制作的“小狗饭碗”模型数据，刻上个性化的文字，制作独一无二的 3D 打印物模型。

制作饭碗模型

1 | 登录 AUTODESK 123D 主页（http://www.123dapp.com/design），在 Who's making what 项中单击 View all projects。

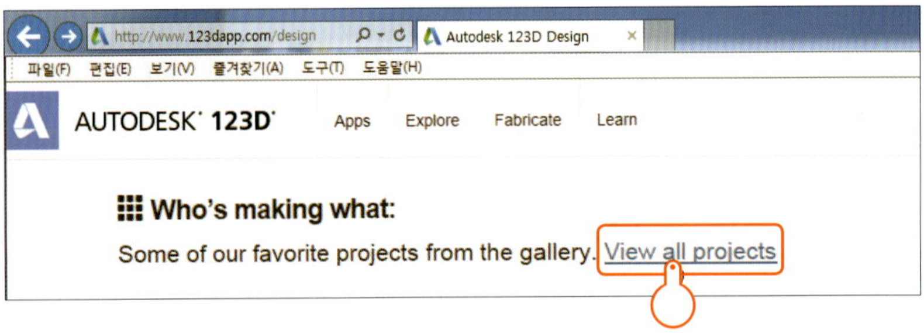

此处可以利用其他公开注册的用户提供的模型数据。

2 | 在其他用户制作的模型中选择需要用到的模型。也可以在搜索栏中输入想要查询的模型名称。

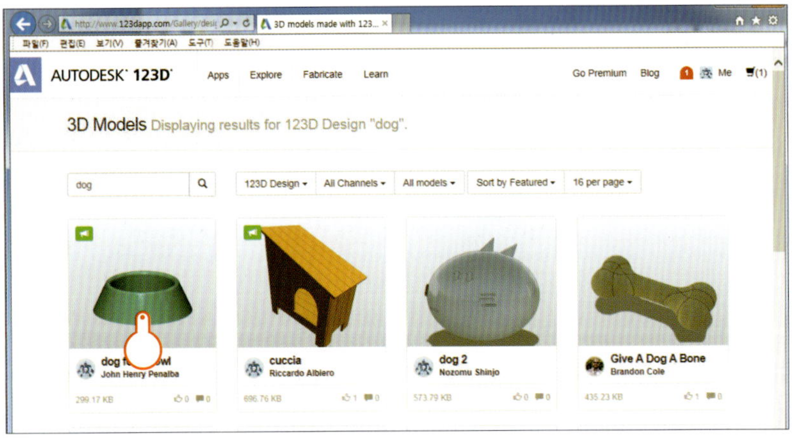

处于 AUTODESK 123D 账户登入的状态才能进行下载。

3 | 单击 Edit/Download 按钮，在弹出的菜单中选择 Download 3D Models 命令。

若选择 123D Design 命令，则会通过网络版 123D Design 打开模型数据。

4 | 待出现下载目录之后，单击 Download Models 按钮。

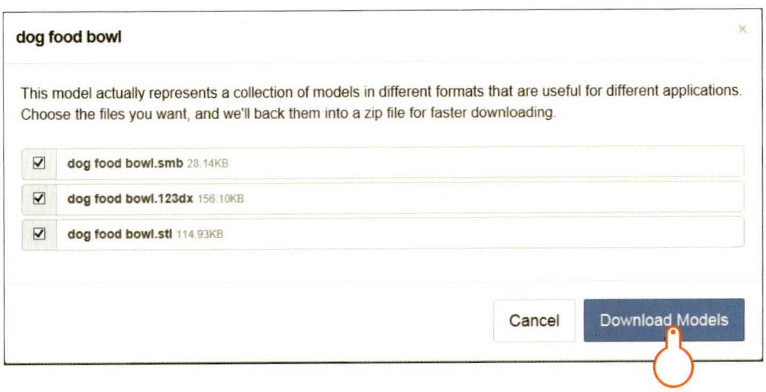

*.smb 文件可以通过网络版 123D Design 或单机版 123D Design 打开，而 *.123dx 文件只能通过单机版 123D Design 打开。

5 | 单击“保存”按钮，即可下载数据。

6 | 下载完成的文件解压之后会出现扩展名分别为 123dx、 smb 和 stl 的三个数据文件。

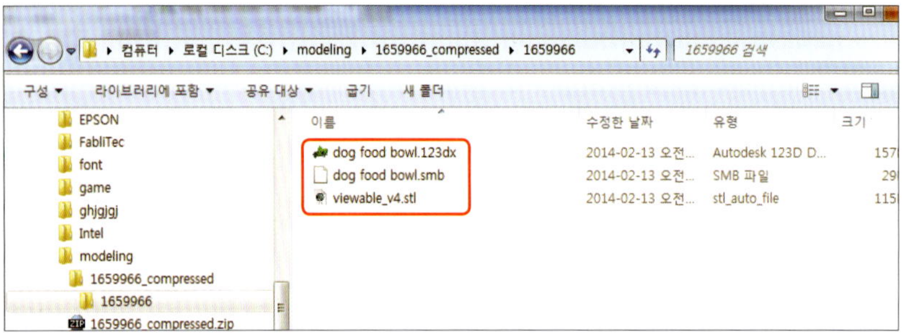

*.stl 用于 3D 打印标准模型数据，通常不可利用建模程序进行重新编辑。

7 | 运行 123D Design，打开扩展名为 123dx 的文件，即可读取模型数据。

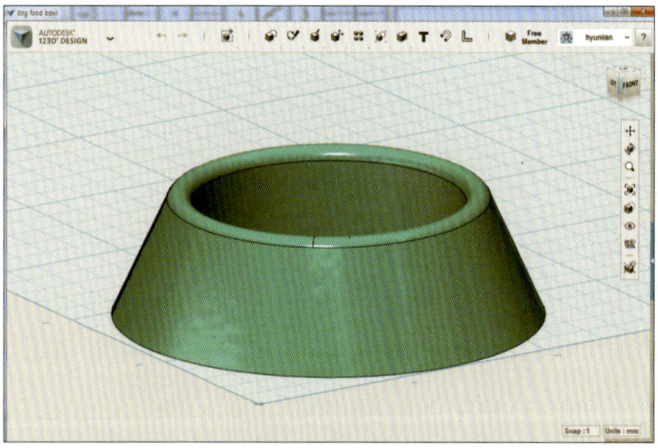

用网络版 123D Design 打开数据

1 | 登录 AUTODESK 123D 的主页（http://www.123dapp.com/design），单击 Download 123D Design online 按钮。

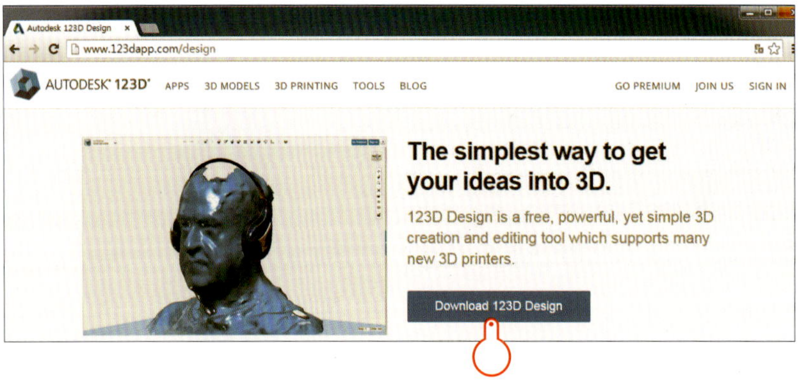

网络版 123D Design 的最佳适配浏览器为 google chrome，可在谷歌官网（http://www.google.com/intl/ko/chrome） 下载浏览器程序。

2 | 单击 Start a New Project 按钮。

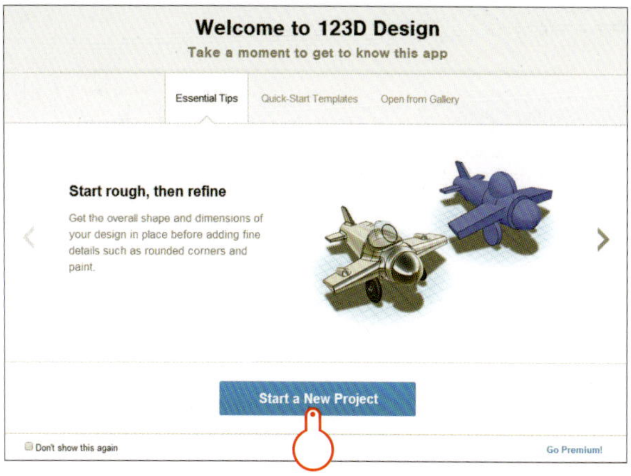

3 | 选择 ≡ 中的 Open 命令。

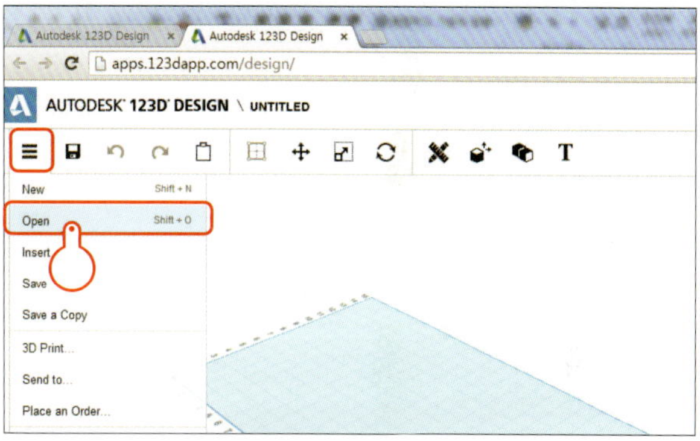

4 | 在 Browse My Computer 选项卡中单击 Browse 按钮，在“打开”对话框中找到之前保存到本地的扩展名为 smb 的文件，并单击“打开”按钮。

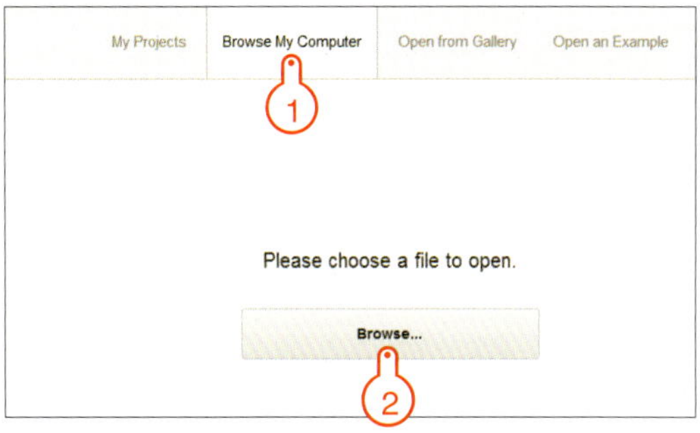

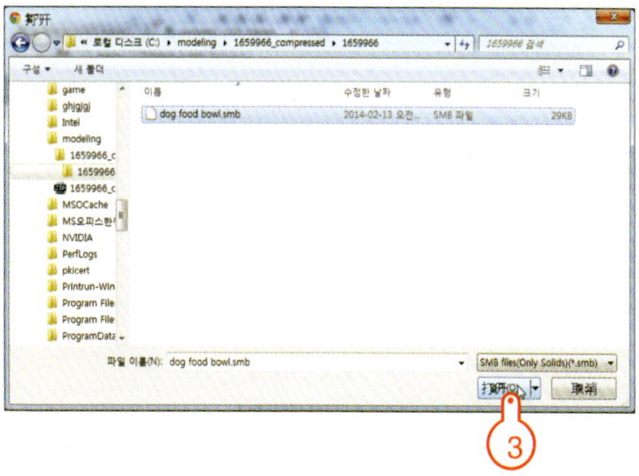

网络版 123D Design 可以打开 *.smb、 *.sat 格式的数据文件，但无法打开 *.123dx 格式的数据文件。

5 | 打开下载的模型数据。

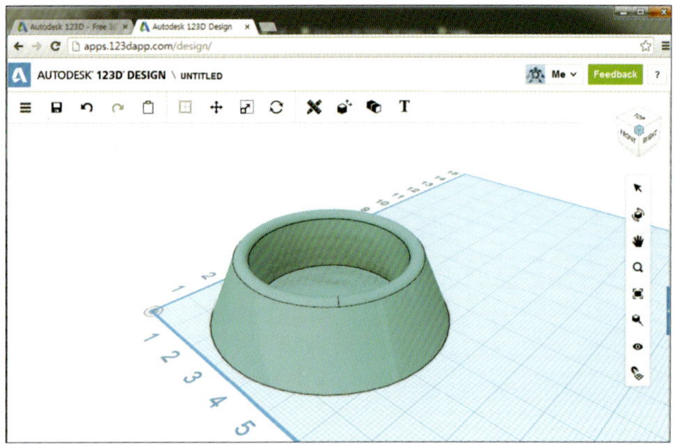

用网络版 123D Design 编辑模型

1 | 选择 → Fillet 工具。

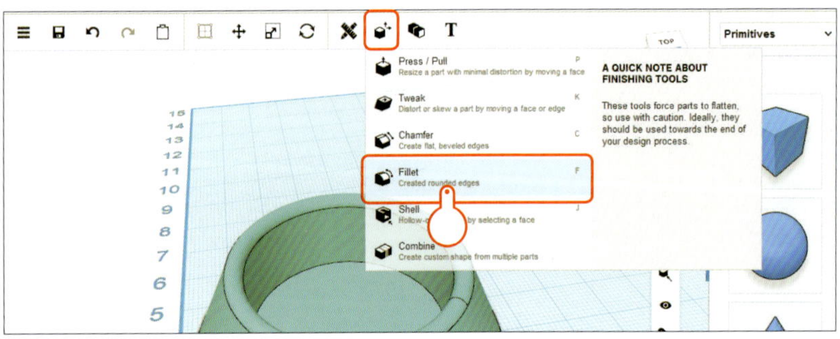

2 | 单击模型的内侧部分，拖动调节箭头，使面变得平滑。

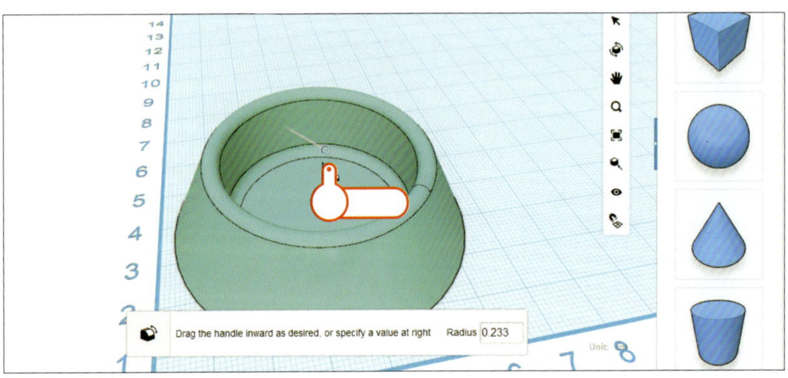

3 | 单击“文字”按钮 **T**，输入文字。

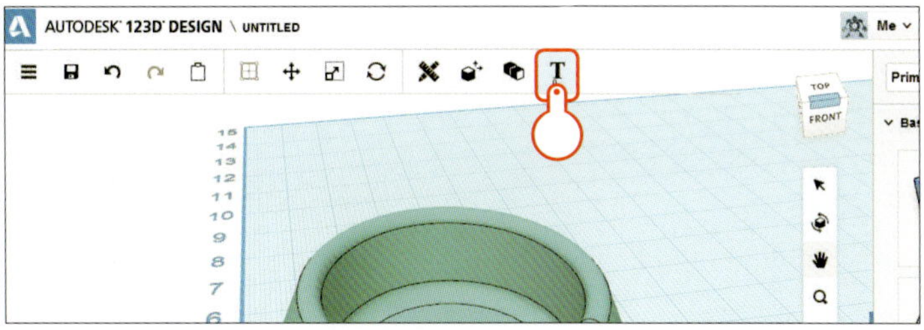

单机版 123D Design 中没有文字输入工具，但网络版 123D Design 提供了这一工具。

4 | 用鼠标选中需要输入文字的位置。

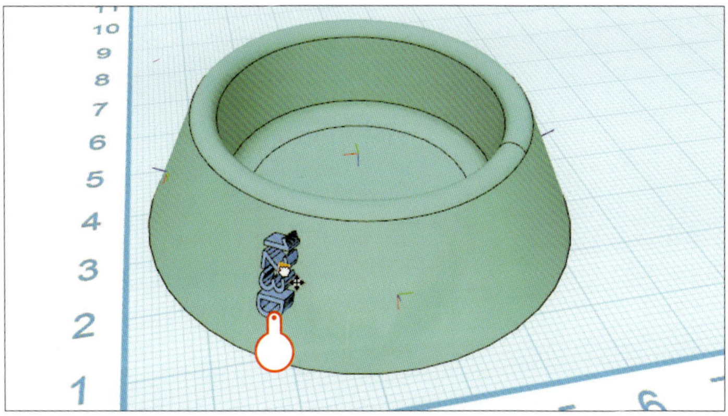

将鼠标指针移至某一面，文字就会贴在该面上。

5 | 拖动旋转方向盘，旋转文字的方向。

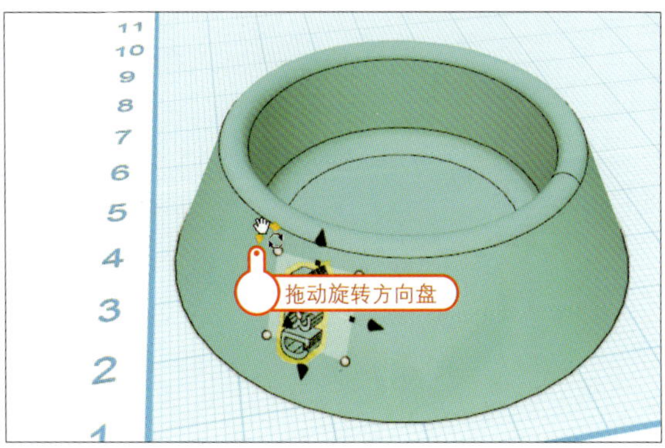

6 | 单击选项栏中的第一个文本框，输入需要显示的文字，再单击 Tt 按钮，改变字体。

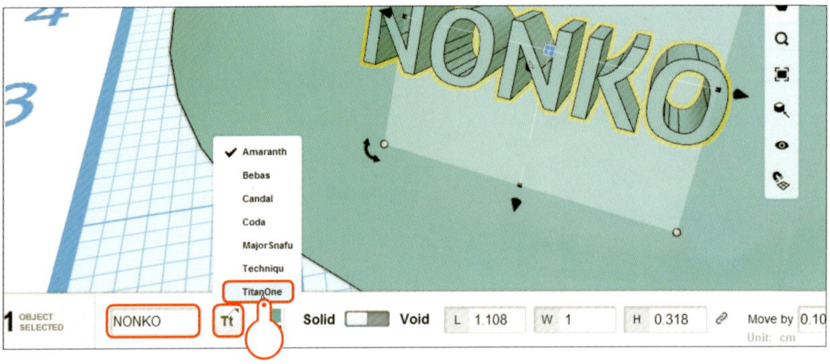

7 | 单击文字变会出现多个调节点，通过拖动调节点来调节文字的大小。

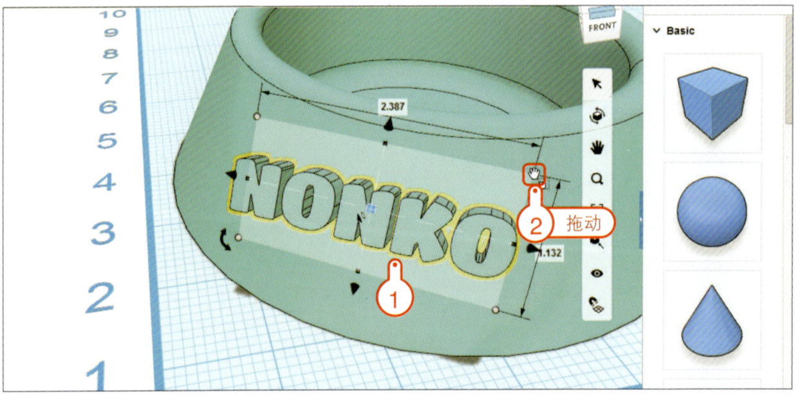

8 | 将视角设为侧面，通过拖动将文字嵌入物件内。

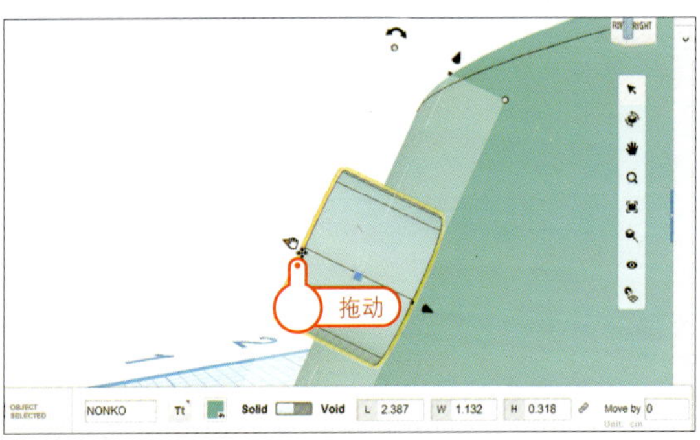

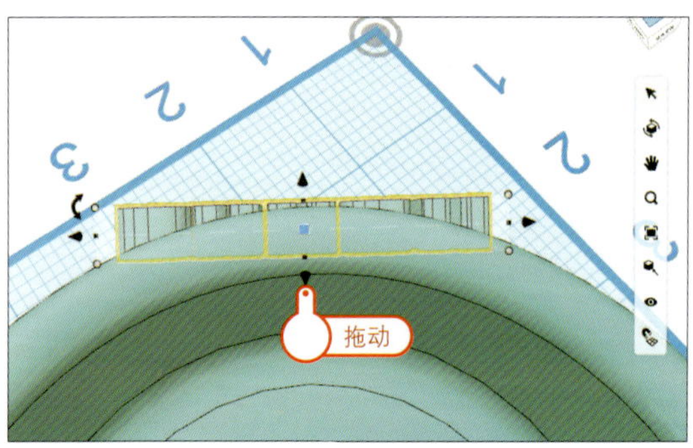

9 | 选择 ≡ 中的 Save 命令，保存编辑好的模型。

10 | 输入相关信息之后，单击 Save 按钮。

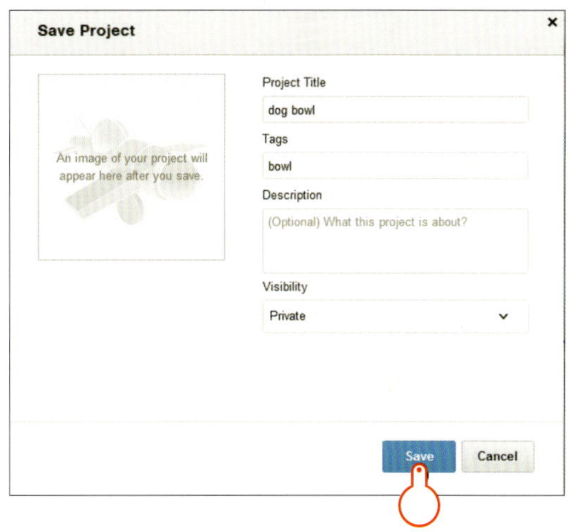

在 Visibility 项中选择 Public 就可以将数据分享给其他用户；如果选择 Private，则仅限于个人使用。

打开网络工程

1 | 单击右上方的 Me 按钮，在打开的菜单中选择 My Projects 命令。

若选择 My Projects 命令，就会跳转到可以确认或管理保存在网络上的模型数据的页面。

2 | 单击 Models 按钮，就会出现保存在网络上的模型数据。选取需要打开的模型。

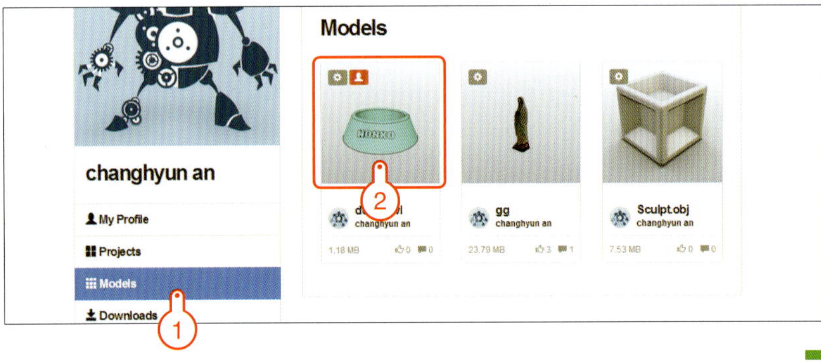

在模型目录中单击按钮就会出现管理菜单。在这里选择 Set to Public，就可以将数据变为公开型，按 <Delete> 键 Delete 就可以删除数据。

3 | 单击 Edit/Download 按钮，在打开的菜单中选择 Download 3D Models 命令。

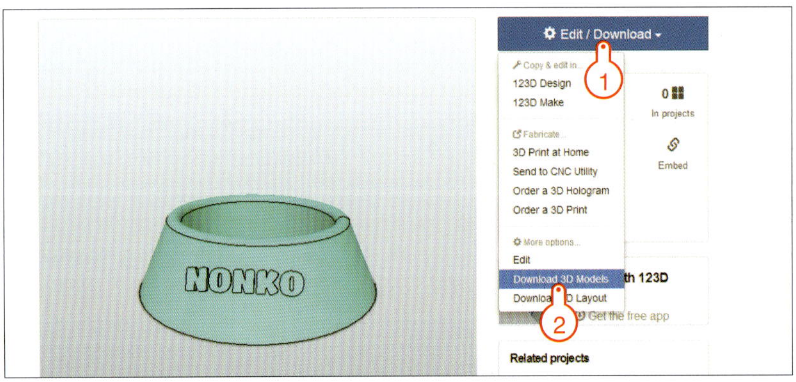

4 | 确认好需要保存的数据之后，单击 Download Models 按钮，保存数据。

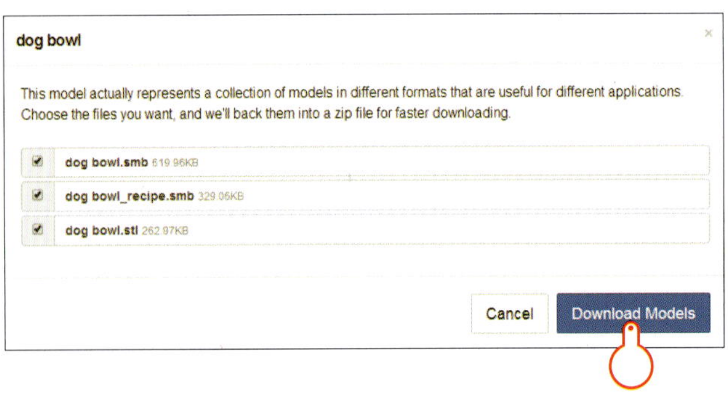

用网络版 123D Design 制作的模型数据无法保存为 *.123dx 格式的文件。

5 | 运行单机版的 123D Design 之后，选择刚刚保存的数据文件，单击“打开”按钮。

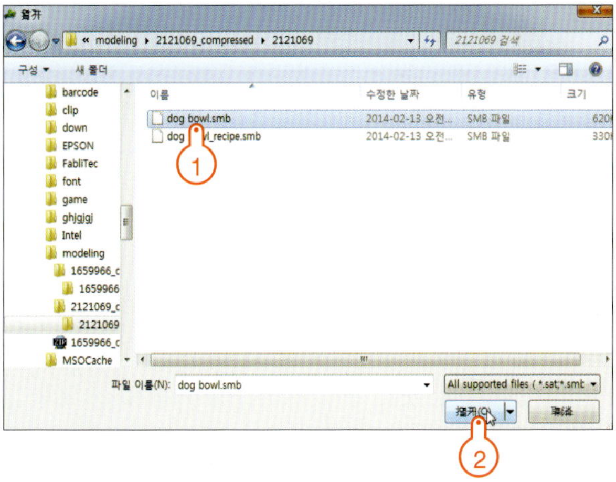

6 | 至此，模型数据已经打开。

单机版和网络版相互之间可以转换，因此可以交替进行编辑作业。

了解 123D 其他有趣的程序

Autodesk123D 公司除了 123D Design 之外还提供了很多有趣的与建模相关的程序。接下来就让我们了解一下还有哪些有趣的程序，它们能够完成什么样的 3D 打印物件。

AUTODESK 123D 公司除了前文中介绍的 123D Design 之外还提供很多有关建模的程序。所有程序都是免费的，使用方法均包括在线使用、下载到本地安装和在 iPhone、iPad 上使用等三种。登录 123D 的官方主页（http://www.123dapp.com），单击 APPS，就可以选择相应的程序。

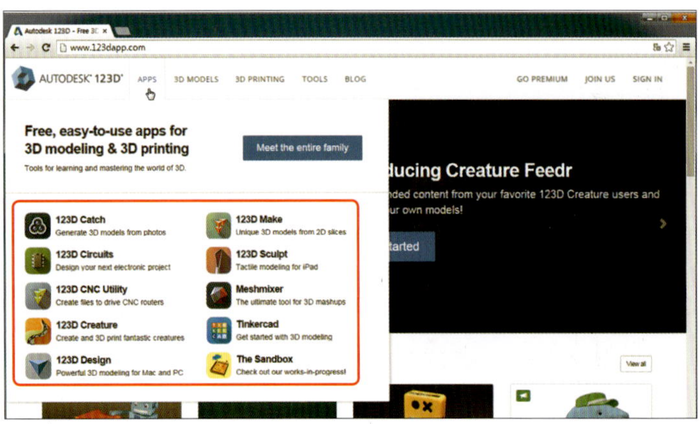

在线运行的程序

123D Circuits　设计回路的程序　在线

123D Catch　用图片制作模型的程序　单机 | 在线 | 移动设备

123D Creature　制作卡通形象的程序　移动设备

123D Make　用纸张制作立体物件的程序　单机、在线

123D Sculpt　制作人物、动物、事物等模型的程序　移动设备

Meshmixer　用 meshup 工具修整模型的程序　单机

Tinkercad　利用图形制作模型的程序　在线

Charmr!　将图片转化为带有阴影的立体模型的程序　在线

123D Creature

这是一款用来制作有趣造型的 iPhone、iPad 应用。先制作造型的骨架，在利用 Sculpt 工具制作造型的表面，最终上色完成制作。制作而成的模型可以通过单击 Export to Cloud 上传为 Autodesk 文件，或单击 Export Mesh 按钮通过邮件取回 OBJ 格式的数据。

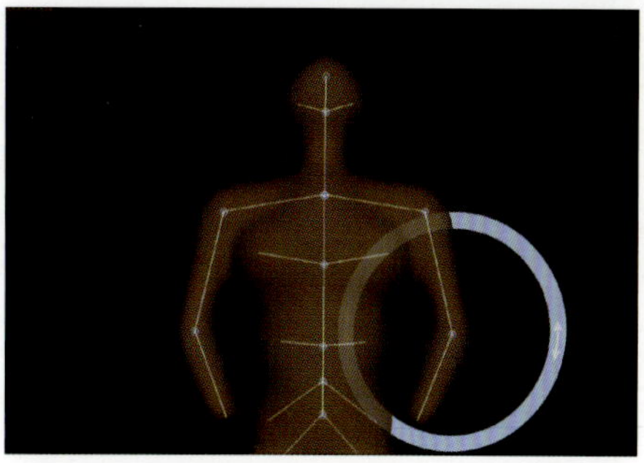

123D Sculpt

123D Sculpt 是一款运行在 iPhone、iPad 上的应用程序，该软件内置了许多基本形状和物品，用户只需要使用其内置的造型工具，即可做出雕塑模型。

Tinkercad

Tinkercad 是一款利用图形来制作有趣模型的在线程序。用户可以利用图形制作简单的模型，也可以选择Design → Download for 3D Printing命令，将模型保存为 STL、OBJ、X3D、 VRML 文件。

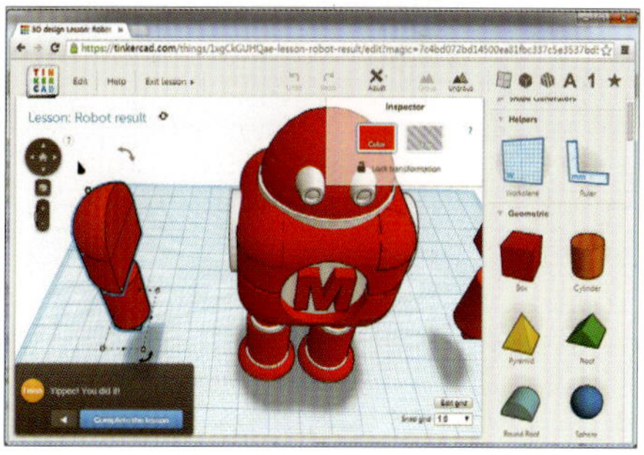

Charmr!

这是一款通过分析二维照片来制作充满立体感的挂件模型的在线程序。单击 Choose Picture 按钮之后，读取本地的图片，调整图片位置之后单击 Done 按钮即可完成操作，单击 Save 按可保存到 Autodesk Cloud 中。打印出的物件平时看起来与平面图形别无二致很明显，但对着阳光看去就可以呈现出立体感。

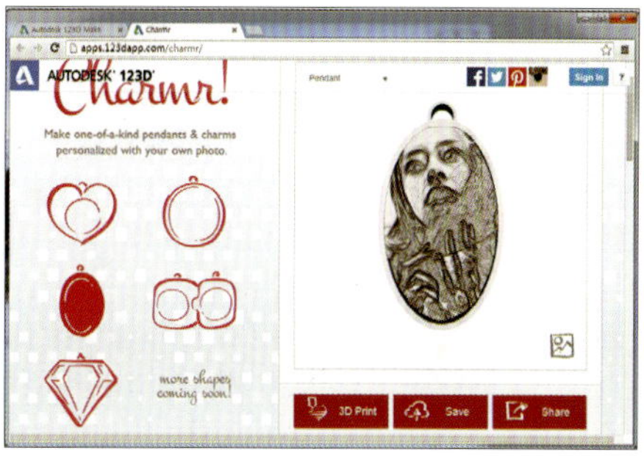

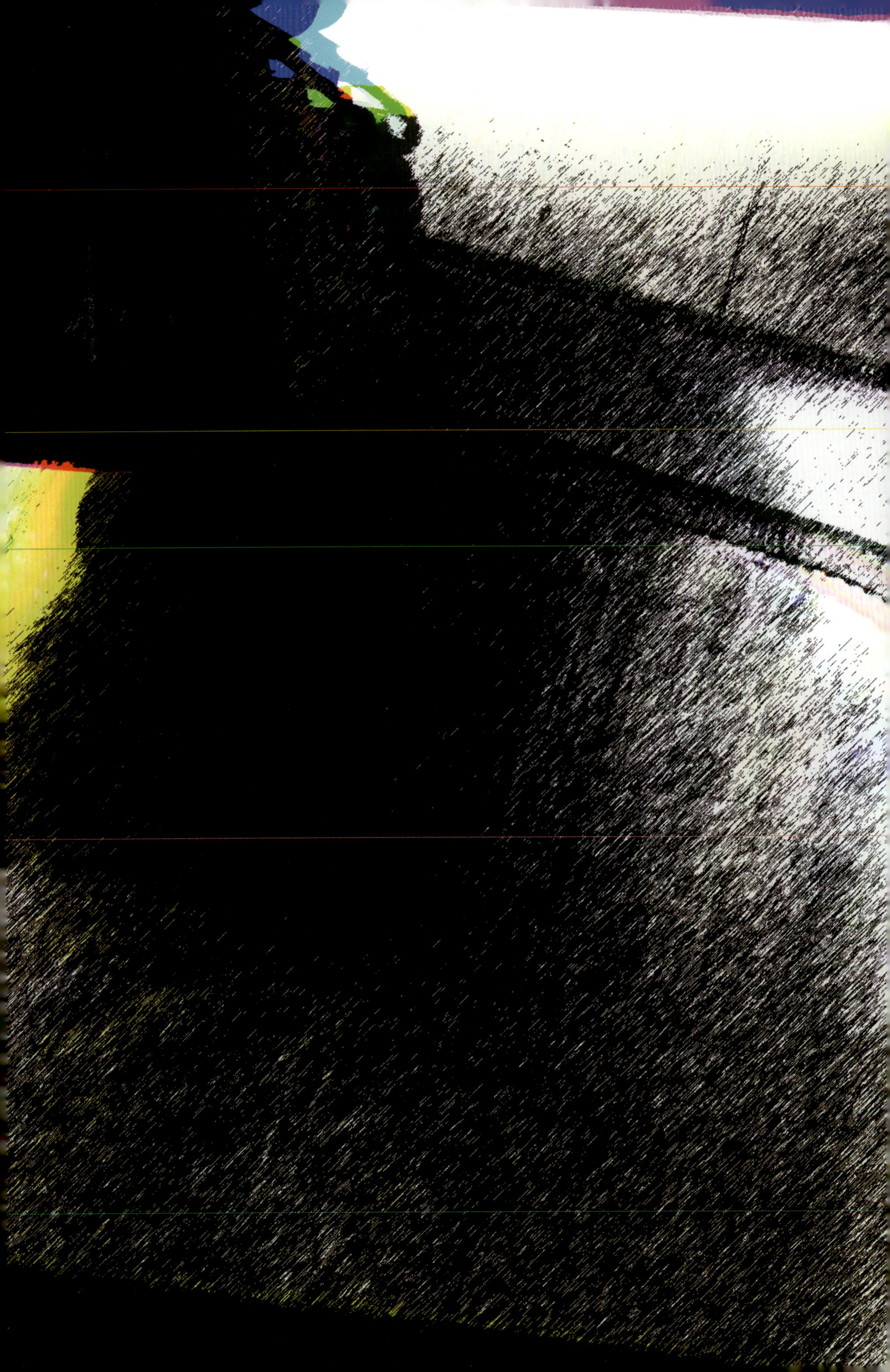

Part03 3D Printing

完美的 3D 打印

改变模型数据 STL

STL 是 3D 打印机的标准数据，进行打印时通常都会使用该格式。接下来就让我们了解一下将 123D Design 的模型数据文件转化为 STL 文件的方法。

1 | 运行 123D Design，打开需要打印的数据。

2 | 选择 AUTODESK 123D DESIGN 中的 Export STL 命令。

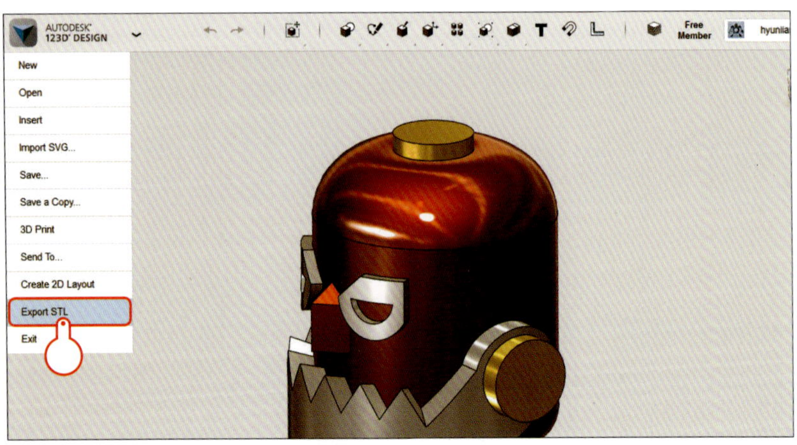

3 | 弹出 Export to STL 对话框之后，输入文件名称，单击“保存”按钮。

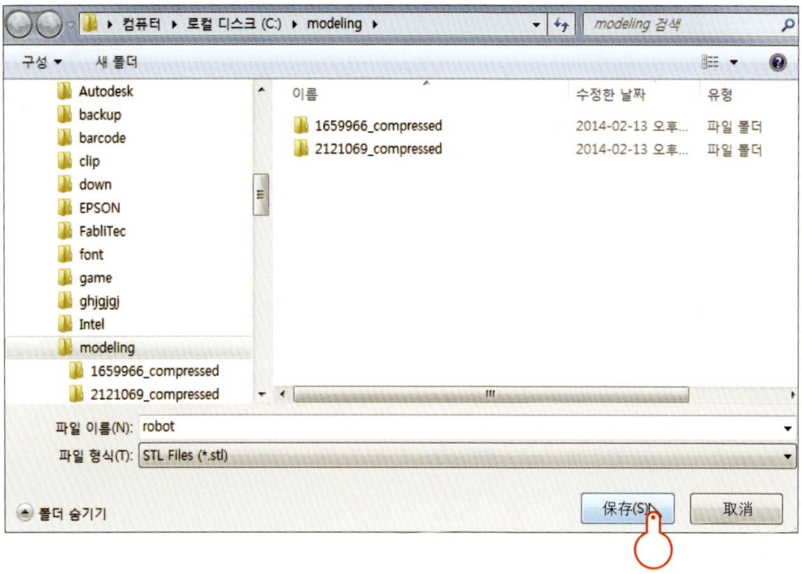

STL 文件是无法通过模型程序读取的。

STL

STL（StereoLithography）文件由多个三角形面片定义组成，每个三角形面片的定义包括三角形各个定点的三维坐标及其法矢量。STL是3D打印机在打印时用到的标准格式，只有将最终的模型数据转化为STL格式文件，才能进行打印。转化之后的STL文件通常无法重新编辑。

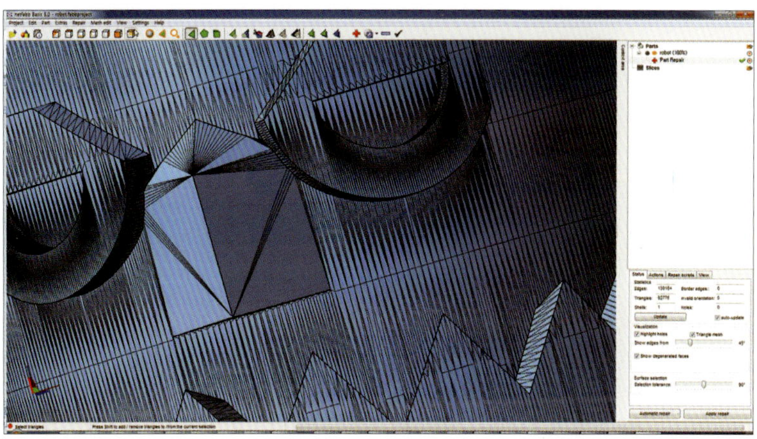

用 Cura 打开模型数据

如果用户使用的是利用开源程序的 3D 打印机，就可以使用 Cura 或 Replicator 等切片程序。切片程序可以将打印数据分层，并根据打印环境进行设定，最终将打印数据转化为 Gcode。下面介绍安装 Cura 切片程序和利用该程序读取数据的方法。

选择 3D 打印机的要领

1 | 登录 3D 打印机厂商提供的网站，安装 Cura 程序。

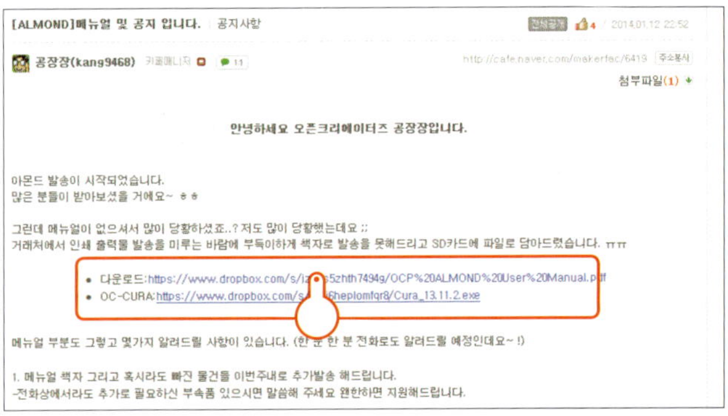

Cura 是将模型数据转化为 3D 打印机可用的 Gcode 的开源切片程序。3D 打印机厂商通常会提供最佳适配自家打印机的软件，所以最好使用由厂商提供的正版软件。

如果使用 3D Systems 或 MakerBot 等厂商提供的非开源程序，就无须使用 Cura 程序。

2 | 设置 Cura 的安装目录，设为默认值之后单击“下一步”按钮。

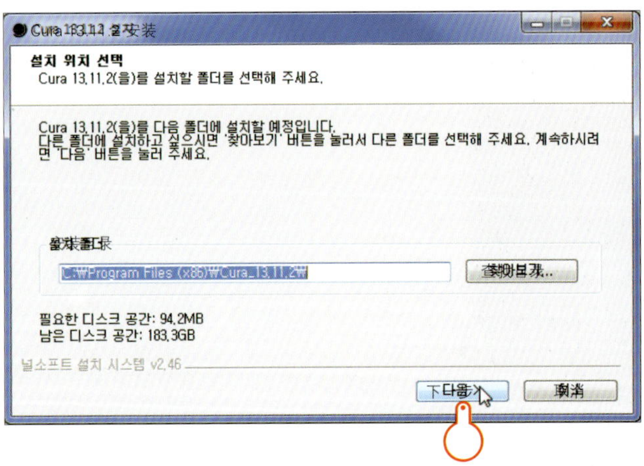

切片程序除了 Cura 之外还有 Slic3r 和 KISSlicer 等。如果计算机中安装了 3D 打印机的驱动程序，就可以使用其他切片程序。

Slic3r http://slic3r.org
KISSlicer http://kisslicer.com

3 | 选择所有选项之后单击“安装”按钮。

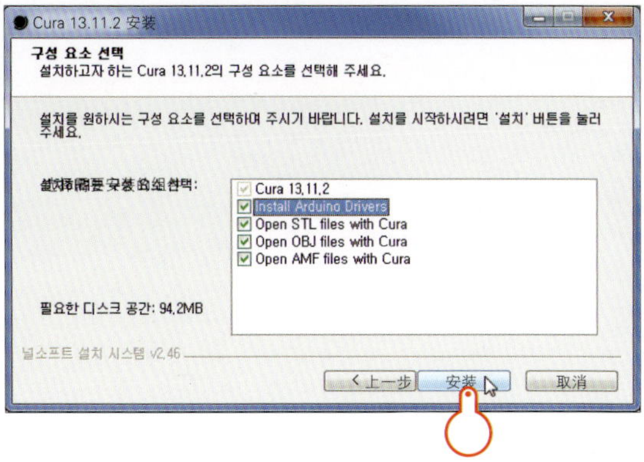

4 | 在安装程序过程中，如果出现驱动程序安装界面，单击其中的 Install 按钮即可进行安装。

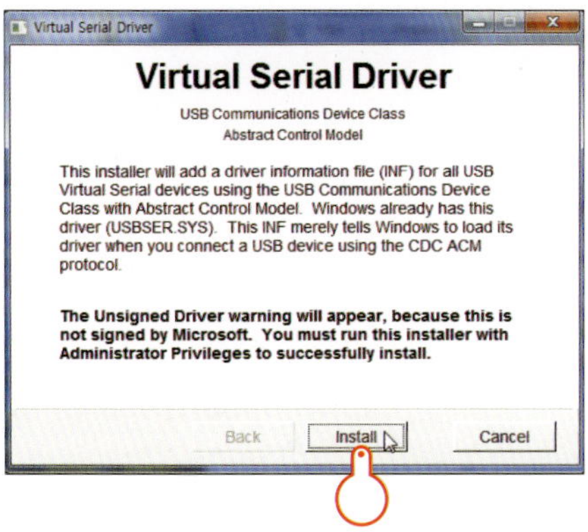

5 | 弹出安装完成界面时，单击“完成”按钮。

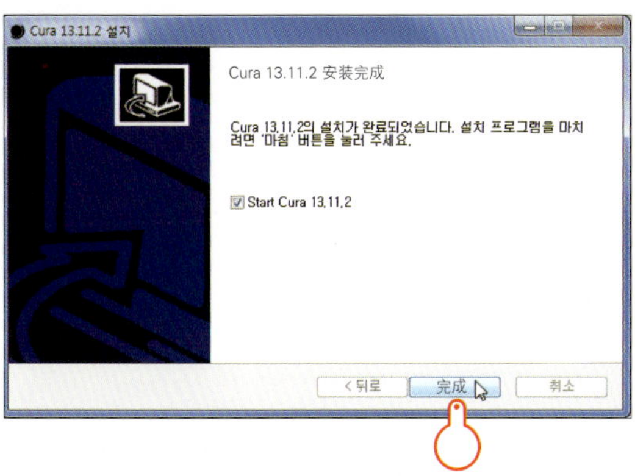

6 | 运行 Cura 程序。程序已根据相应 3D 打印机设置好了所有参数。

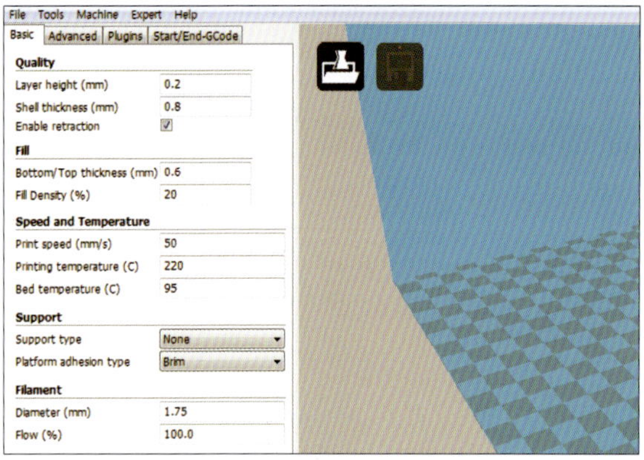

Cura 是一款开源程序，如果是 3D 打印机厂商根据自家产品设置的 Cura 程序，环境参数就已经根据相应 3D 打印机预先设定。

打开 STL 文件

1 | 首次运行 Cura 时，为了调整作业范围，需要选择 File → Preferences 命令。

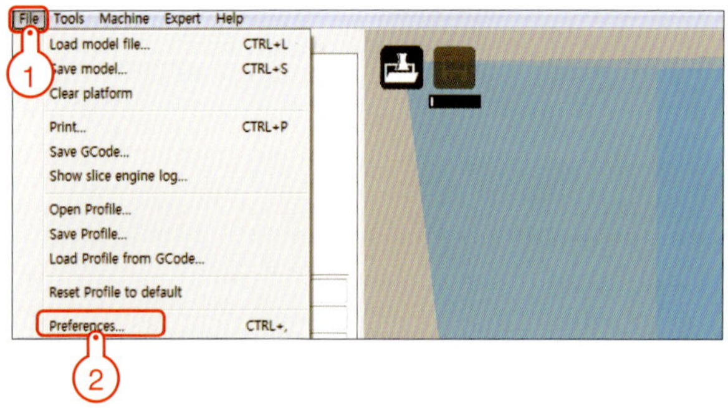

2 | 在 Maximum width、Maximum depth 及 Maximum height 文本框中输入 3D 打印机中标出的最大造型尺寸，然后单击 Ok 按钮。

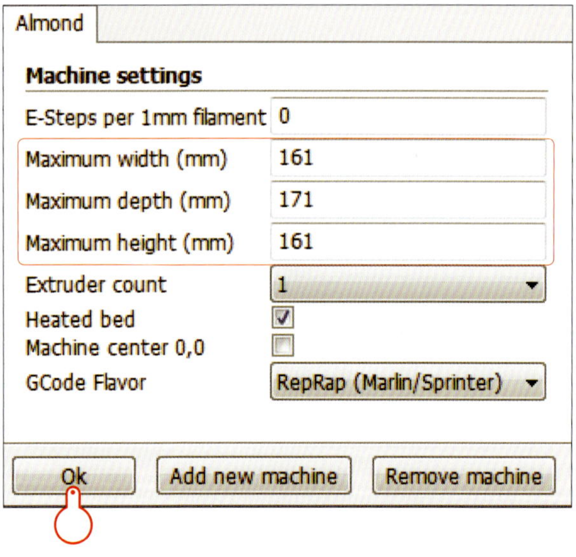

用户可在 Extruder count 数值框中指定配备喷嘴的挤压机个数。若为双重挤压机，则应当输入“2”。

3 | 运行 Cura 之后单击 “Load” 按钮，选择 STL 文件，并单击 “打开” 按钮。

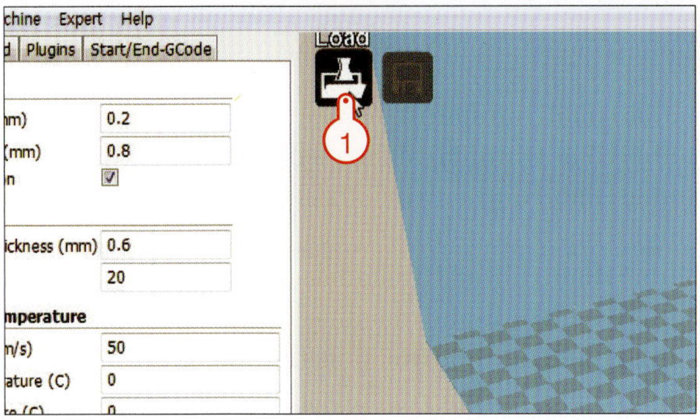

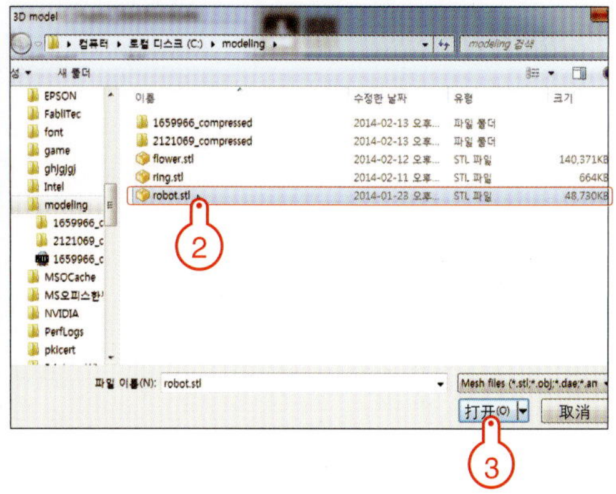

4 | 所选的模型数据即出现在预览界面中。如果打印物件的体积小于打印机的内部空间，其就会标识成黄色；反之，如果打印物件的体积超出打印机内部空间，其就会标识为灰色。

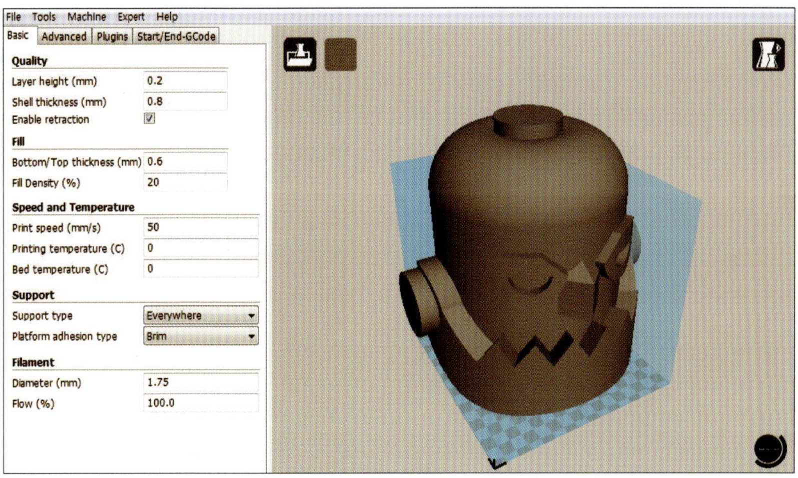

最大造型大小

最大造型大小指可打印的最大范围，指定时需要分别输入底板的宽（Width）、长（Height）和Z轴的最大长度（Depth）。3D打印机在设定喷嘴位置时会在底板和喷嘴之间留出空间。在设定Maximum width、Maximum height时同样需要考虑这部分预留空间。

5 | 单击打印物会出现多个工具，单击其中的 Scale 按钮，打印物件上便会出现 X、Y、Z 轴。拖动相应轴的调节点，可以适当地调节物件大小。

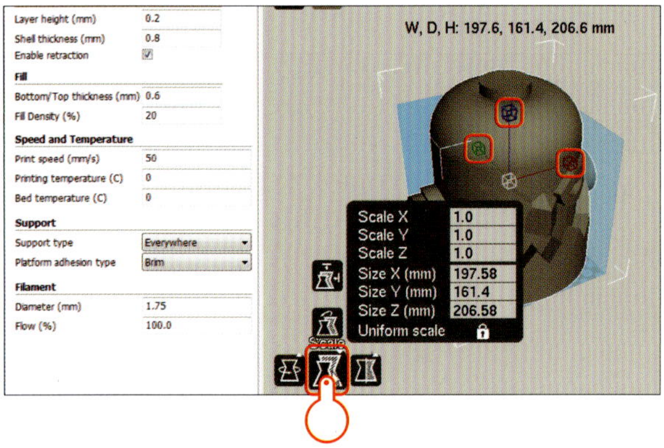

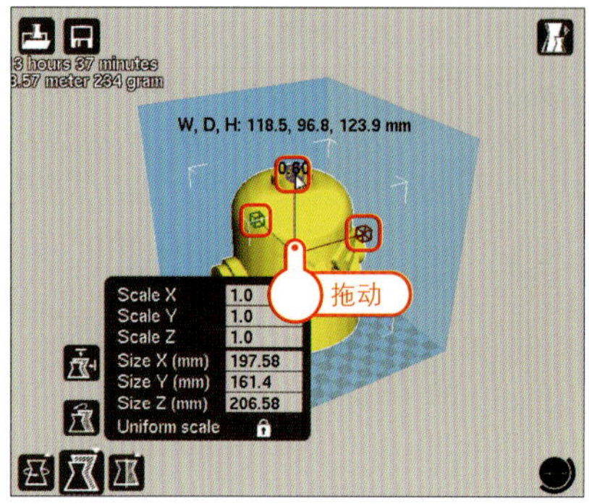

6 | 单击 Rotate 按钮可以旋转打印物件——拖动相应旋转方向上的线条。

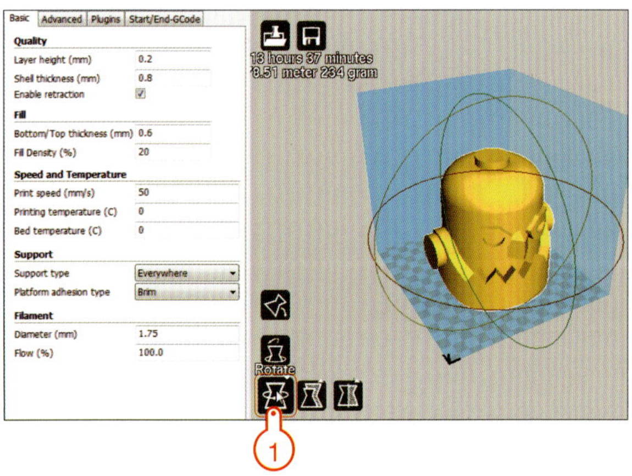

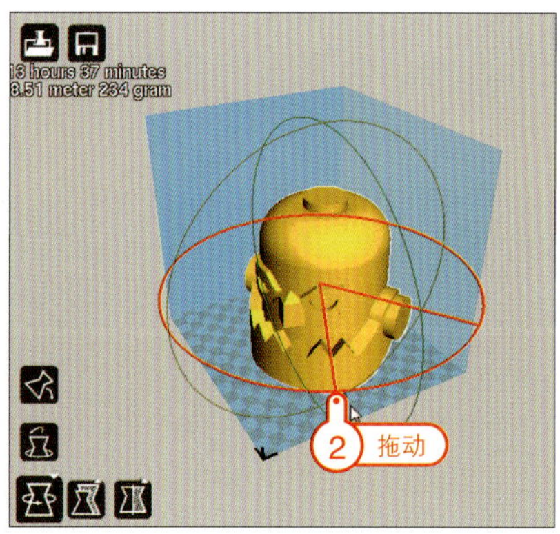

变更大小

Scale X、 Scale Y、Scale Z项中分别标有比例值。“1.0”表示原始大小，在此处输入数值可以改变物件的大小。Size X、Size Y、Size Z用以表示实际模型的大小。该大小通过输入数值进行设定。而且，如果改变X、Y、Z中的任意一个数值，其余两个数值也会随之改变。

7 | 滚动鼠标滚轮可以放大或缩小打印物件。

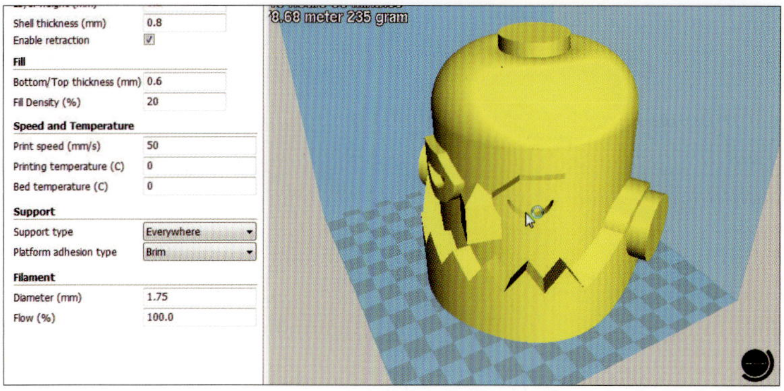

8 | 按住鼠标右键拖动鼠标，即可旋转视角。

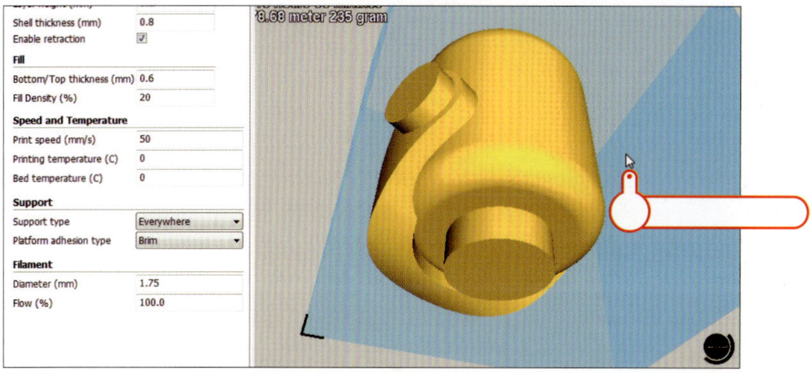

9 | 单击 View mode 按钮，选择 Overhang，即可用红色标出严重凸出或可能无法正常打印的部分。

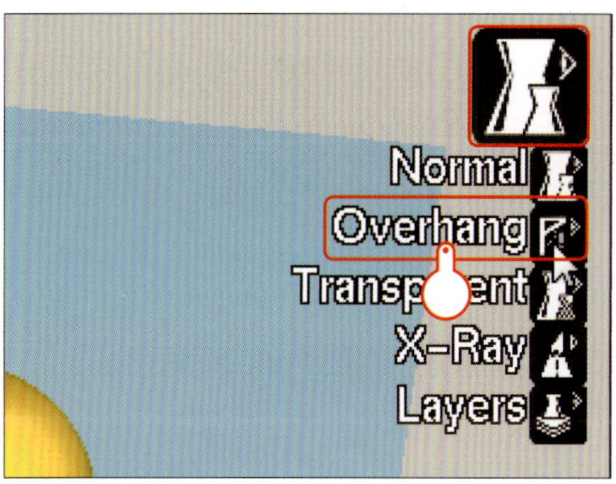

10 | 单击 View mode 按钮，选择 Layers 可以预览每一层的打印效果。分析完成之后，用鼠标拖动右侧的标尺，以查看需要确认的断面。

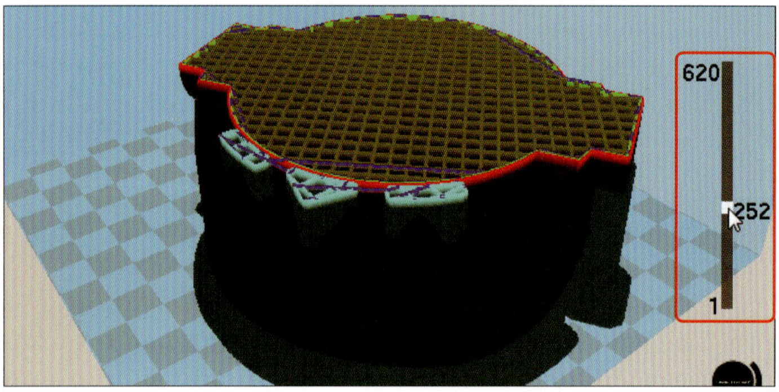

右侧的标尺可以用来选择层的位置。1~620 表示打印该物件总共需要打印 620 层，即完成整个 3D 打印过程将需累积 620 层。

Cura 各选项值的功能

Cura 可以设定调节打印环境的各种参数。下面介绍 Cura 所提供的各选项的功能。

了解 Basic 选项卡

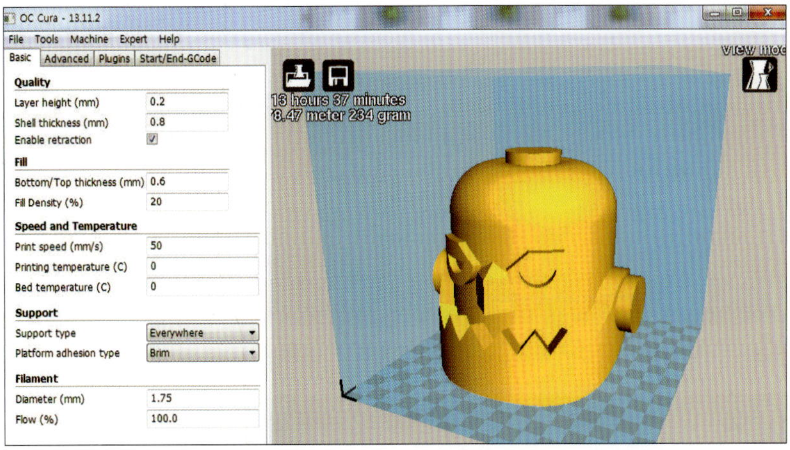

Quality | 用于指定打印物件的厚度。

- Layer height：指定打印时每一层的高度。数值越小，打印就越精密，但相应地打印速度也会随之变慢。设定该数值时需要参考 3D 打印机支持的最小层高。
- Shell thickness：指定打印物件的壳体厚度。
- Enable retraction：设定是否使用防止材料溢出的回收（Retraction）功能。

Fill | 设定打印物件的填充方式。

- Bottom/Top thickness：指定打印物件的上 / 下端厚度。
- Fill Density：用百分比表示打印物件内部填充的密度，数值越高，内部填充材料密度就越高。需要注意的是，密度越高的材料，其收缩率就越高，也更容易导致出现材料爆裂等现象。

Speed & Temperature | 指定基本打印速度和喷嘴、底板的温度。

- Print speed：指定打印时头部移动的速度。数值越高，打印速度就越快，相应地，打印质量也就越差。
- Printing temperature/Bed temperature：打印时喷嘴 / 底板的温度。通常温度的设定因材料而异，因此一般不会在程序中设定，而是在机器上直接设定。如果需要在机器上直接操作，就应将数值设为“0”。

Support | 为避免打印时物件从底板上脱落而采用的支架的相关设定以及将物件固定在底板上的平台的相关设定。

- Support type：有些物件包含悬浮在半空中的部分，为了防止此类物件在打印过程中从底版上脱落，就需要采用支架进行支撑。支架一般会以低密度打印，待打印完成之后再进行手动摘除。

  None：不适用支架。支架虽然在打印之后可以摘除，但这会使打印物件非常容易变得不整洁。如果打印的部分没有完全脱离主体，则可以通过降低打印速度的方式来替代支架的使用。

  Touching buildplate：只有打印物件直接与地面接触时，才使用支架。

  Everywhere：只要有悬空的部分，就使用支架。

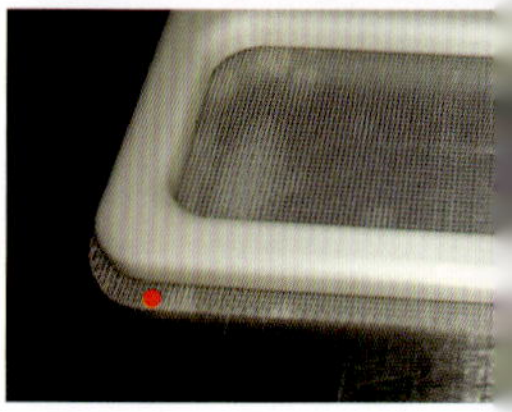

- Platform adhesion type：确定是否加强模型与热床之间的附着特性。附着物或基座可以固定打印物件。

  None：不适用平台。如果打印物件的底面较宽，则不需要额外的支撑平台，直接在热床上打印。

  Brim：在打印物件的周围制作一圈薄薄的附着物一类似于帽檐的形状。该方式打印速度较快，打印物件的固定效果较好。

  Raft：在打印物件的底部打印一个有高度的基座。该方式固定效果虽然非常好，但在打印完成之后，打印物件底面很有可能会残留平板的按压痕迹。

Filament | 设定 3D 打印机使用的材料。

- Diameter：设定所用材料的直径厚度。大部分 3D 打印机都使用直径为 1.75mm 的材料，但也存在使用其他直径的 3D 打印机，因此设定时需要格外注意。
- Flow：指定材料的喷洒程度。如无特殊情况，一般设为“100”。

了解 Advanced 选项卡

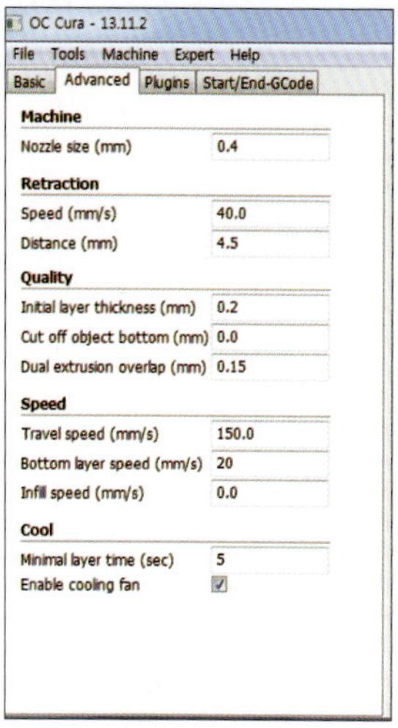

Machine | 在Nozzle size文本框中输入3D打印机中标出的喷嘴大小。大多数产品会使用“0.4mm”的喷嘴。更换喷嘴时要记得改变相应的设定值。

Retraction | 由于喷嘴在工作时处于高温状态，因此材料会持续融化流出。在打印暂停喷嘴移动到其他位置的过程中，为了防止材料在惯性的作用下继续向外流出，这时往往需要倒吸材料，而倒吸属性便在这里进行设置。

- Speed：设定倒吸的速度。
- Distance：设定倒吸的长度。通常会设为“0.5”。

Quality | 为了提升打印质量而给出的设定。

- Initial layer thickness：指定第一个层的厚度。如果设为“0”，则会取Basic → Bottom thickness中设定的值。
- Cut off object bottom：如果打印物件的底部为球形，触底面积就会较小，容易从底板上脱落下去。此时可以按照指定厚度切除底部，增加触底面积，提升物件的稳定性。
- dual extrusion overlap：如果利用双重挤压机，就需要指定两部挤压机打印的重叠度。

Speed | 根据不同状况调节打印速度。

- Travel speed：不打印，只移动机器时的头部移动速度。
- Bottom layer speed：指定底层打印速度。打印底层时，放慢打印速度有助于增加打印物件的整体牢固性。
- Infill speed：指定打印物件内部时的速度。如果输入“0”，则取Basic → Print speed选项中设定的值。

Cool | 从喷嘴中融化而出的材料会慢慢冷却凝固。位于喷嘴头部的冷却风扇可以加快材料的冷却速度。冷却风扇的相关设定便在这里完成。

- Minimal layer time：如果打印物件过小，打印每一层的时间就会很短，此时就会出现“还没等下一层冷却完毕，机器就会开始自动打印靠上的那层，此时就很容易发生热变形”的现象。指定每一层的最小打印时间可以防止上述问题的发生。
- Enable cooling fan：设定是否使用冷却风扇。

用 Cura 制作 Gcode 格式文件

接下来让我们参照前文中提到的 Cura 设定说明，将模型转化为打印用的 Gcode 格式文件。

1 | 确认 3D 打印机支持的积层厚度，在 Layer height 文本框中输入相应的值。如果减小 Layer height 文本框中的值，虽然可以得到更加精密的产物，但也需要耗费更多的时间。

2 | 如果打印物件复杂，可以将 Print speed 设为“20”；如果打印物件底部面积大且形状简单，可以将 Print speed 设为“40”。可以先尝试打印几次，逐次提升打印速度，最终找到适合 3D 打印机的最佳速度。

3 | 如果需要支架，可以将 Support type 设为 Everywhere，并将 Platform adhesion type 设为 Brim。

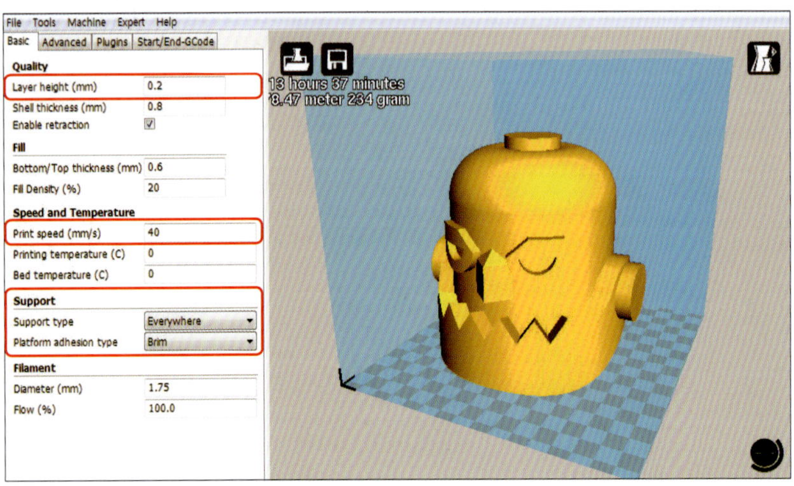

4 | 单击 Save toolpath 按钮，在弹出的 Save toolpath 对话框中输入文件名称，然后单击“保存”按钮。

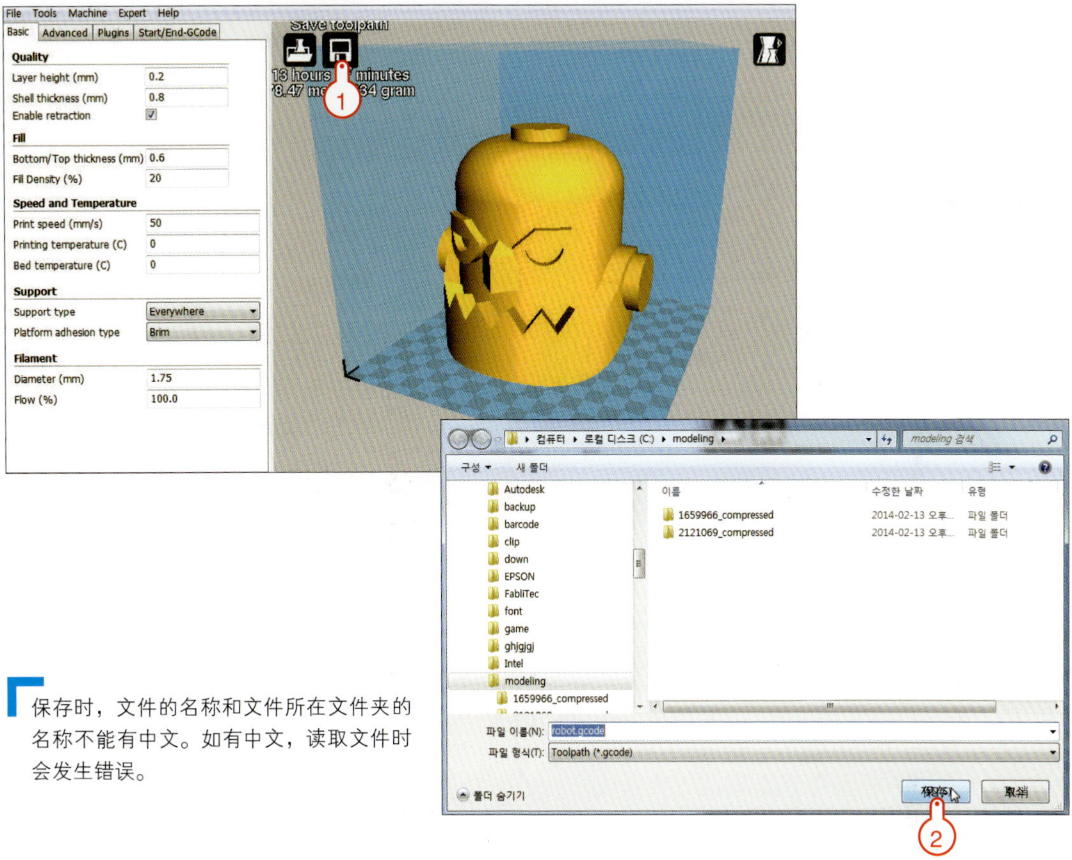

保存时，文件的名称和文件所在文件夹的名称不能有中文。如有中文，读取文件时会发生错误。

Gcode

Gcode是一种只有3D打印机才能识别的拥有坐标和机械命令值的数据文件。通过Cura读取的模型信息会被分析和分层，每一层的位置信息和环境参数会被保存在Gcode文件中。

3D 打印机底板的水平调节

底板的水平调节是为了保证得到完整打印产物所必要的步骤。下面介绍水平调节的必要性和水平调节的方法。支持自动底板水平调节的打印机不需要进行此项设置。

底板水平调节的必要性

3D 打印机通过将融化的材料层积在底板上进行打印，因此底板和喷嘴之间的距离通常要维持在层高 0.2mm 左右。如果距离过大，就会致使材料无法坚固地附着在底板上；如果距离过小，喷嘴就有可能剐蹭到底板，或喷嘴触及已经打印好的材料，使成品受到影响。调节水平分为两种方式，即手动调节和 3D 打印机的自动水平调节。

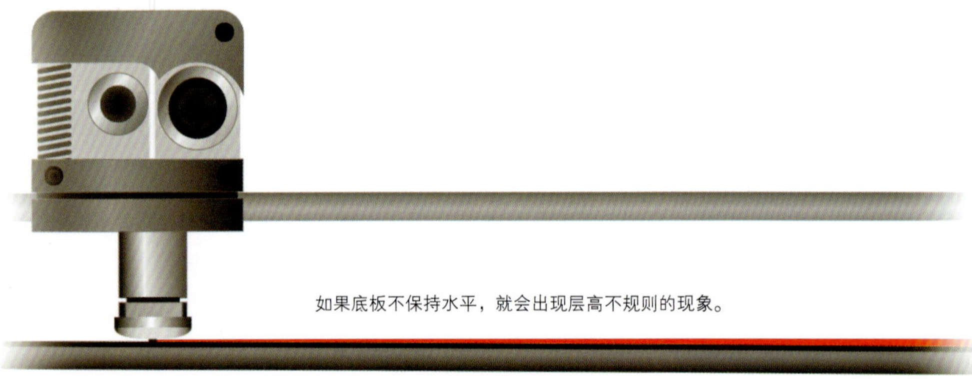

如果底板不保持水平，就会出现层高不规则的现象。

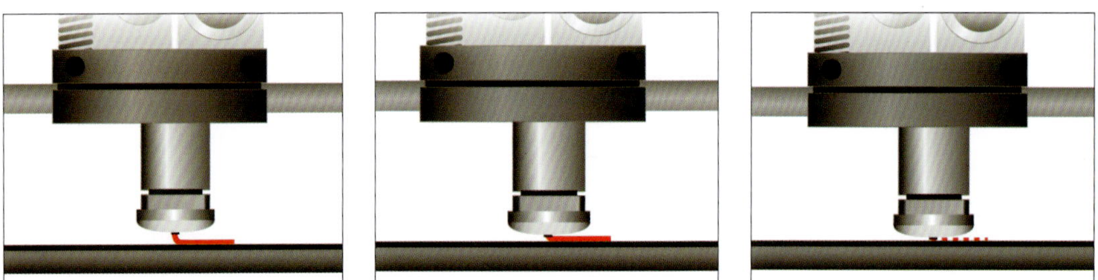

若喷嘴和底板之间的距离适当，打印过程会顺利进行。如果距离太大，材料就有可能无法很好地附着在底板上；如果距离过小，材料就有可能被喷嘴剐蹭到。

底板的水平调节

1 | 将挤压机置于底板的最左端，将一张名片放入底板和喷嘴之间。

2 | 如果底板和喷嘴之间的距离太大，可以通过手动调节螺钉来缩小底板和喷嘴之间的距离；相反，也可以通过调节螺钉来增大底板和喷嘴之间的距离，使名片恰好夹在中间。

调节底板高度的方法因打印机而异，因此需要参照打印机的说明书。支持自动水平校准的打印机则不需要手工调节。

3 | 用同样的方法调节其他三个角的间隙。

自动水平调节

自动水平调节是指自动测量底板和喷嘴之间的距离，并进行自动调节的功能，可以在打印时使机器自动运行，或通过控制程序执行命令。支持自动水平调节的3D打印机有OCP-ALMOND、UP!、Plus2等型号。

强化底板的附着力，避免打印物件脱落

打印时，只有物件很好地附着在底板上，才能得到理想的物件。不过由于各种原因，经常会发生打印物件从底板上脱落的现象。下面介绍强化底板的附着力以避免打印物件脱落的方法。

打印物件容易脱落的原因

第一次使用 3D 打印机时，难免会遇到打印过程中因打印物件从底板上掉落而前功尽弃的情况。只有打印物件很好地附着在底板上，才能够得到完整的产物。遇到打印物件脱落的情况时，可以着重检查如下几个方面并解决问题：

底板附着力不良 | 如果底板表面比较脏或不光滑，就容易导致打印物件脱落。通常底板由铝或玻璃等材料制成，最近市面上也出现了可以从机身中单独拆卸底板的机型，这样便于清理底板。遇到上述情况时，可以在底板上粘贴耐热的胶条，以达到保护底板、强化打印物件附着力的目的。

底板加热温度不高 | 使用 ABS 材料时，底板的温度需要加热至 110° 左右。如果温度过低，则打印物件也比较容易脱落，因此需要查看底板的温度是否已经设为 110° 。如果作业环境的温度过低，即便加热底板，温度也无法上升到 100° ，这种情况下就要提高室内的温度，并用纸箱等物件遮挡 3D 打印机的四周，避免热量的流失。

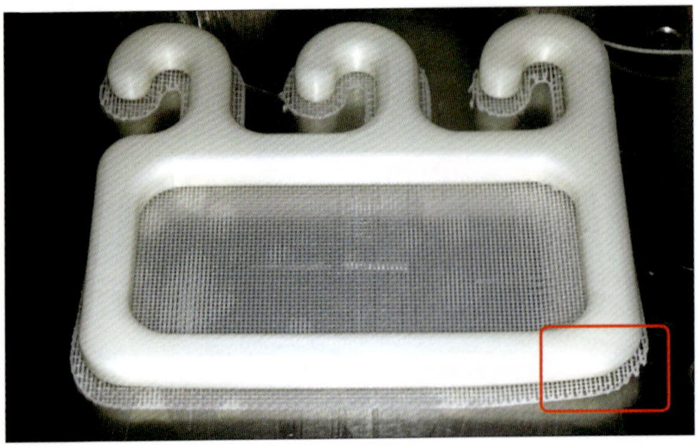

打印过程中由于底部脱落导致物件弯曲

强化底板附着力

在底板上贴耐热胶条 | 开始打印之前将可承受 250° 高温的耐热胶条贴在底板上。当底板受热时，胶条就会变得黏稠，从而可以更好地固定打印物件。该方法不仅能够保护底板，还能使粘贴和去除过程也不会太烦琐。通常会使用 dts-204 产品，也可以使用 3D 打印机专用粘着胶带 Kiton 胶。

在底板上涂抹胶水 | 这里使用的是溶于丙酮的 ABS 溶液。将 ABS 材料切成块放入丙酮溶液，稍等片刻 ABS 就会完全溶解并生成胶水，将其涂抹在底板上就能显著强化附着力。通常也会连同耐热胶条一起使用，使附着力达到最大值。胶水虽然附着力出色，但制作起来比较麻烦，打印完成之后还会残留残屑，清洁起来相对吃力。

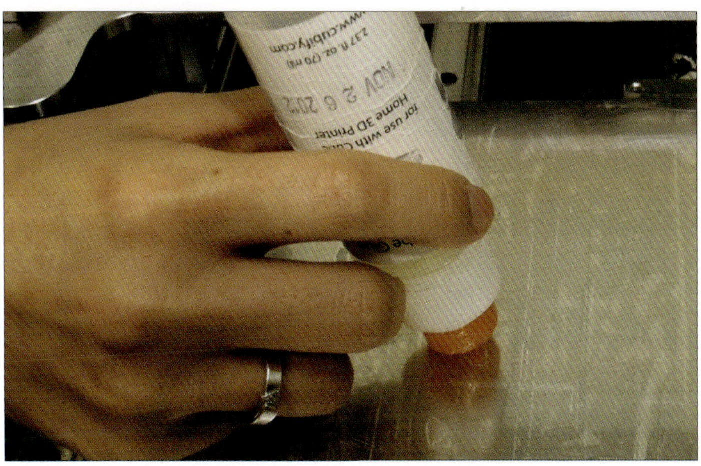

在底板上涂抹无光清漆（Matte Varnish）| 无光清漆是绘画领域经常用到的涂饰材料。这是一种类似于水的液体，使用时用毛笔涂抹即可。若连同耐热胶带一起使用，则能够显著强化附着力，并且不会留下残屑，更便于清理。

除此之外，还有将护发喷雾剂喷在底板上，再贴上胶条的方法。

降低打印速度 | 若打印速度过快，则会导致底板的附着力下降。尤其在打印第一层时，应尽量将打印速度调低，使材料能够充分地附着在底板上。在 Cura 的 Advanced → Bottom layer speed 文本框中输入“10”，即可保证在打印第一层时以 10mm/s 的低速运行。

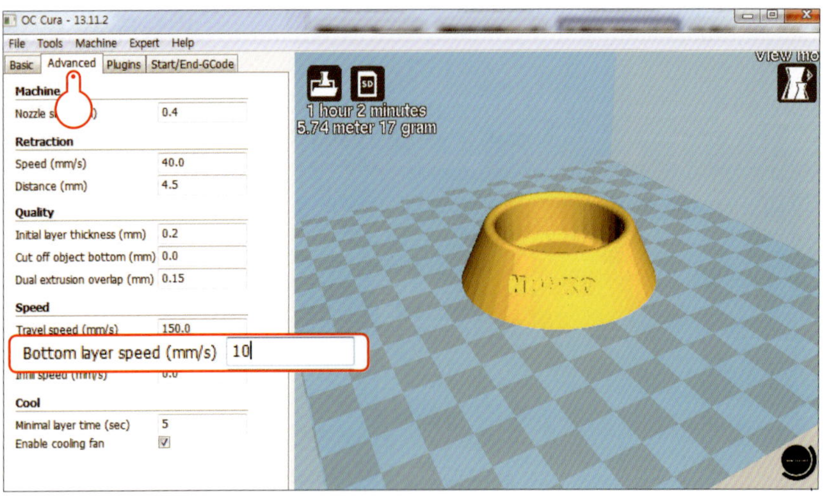

利用主程序连接打印机

使用开源程序的 3D 打印机通常需要主程序来驱动打印机。接下来就让我们了解一下什么是主程序，并以最具代表性的主程序 Printrun 为例，介绍用主程序控制打印机的方法。

什么是主程序

主程序就是用来控制 3D 打印机的程序，主要用于使用开源数据的 3D 打印机。主程序负责 3D 打印机的运转、温度调节以及由切片程序转化得来的 G 码文件。最具代表性的主程序有 Printrun 和 Repetier-Host 等。程序通常会由 3D 打印机厂商连同切片程序一并提供，因此建议用户尽量使用厂商提供的正版程序。

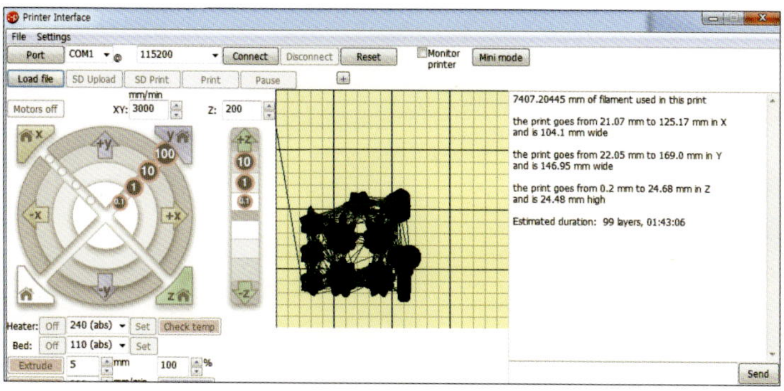

Printrun

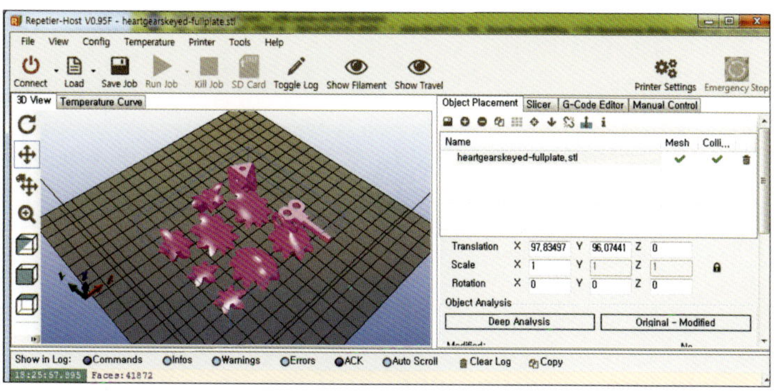

Repetier-Host

利用主程序连接 3D 打印机

1 | 插上 3D 打印机的电源线，用 USB 连接线连接 3D 打印机和计算机，打开打印机电源。

2 | 进入“我的电脑”的“控制面板”，单击“设备管理器”。

3 | 可以看到“端口”项中已经添加了 SUB Serial。记住该目录中显示的“COM”序号。

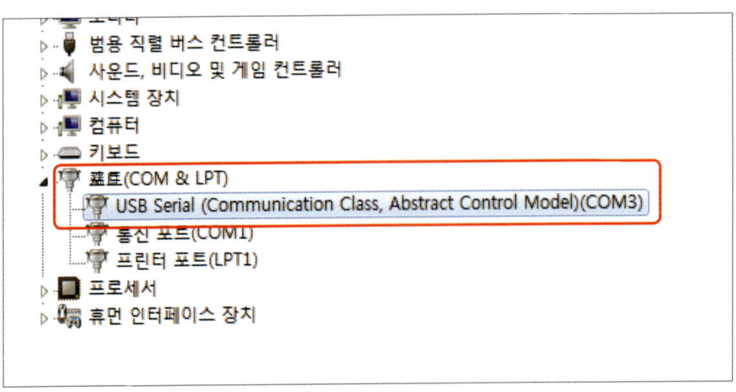

如果该项中未出现相应标识，即表示打印驱动程序未能正常安装。请参照 3D 打印机的说明书，确认程序是否正常安装。

4 | 运行 Printrun，在 Port 下拉列表框中选择前文中确认好的 COM3。

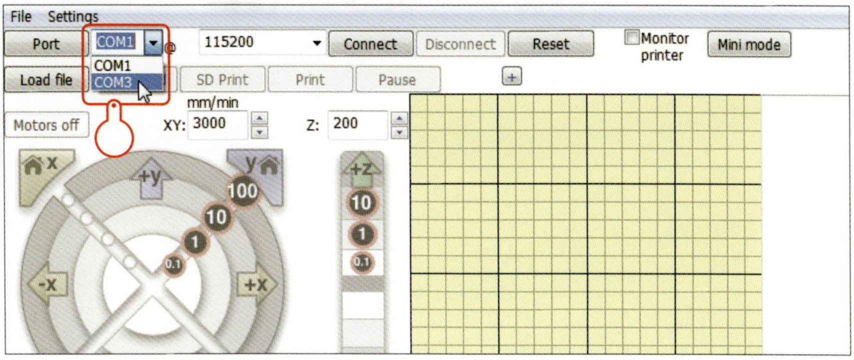

5 | 单击 Connect 按钮，以连接 3D 打印机和计算机。

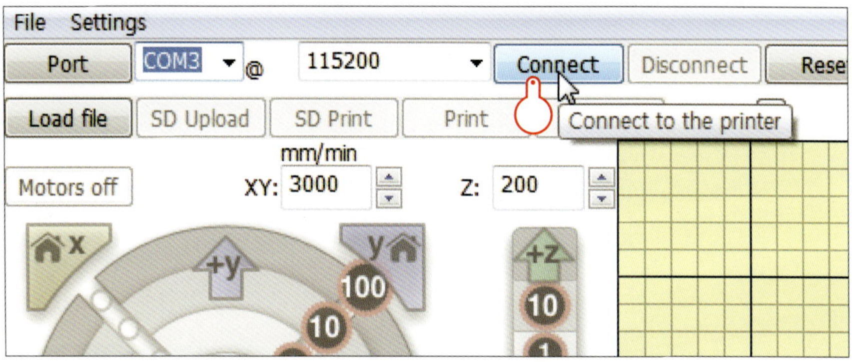

6 | 如果连接正常，界面右上方便会出现连接正常的信息。

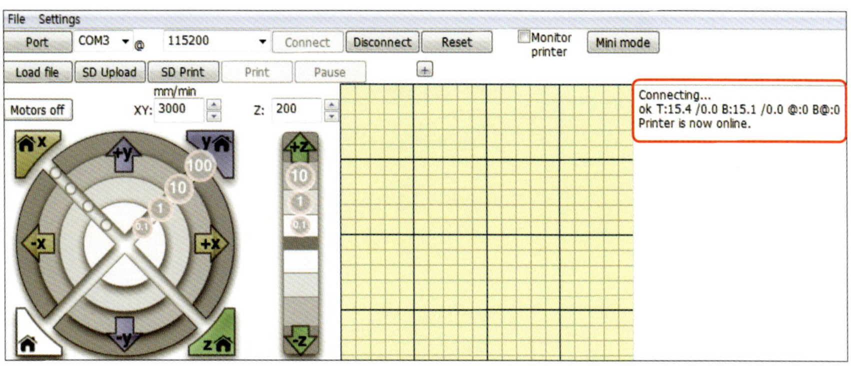

PART 03 3D Printing

调节头部和底板温度

1 | 在 Heater 下拉列表框中，选择喷嘴的温度。如果使用 ABS 材料，则设为“240（abs）”；如果使用 PLA 材料，则设为“200（pla）”。

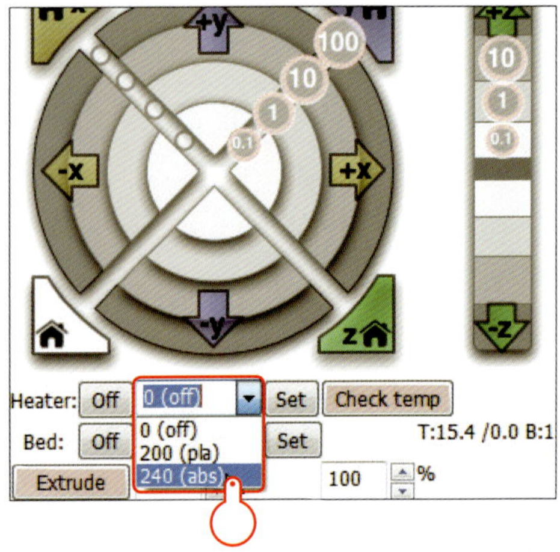

单击 Off 按钮可关闭加热。

2 | 在 Bed 下拉列表框中，选择底板的温度。如果使用 ABS 材料，则设为“110”；如果使用 PLA 材料，则设为“70”。

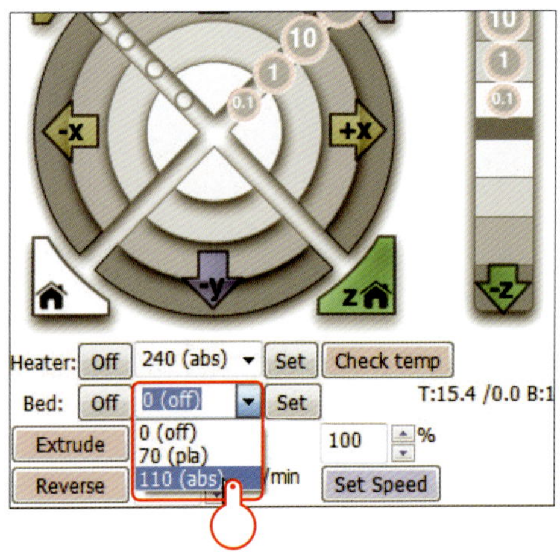

加热温度要根据材料的特性进行调节。使用特殊材料时，要设为符合该材料的温度值。

3 | 单击上述两个选项右侧的 Set 按钮，开始加热喷嘴和底板。

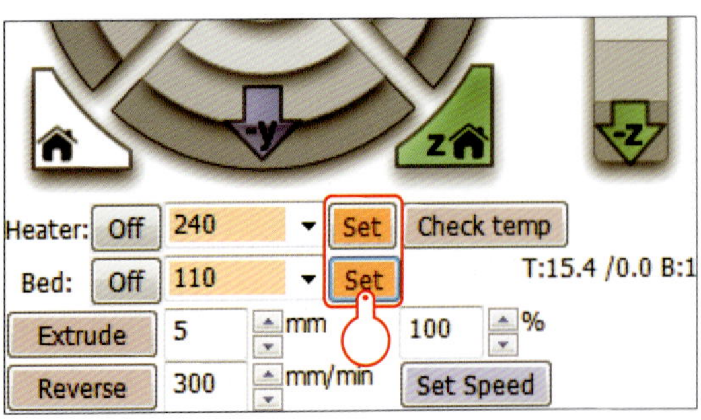

任何时候都可以通过再次单击 Set 按钮清除选择，温度调节也会随之停止。

4 | 单击 Check temp 按钮，就能获知喷嘴和底板的当前温度。

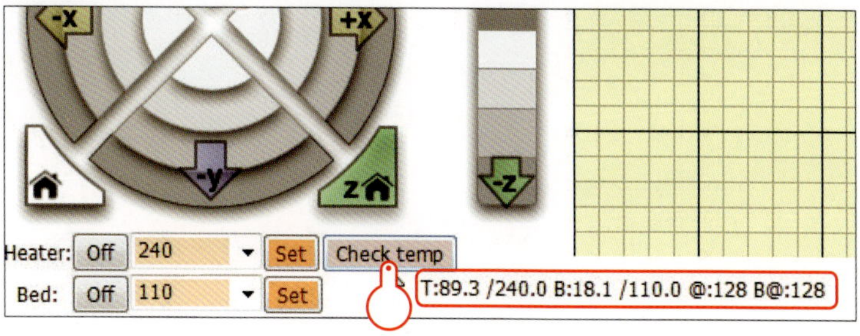

T 指喷嘴的温度，B 指底板的温度。前一个数字为当前温度，后一个数字为目标温度。89.3/240.0 表示设定温度为 240°，而当前温度为 89.3°。

调节头部位置

1 | 单击左侧的方向箭头，调节头部的位置。

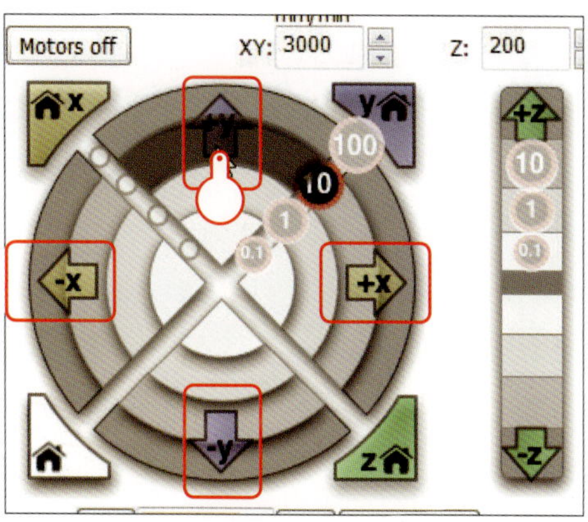

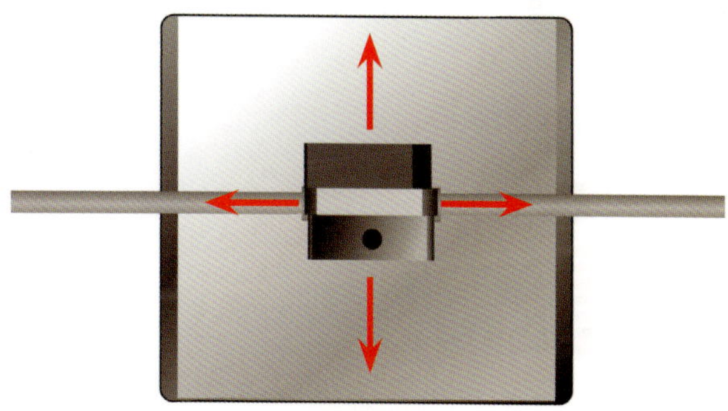

2 | 头部的上下位置可以通过 Z 轴按钮进行调节。

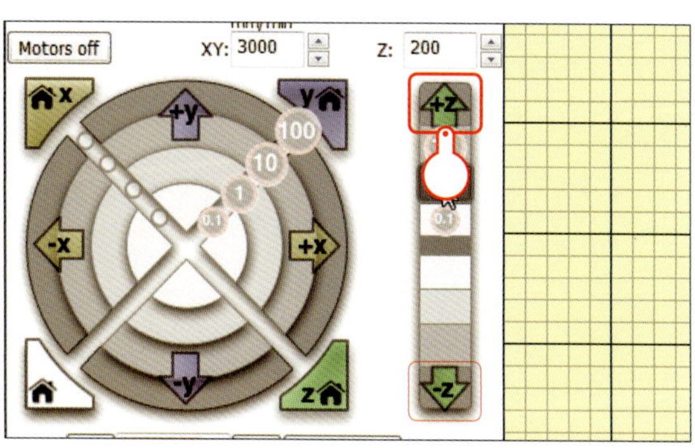

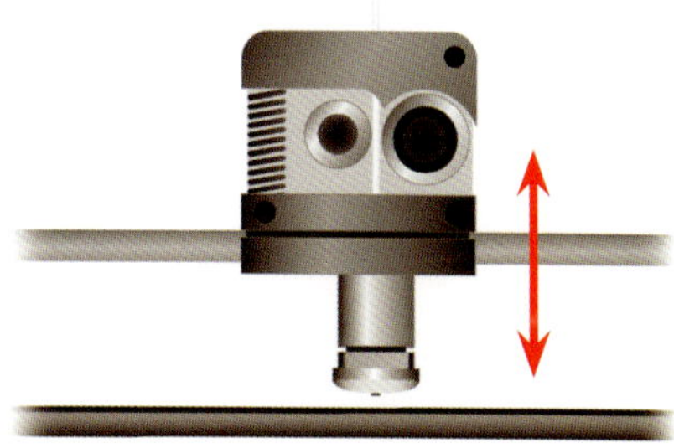

3 | 单击🏠按钮，头部就会移动到原点位置。

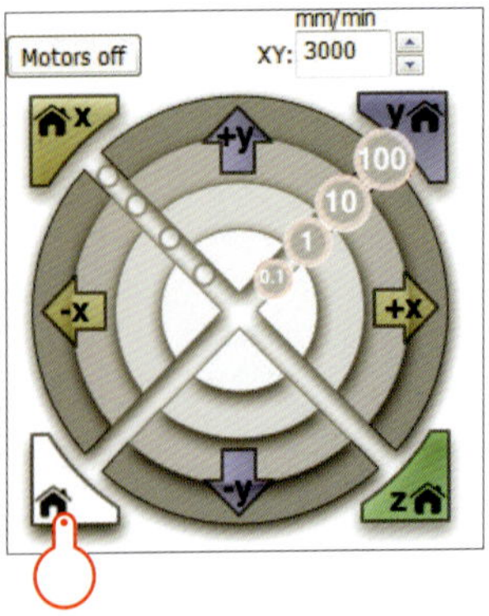

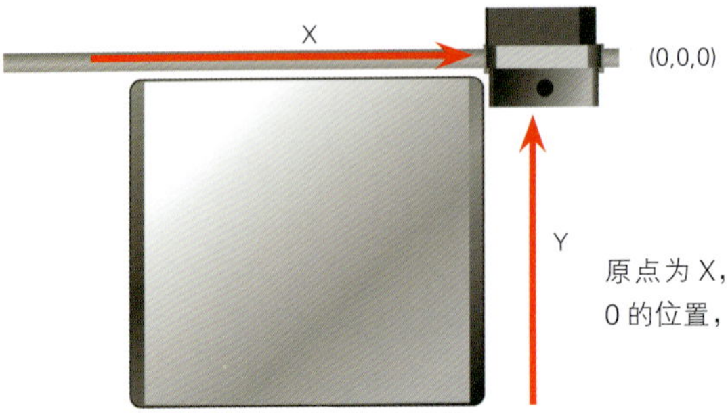

原点为X，Y，Z坐标值分别为0的位置，也是打印待机位置。

手动移动头部位置

在连接3D打印机电源的状态下，用户是无法手动移动头部位置的。如果希望人工调节，则可以先在Printrun中单击Motors Off按钮，再进行调节。

用 Printrun 打开 G 码进行打印

下面介绍用 Rprintrun 打开由切片程序转化而来的 G 码（*.gcode）文件，并进行打印的方法。

调节头部和底板的温度

1 | 单击 Load file 按钮，在弹出的对话框中选择需要打印的 G 码（*.gcode）文件，单击“打开”按钮。

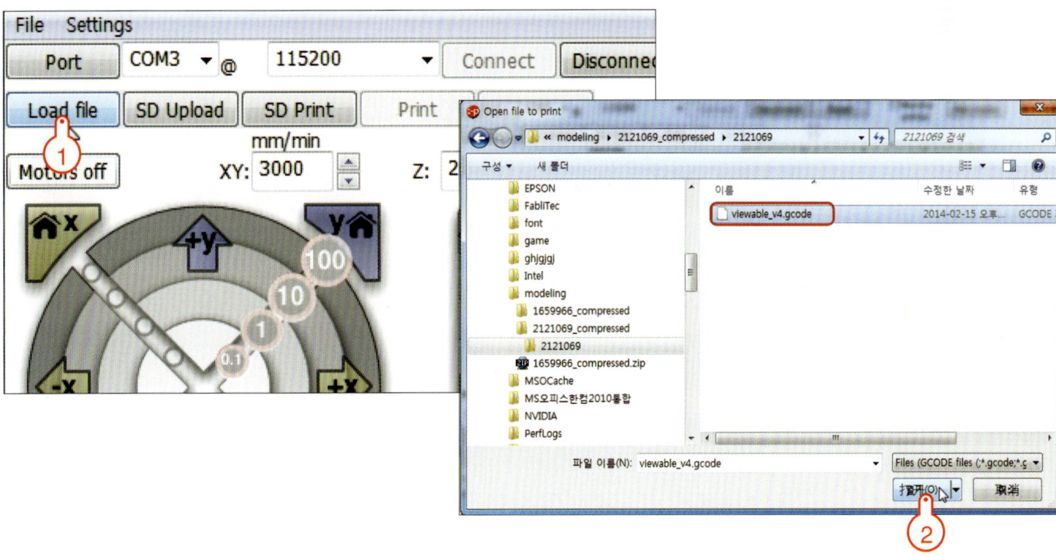

2 | 在界面的预览窗口中查看打印时材料喷出的路径。

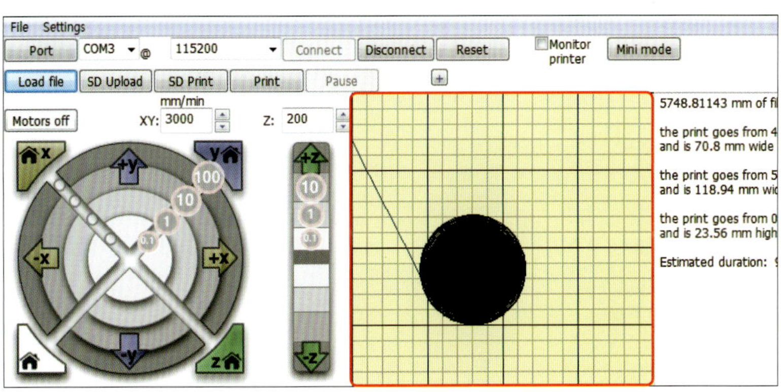

3 | 单击 Check temp 按钮，确认温度是否维持在指定范围内，随后单击 Print 按钮。

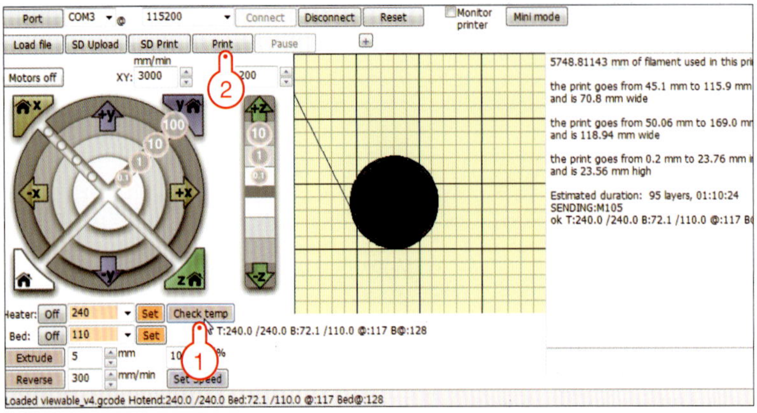

选中 Monitor printer 复选框可以随时了解温度的变化情况。

4 | 头部会沿着预览界面中的路径移动，并开始打印。头部的所有动作皆为从原点移至 Y 轴，从外向内进行打印。

打印初期，头部是根据 Cura 中设定的初期轨迹移动的，对于不同 3D 打印机可能会有不同的结果。

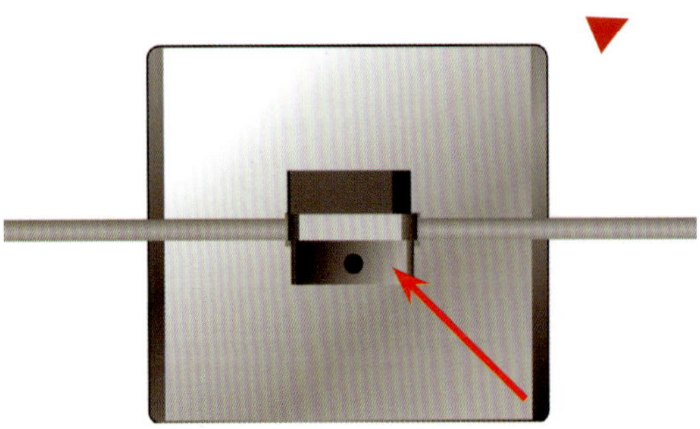

头部移至 Y 轴之后，开始向内部移动时便会将材料喷到底板上。如果材料涂抹不当，便会影响打印效果，因此需要格外注意。

不经过主程序直接由 Cura 打印

Cura 切片程序可以不经过主程序直接进行打印。虽然无法像主程序一样全方位地控制 3D 打印机，但也能完成最基本的打印功能。

1 | 运行 Cura，打开模型数据，设定好环境参数之后在菜单栏中选择 File → Print 命令。

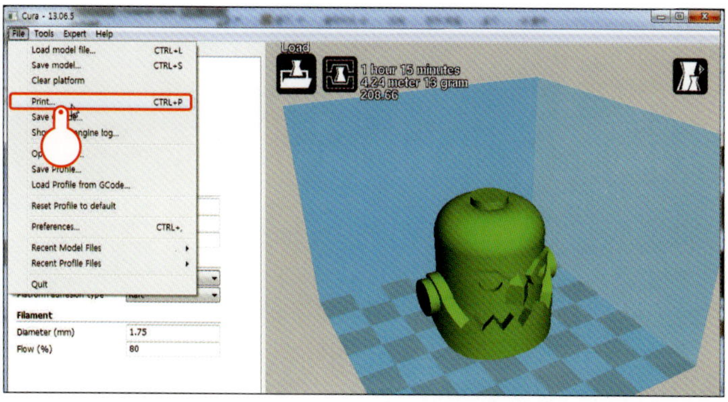

如果打印机无法被识别，则可以选择 File → Preferences 命令，设定 Serial Port 和 Baudrate 的值。设定值与 Printrun 相同。

2 | 设定好温度之后，喷嘴和底板便会开始加热。温度升至一定程度之后，单击 Print 按钮开始打印。

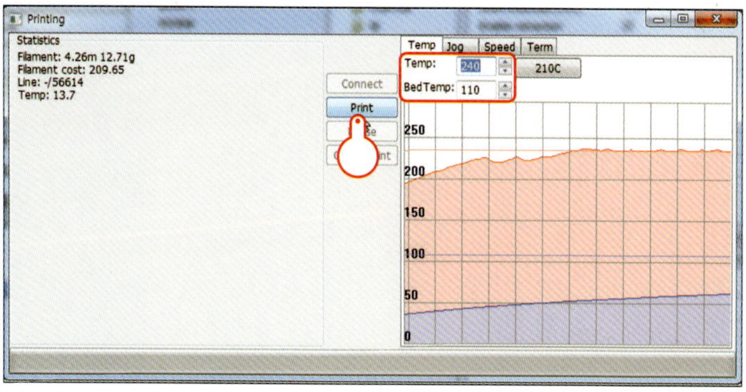

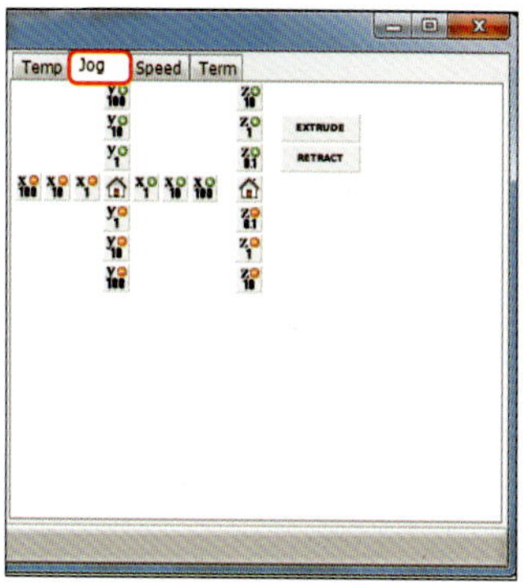

切换至 Jog 选项卡，其中包含了移动 3D 打印机头部的各种按钮。可以通过这些按钮来完成头部的移动。单击 EXTRUDE 按钮可以吸入材料进行喷嘴测试。

利用储存卡打印

打印体积较大物件需要耗费很长的时间，此时一旦计算机出现故障，打印进程也会停止，这将导致打印前功尽弃。为了减少此类情况的发生，用户可以将数据保存到3D打印机机身上的储存卡中进行打印，不需要额外连接计算机。

1 | 将 SD 储存卡插入 3D 打印机。

2 | 在 Printrun 中单击 Load file 按钮，打开要打印物件的 G 码（*.gcode）文件。

3 | 单击 SD Upload 按钮，确认对话框中显示的文件名称，随后单击 OK 按钮。

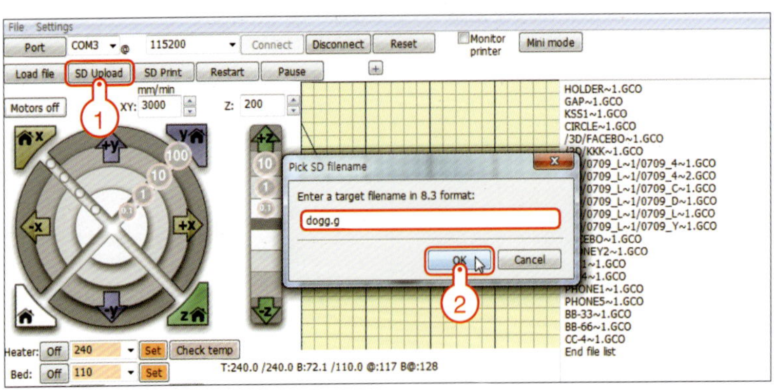

4 | 上传完成之后，单击 SD Print 按钮。

5 | 在 Pick SD file 对话框中选择需要打印的 G 码文件，然后单击 OK 按钮开始打印。

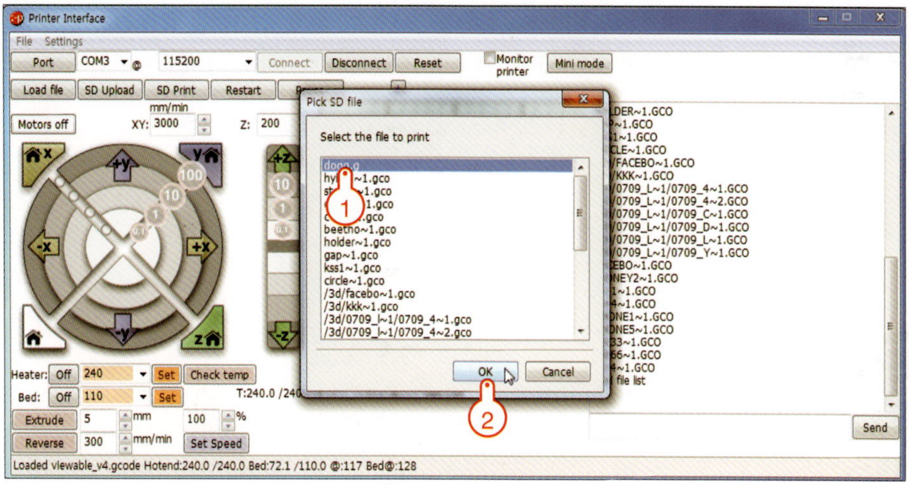

执行“打印”命令之后，即可断开计算机和 3D 打印机的连接。

有 LCD 控制面板的情况

如果3D打印机有LCD控制面板，那么不需要连接计算机就可以进行打印。插入SD储存卡之后，按下操作按钮，执行“打印”命令就可以立即开始打印。

使用 3D 打印机的自带程序

诸如 Cube、Makerbot、UP! 等提供自带程序的 3D 打印机与前文中提到的使用 Cura 和 Printrun 等开源程序的打印机不同，它们可以利用厂商自带的打印管理程序。下面介绍 Cube、Makerbot、UP! 所使用的打印程序。

3D Systems 的 Cube Software http://cubify.com/cube

3D Systems 公司的 Cube 可以使用自带的 Cube Software 程序进行切片作业。Cube Software 的界面比较简洁，初学者也可以很快上手。按照下图上端的图标顺序逐个单击，打开 STL 文件，调整位置和大小之后，单击 Build 按钮保存打印数据。保存好的打印数据可以转存到储存卡中，再插入 Cube 机器上进行打印，或通过无线网络连接 Cube 打印机，单击 Print 按钮即可进行打印。

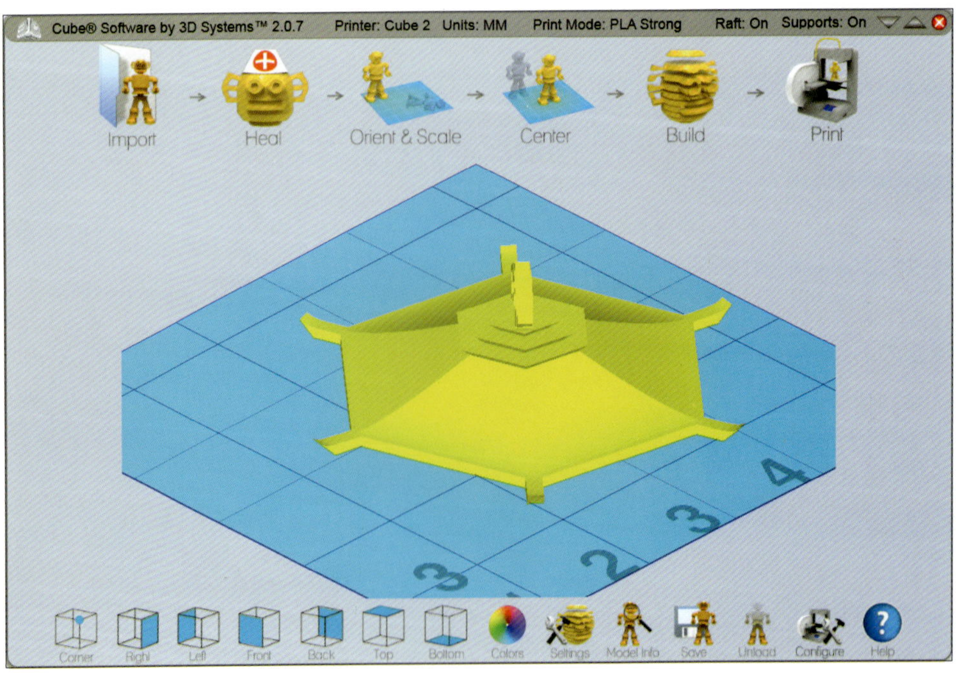

Makerbot 的 Makerware http://www.makerbot.com

Makerbot 可以利用 Makerware 程序同时完成模型切片和打印操作。单击 Add 按钮打开 STL 文件，再单击 Make 按钮即可直接进行打印。在 Profile 下拉列表框中选择打印质量类型，就可以自动改变环境参数。

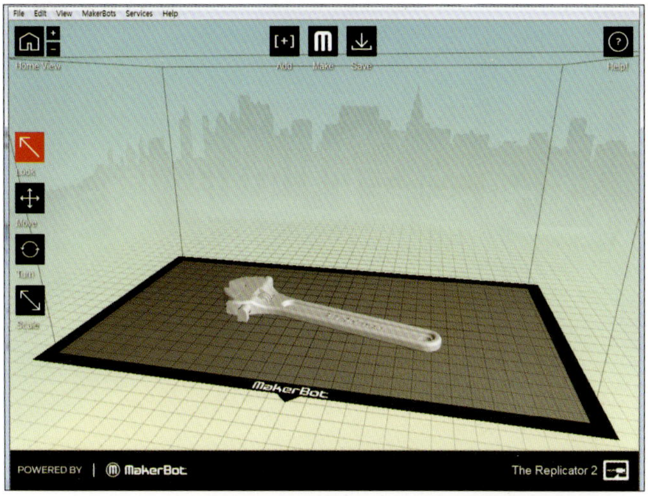

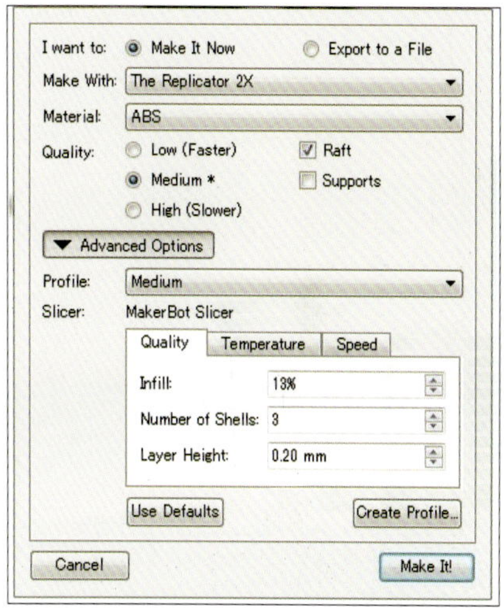

UP! 的 UP! http://pp3dp.com

UP! 的 3D 打印机控制程序 UP! 最大的特点是在打印环境设置界面中配有各种图标，便于用户轻松地理解每一个按钮的功能。

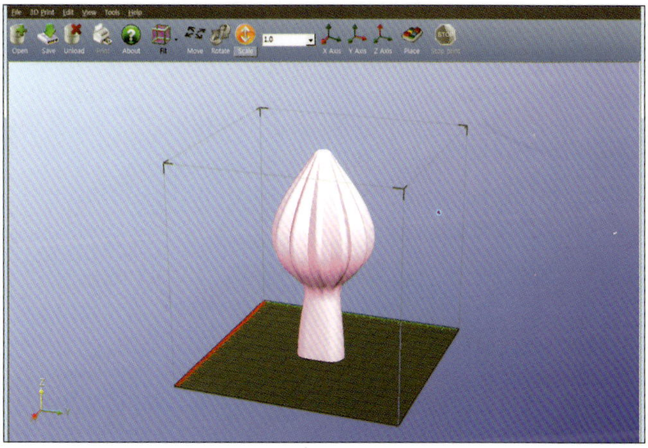

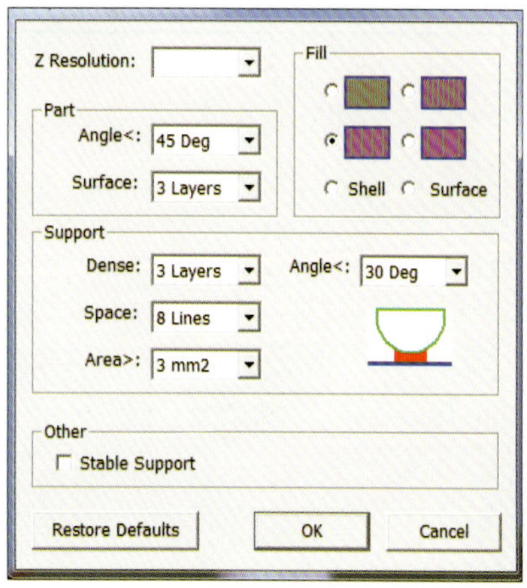

下载和打印陶笛模型

MakerBot Thingiverse 是 3D 打印机公司 MakerBot 推出的免费模型下载服务。会员可以在这里搜索和下载各式各样的模型数据。下面介绍下载并通过设置环境参数打印陶笛模型的方法。

1 | 登录 MakerBot Thingiverse 官方主页（http://www.thingiverse.com），在 Featured Collections 选项组中单击 see more。

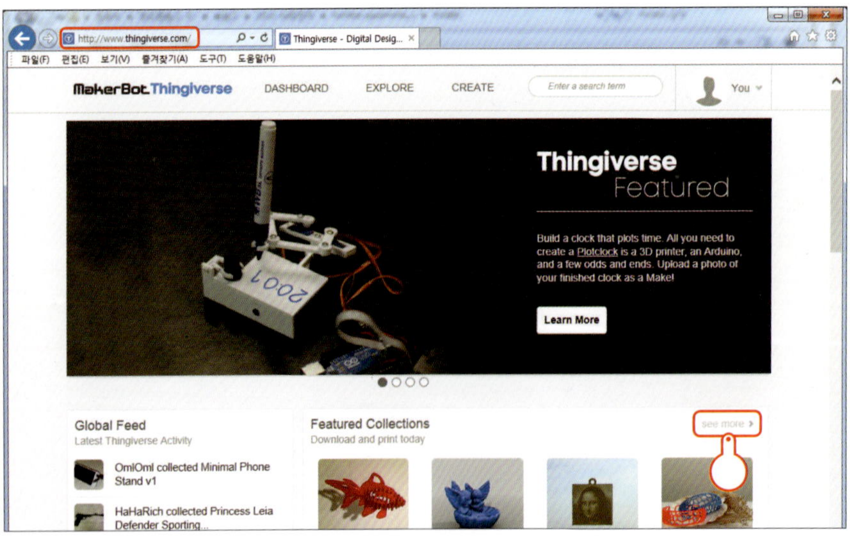

不需要加入会员就可以享受下载服务。

2 | 在 Explore 下拉菜单中选择需要搜索的模型所属的类别。

3 | 在搜索结果中选中欲打印的陶笛模型。

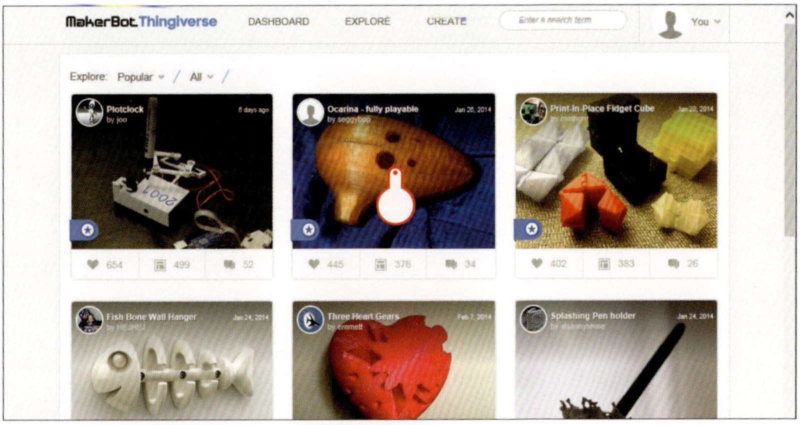

4 | 通过预览界面进行确认之后，单击 Download This Thing! 按钮。

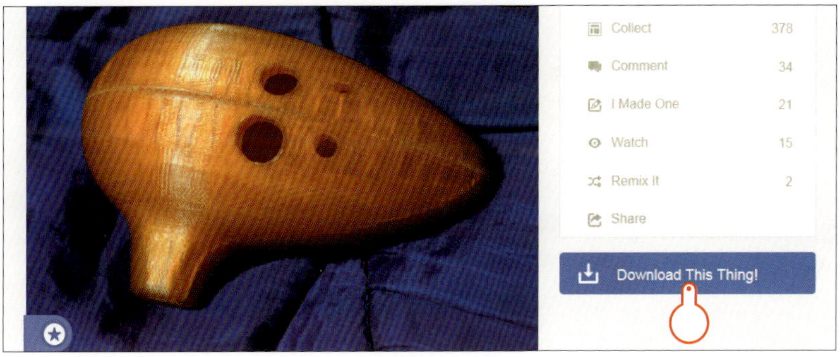

有些打印物件只需要一个模型文件，也有些是像陶笛一样需要上下两个组成部分，即两个或多个模型文件。

5 | 确认好需要下载的文件之后，单击 Download All Files 按钮，开始下载数据。

MakerBot Thingiverse 提供的模型大部分可以提供 STL 格式的数据。

6 | 解压文件之后可以找到 STL 文件。

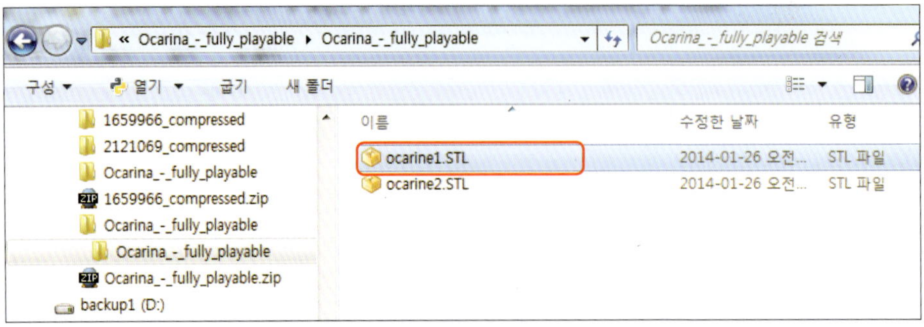

7 | 运行 Cura，在菜单栏中选择 File → Load model file 命令，打开之前下载好的第一个 STL 文件。

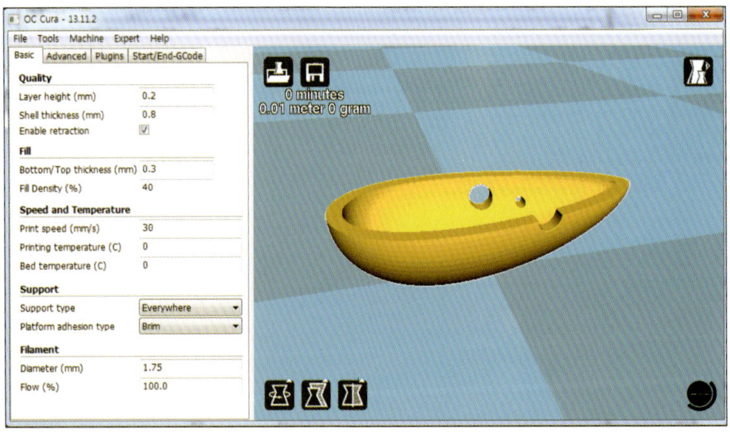

8 | 为了载入第二个 STL 文件，单击 Load 按钮，在弹出的对话框中选择第二个 STL 文件，并单击“打开”按钮。

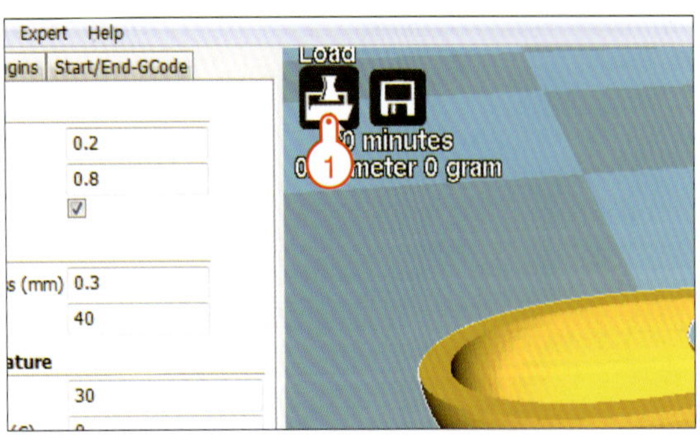

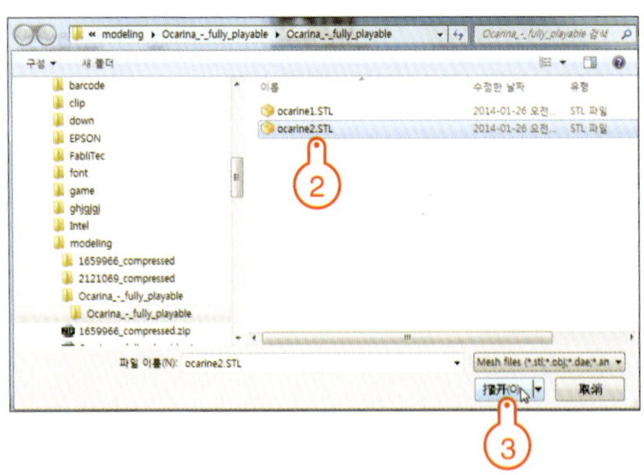

在已经有一个数据文件打开的状态下，可以载入其他模型。

9 | 确认第二个模型数据。

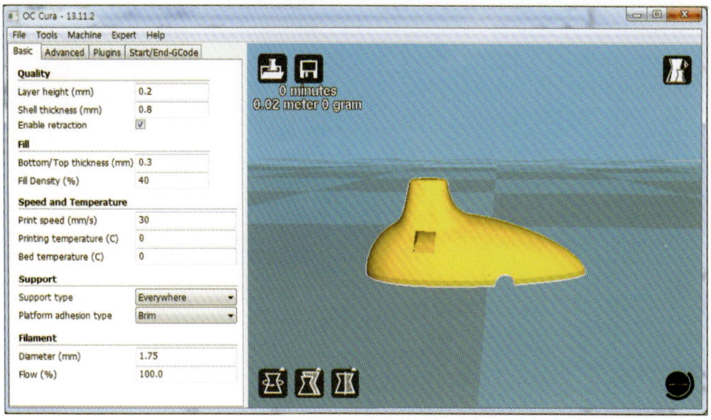

10 | 选中模型，然后单击 Scale 按钮，在 Scale X 文本框中输入放大比例，调节大小。

参照大小信息，通过放大或缩小调整物件大小。

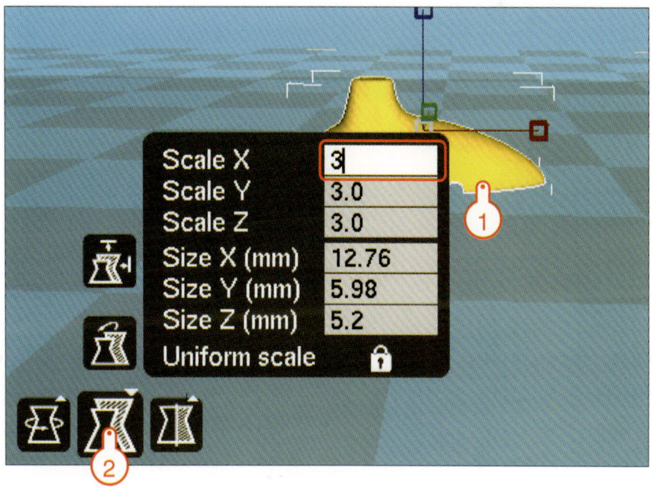

11 | 选中第二个模型，单击 Scale 按钮，在 Scale X 文本框中输入相同的放大比例。

因为需要同时打印两个组件，所以需要设为同样的放大比例。

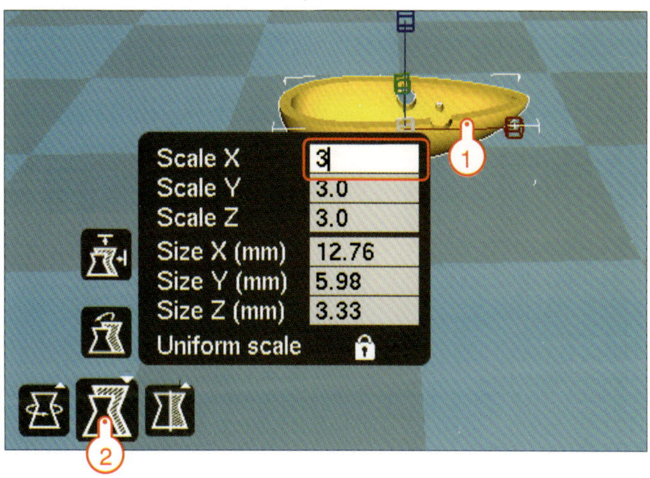

12 | 选中下半部分图形，单击 Rotate 按钮，用鼠标拖动画面中的旋转轴线，使该图形的凹面朝下。

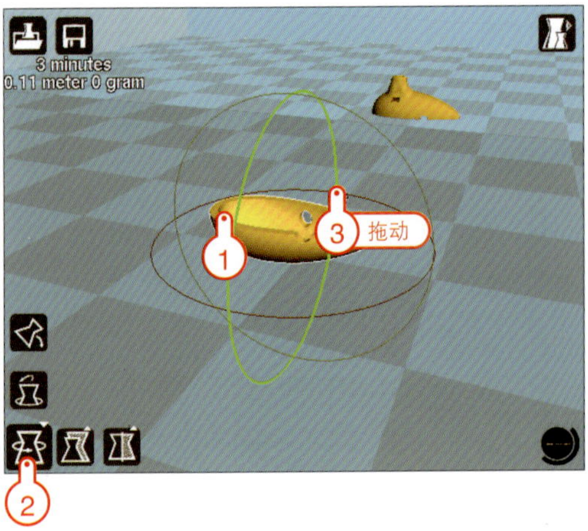

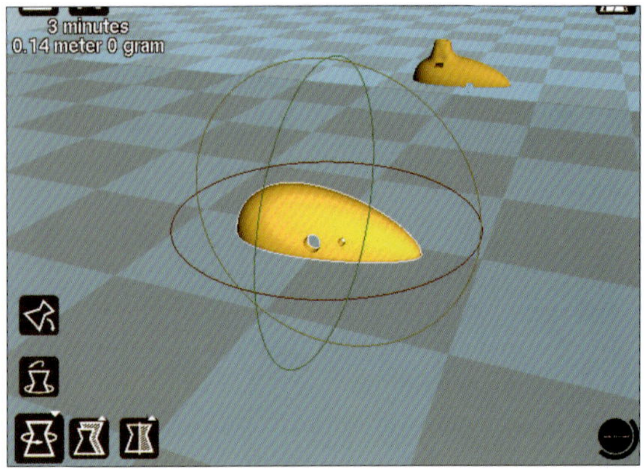

在打印底面凸起类的物件时，因其接触底板的面积较小，打印过程中很有可能发生物件脱落的现象。此时必须要强化底板的稳固性，并使用支架。如果不用支架，也可以旋转打印物件，即使接触底板面积较大的部分朝下。

13 | 单击 View → Layers 命令，预览分层结果。因为物件接触底板的面积较大，所以不需要额外指定平台，且该图形没有向外凸起或悬空的部分，因此也不需要设置支架。将 Support type 和 Platform adhesion type 项均设为 None。为保持稳定的打印将 Print speed 项设为 20~30 为宜。

打印速度越低，所需时间就越长，但打印质量也越好，打印物件的底部也会更加坚固。

14 | 完成环境设定之后，单击 Save toolpath 按钮，将文件转化为 G 码文件，最后利用 Printrun 程序进行打印即可。

利用草图大师提供的模型数据打印人偶

草图大师是经常和 123D Design 一起配合使用的免费模型制作软件。草图大师可以让用户免费获取和打印各式各样的模型数据。下面具体介绍利用草图大师的 Trimble 3D 画廊打印人偶模型的方法。

1 | 登录 Trimble 3D 画廊的官方主页（http://sketchup.google.com/3dwarehouse），选择需要下载的模型。

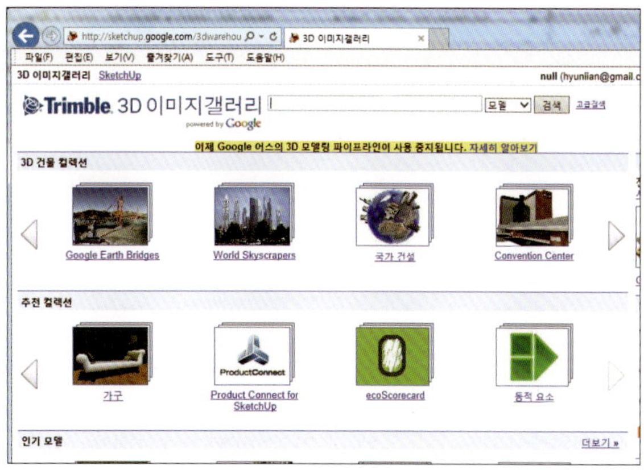

只有登录谷歌账户，才能使用下载服务。谷歌账户可以在谷歌官网（http://www.google.co.kr）申请。

2 | 打开选好的模型，单击“下载模型”按钮，并单击 Collada(.zip) 项里的下载。

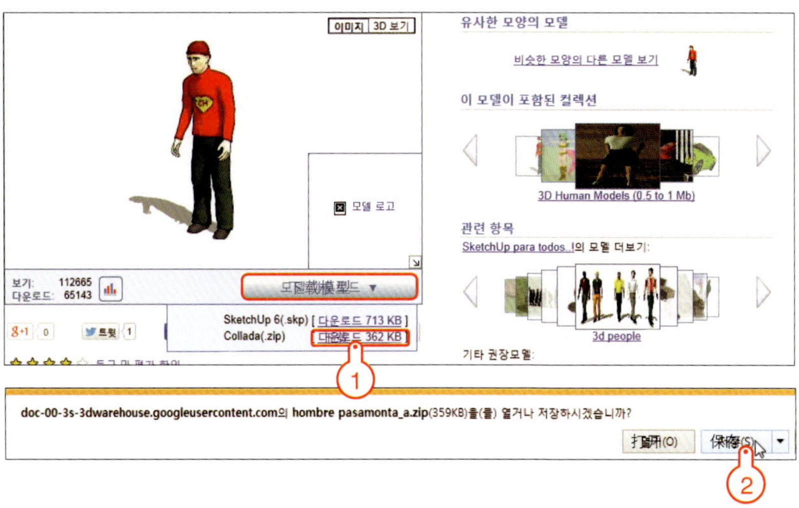

为了在 Cura 中进行编辑，必须下载 Collada 格式的文件。

3 | 下载完成之后进行解压，可以看到 *.dae 格式的文件。

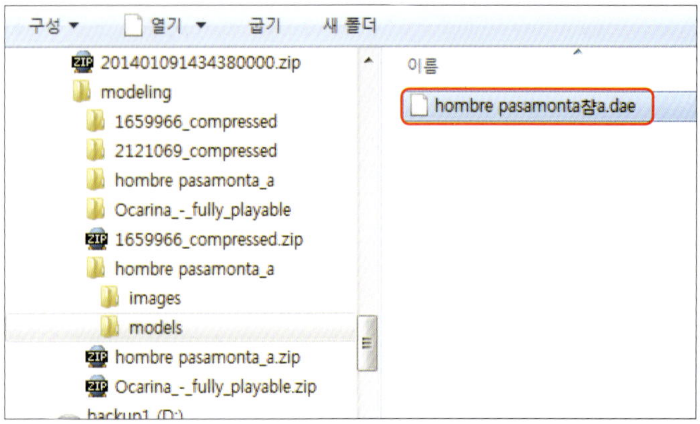

4 | 运行 Cura，打开 *.dae 文件。单击选取模型，单击 Scale 按钮，用鼠标拖动三个调节点，调节模型的大小。

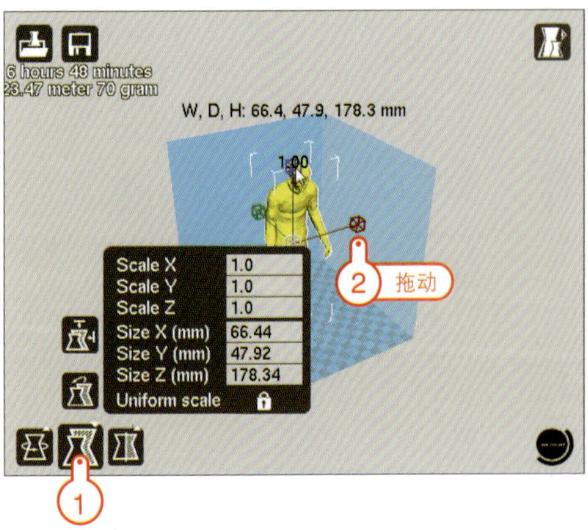

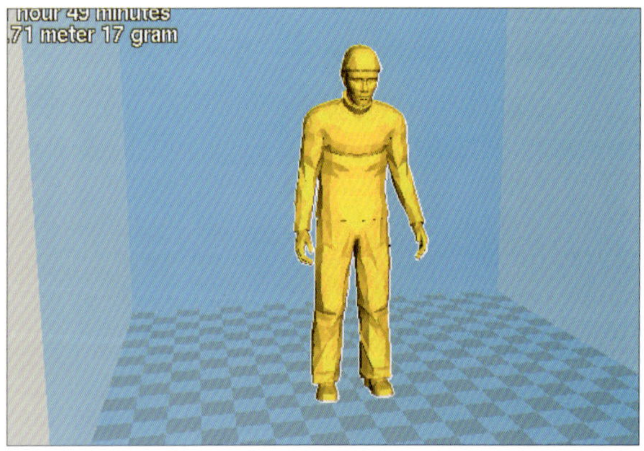

模型表面抛光处理

用Cura打开3D模型文件*.dae、.obj时会得到由棱角尖锐的模型。如果需要对模型表面进行抛光处理，则可以使用Mesh程序。登录Meshmixer的官方网站（http://www.123dapp.com/meshmixer）就可以下载Autodesk免费提供的Meshmixer程序。

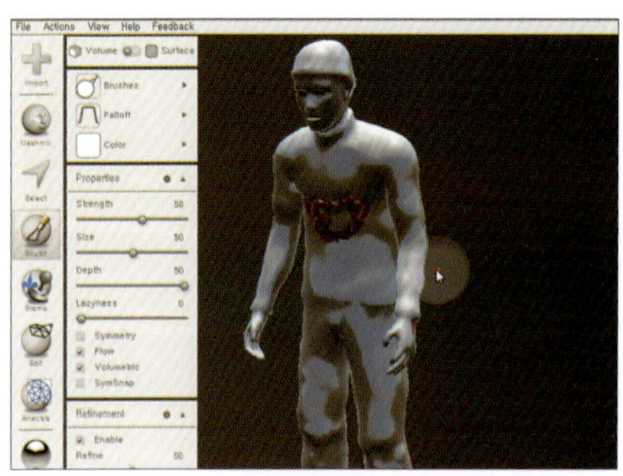

5 | 选择 View mode → Layers 命令，预览每一个分层。由于接触底板的部分略窄，因此需要设置平台，另外手的部分悬浮在半空中，故需要设置支架。在 Support type 下拉列表框中选择 Touching buildplate，在 Platform adhesion type 下拉列表框中选择 Raft。此外，为了保持稳定的打印，将 Print speed 设为 20~30 为宜。

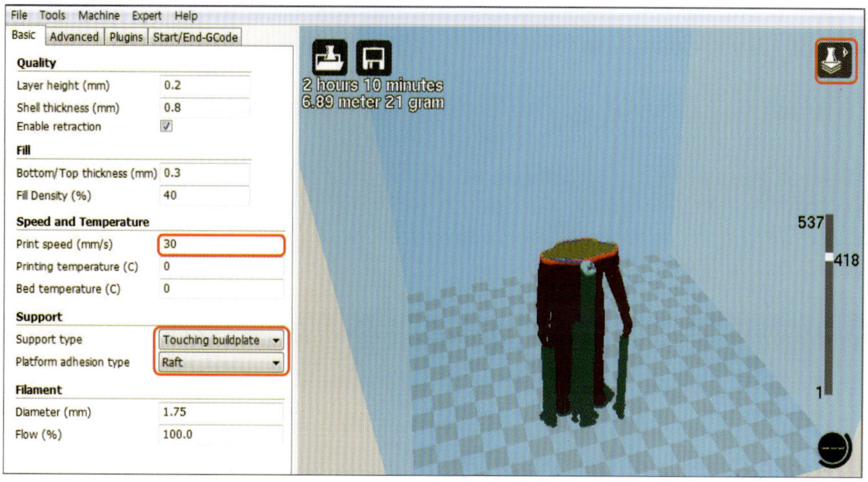

6 | 完成环境参数设置之后，单击 Save toolpath 按钮，将数据转换为 G 码，最后利用 Printrun 程序进行打印。

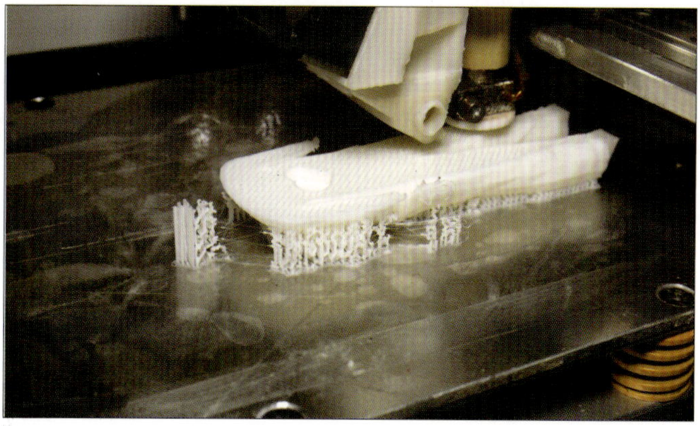

打印又高又细的物件

可以通过旋转将这类又高又细的物件平放到地面上，这样就可以完成稳定的打印。此时必须要设置支架，因此要在Support type下拉列表框中选择Touching buildplate。这种做法的缺点是与支架接触的部分可能不太整洁。

Part 04 3D Scanning

通过 3D 扫描建模

什么是 3D 扫描

3D 扫描仪并不是一种建模程序，而是一种将实体扫描为三维形态，进而制作成模型的设备。下面介绍什么是 3D 扫描仪及其工作原理。

什么是 3D 扫描仪

平时所说的扫描仪是指通过对文档、图片等内容进行扫描，将其转化为图形文件的二维扫描设备；3D 扫描仪则是扫描物件的立体状态，然后将其转化为建模数据的设备，主要用于对人物、牙齿等实体进行建模。多年来，3D 扫描仪多用于工业上，而近年来随着 3D 打印机的普及，3D 扫描仪的需求量也随之增多，各厂商也推出了不少家用型号。家用型扫描仪使用便捷，很多型号可供用户进行单手操作。

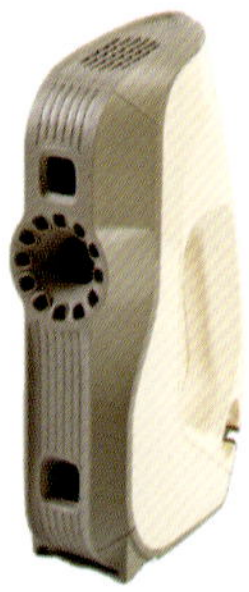

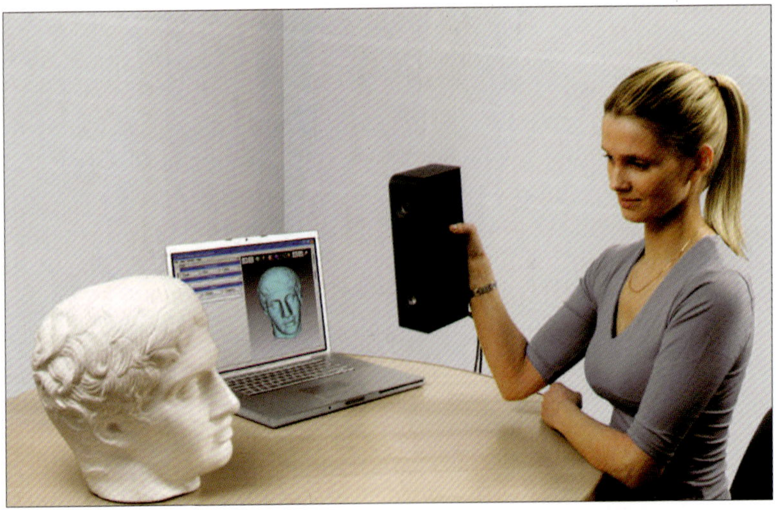

3D 扫描仪的工作原理

3D 扫描仪分为通过直接触碰对象进行扫描的接触式和利用光扫描对象的非接触式两种方式，而大多产品为非接触式的扫描仪。非接触式扫描仪会对物件照射激光或白色的光，并测定光线的反射时间，从而计算出目标物的距离，便于进行建模。

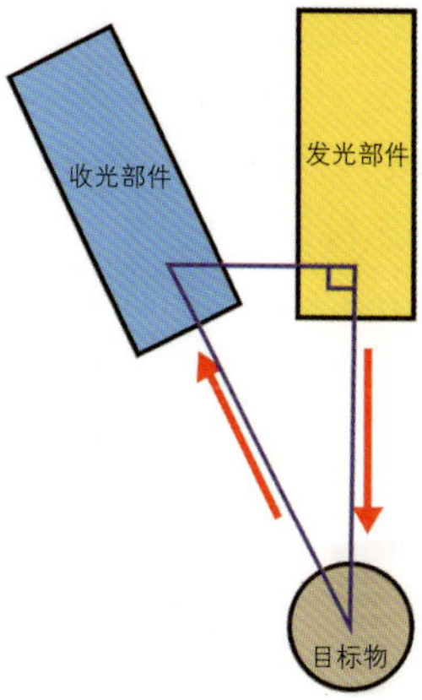

距离测定方式大多为光三角法，所谓光三角法就是按照点或直线等方式投射光线，通过一侧的收光部件接收反射回来的光线，根据三角形计算距离的方法。市面上常见的手提式扫描仪利用的正是该原理。

另一种方式为利用照片，即以目标物为中心，围绕周围拍摄很多组照片，通过对照片的分析，制作立体的模型。该方法虽然比上述方法效果差，但是不需要高价的扫描设备，单凭数码相机、智能手机或平板计算机上的摄像头就可以完成作业，比较容易上手。

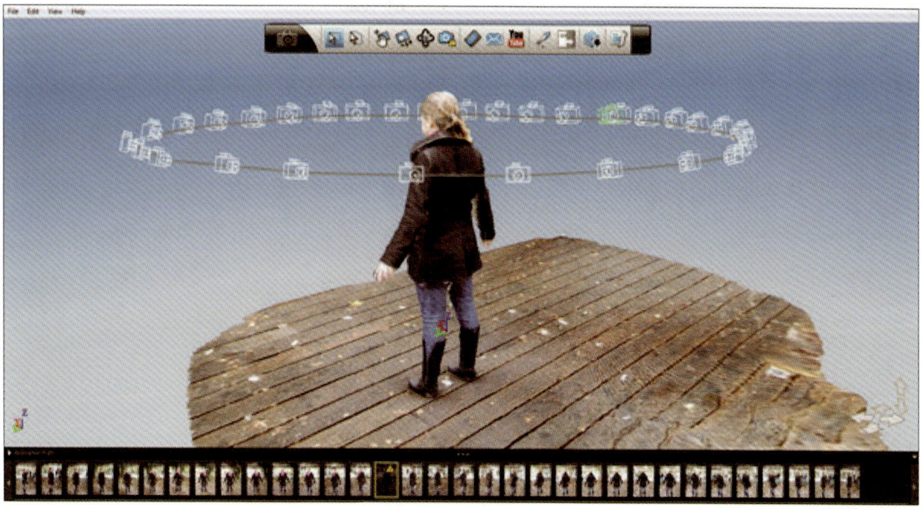

3D 扫描仪的应用

随着 3D 内容的普及，3D 扫描仪的应用范围也日渐广泛，尤其在游戏领域中，更是取得了突飞猛进的发展。通过 3D 扫描仪对实际演员进行扫描，使游戏玩家体验到扮演名人角色的乐趣。

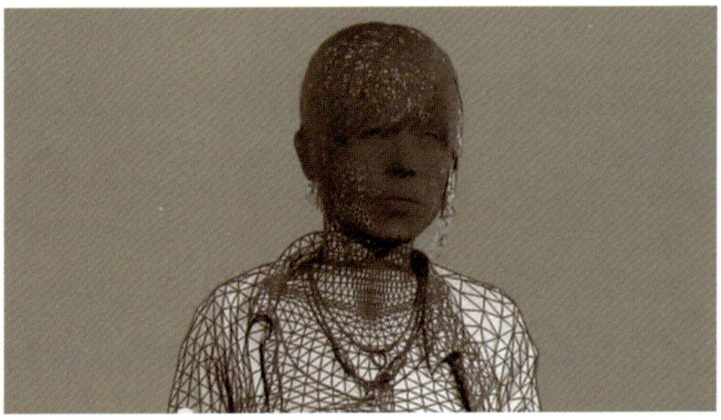

Beyond: Two Souls游戏中利用3D扫描仪捕捉演员形象的场景。

足球游戏中用3D扫描仪扫描实际运动员的场景。

口腔医学中也会经常用到3D扫描。之前只有用购买高价的扫描设备才能完成的工作，如今通过低廉的设备即能完成。Digital impression设备甚至可以将扫描设备直接放入口腔中进行扫描。

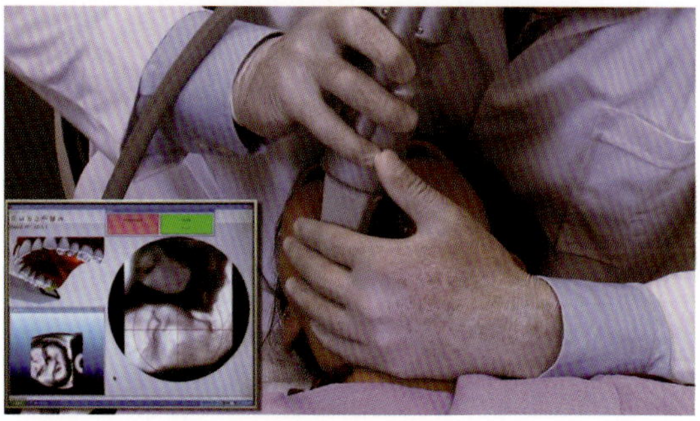

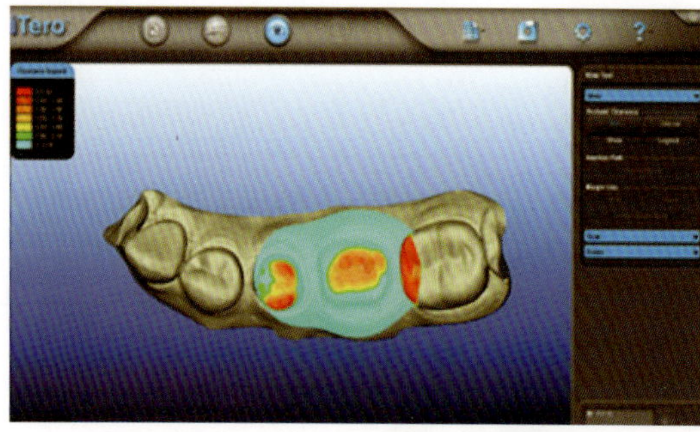

用3D扫描仪（Digital impression）直接扫描患者牙齿进行建模的过程。

3D扫描仪在卡通玩偶领域中的应用也相当广泛。之前为了制作实际人物的卡通玩偶，只能看着照片利用雕刻材料进行手工造型，如今利用3D扫描仪即可轻松完成同样的工作。近年来，通过扫描顾客形象进而转化为3D打印成品的3D打印工作室深受消费者热捧。

扫描顾客的形象，制作卡通玩偶的3D打印工作室。
[MOA] http://3dstudiomoa.com

3D 扫描仪的种类

3D 扫描仪根据价格和性能的不同分为成百上千种型号，因此选择适合自己的扫描仪也是相当重要的。若在家里使用，则适合购买低价 3D 扫描仪；若为商业用途，则可考虑能实现高精度扫描的高价 3D 扫描仪。

Artec Eva

http://www.artec3d.com/ko

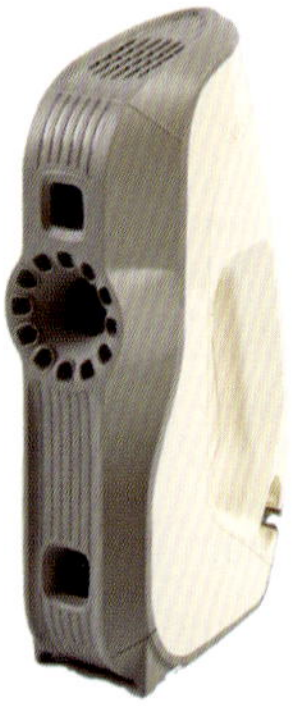

打印速度过快时会导致底板的附着力下降。尤其在打印第一层时，应当降低打印速度，以保证打印物件可以牢固地附着在底板上。在 Cura 中的 Advanced → Bottom layer speed 文本框中输入“10”，就能以 10mm/s 的慢速打印第一层。

SLS-1 kit

http://www.david-3d.com

David 公司的 SLS-1 是由投影仪和接收反射光线的相机组成的光学扫描仪，可以用来扫描大小各异的物体。该型号具有很高的性价比。

MakerBot Digitizer

http://store.makerbot.com/digitizer

MakerBot 推出的 3D 扫描仪 MakerBot Digitizer 是一种将物体置于圆板上，通过圆板的旋转进行扫描的固定型扫描仪。只要按下开始键，就会自动完成扫描，若连接 MakerBot 3D，则可以一并完成扫描和打印。不过目标物体的大小只限于 20cm × 20cm。

Sense

http://cubify.com/sense

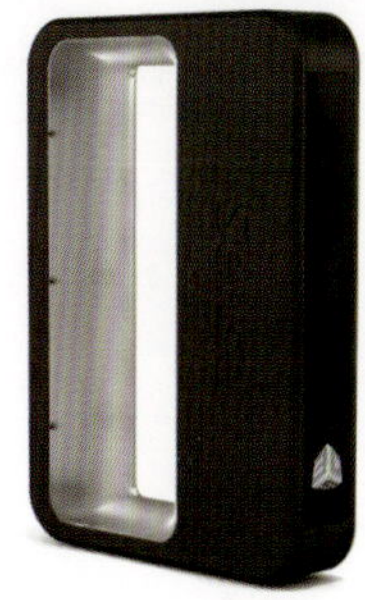

3D Systems 公司推出的 Sense 是一种利用红外线激光的扫描仪。因其手提式的设计，使用起来相当方便，且价格低廉，多用作家用型。

利用体感传感器的 3D 扫描仪

体感传感器（Kinect）是微软游戏机 Xbox 中用到的设备。将该设备连接到计算机上，使用相关软件即可将其转换为 3D 扫描仪。因其低廉的价格和易上手的特点，多用作家用型。利用动力传感的 3D 扫描仪制作而成的模型包括 EasyScan3D 扫描仪 。

Stucture Sensor/iSense

连接至 iPad 使用的 3D 扫描仪正在陆续问世。iPad 专用 3D 扫描仪就是将发光部和受光部设备连接至 iPad 使用的扫描仪，能够提供家用型扫描效果，其最大优点是价格低廉、携带方便。眼下此类产品主要有 Structure Sensor（http://structure.io）和 3D Systems 的 iSense。

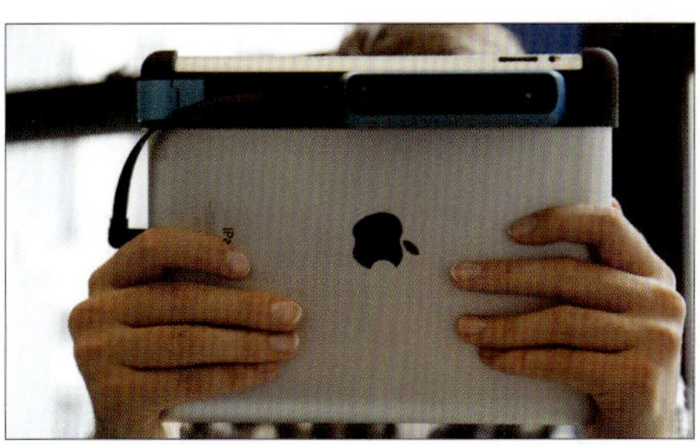

Structure Sensor

iSense

修正模型

产品的价格越高，建模的精度也就越高，但大部分3D扫描仪是无法独立实现完美建模的，因此需要使用修正程序对建模数据进行切割、填补底部和修正错误部分等操作。

利用 3D 扫描仪扫描人物

利用 3D 扫描仪可以扫描人物或事物，并将其转化为 3D 打印产物。下面就利用 3D Systems 公司的 Sense 直接对人物进行 3D 建模，并对其进行编辑和修正。

1 | 双击窗口中的图标，运行 Sense 扫描仪。

2 | 选择需要扫描的对象。如果是人物，则选择 Person；如果是事物，则选择 Object。

3D Systems Sense

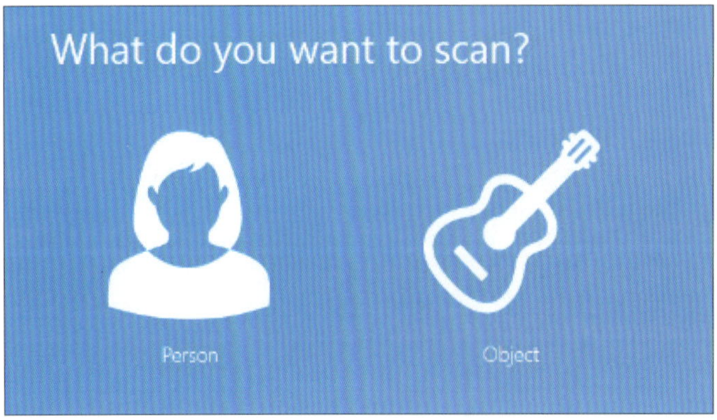

3 | 选择扫描的大小。如果只扫描上半身，则选择 Head；如果扫描全身，则选择 Full Body。

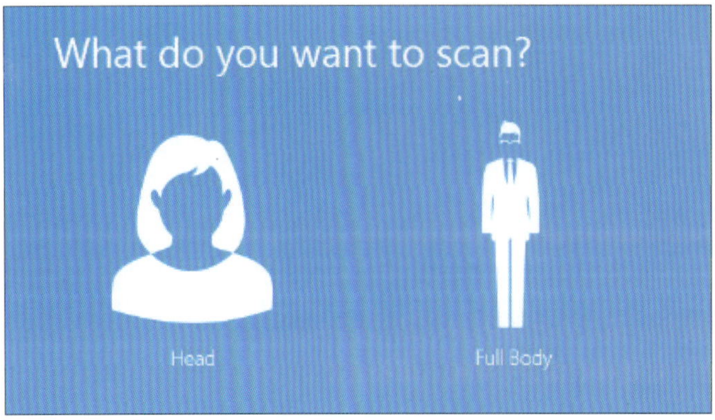

4 | 出现 Scan 的第一个画面时，用扫描仪对准模型的焦点。焦点未对齐时，中间部分会出现红色的圆圈，并弹出说明信息。对焦成功时，圆圈就会变成蓝色。

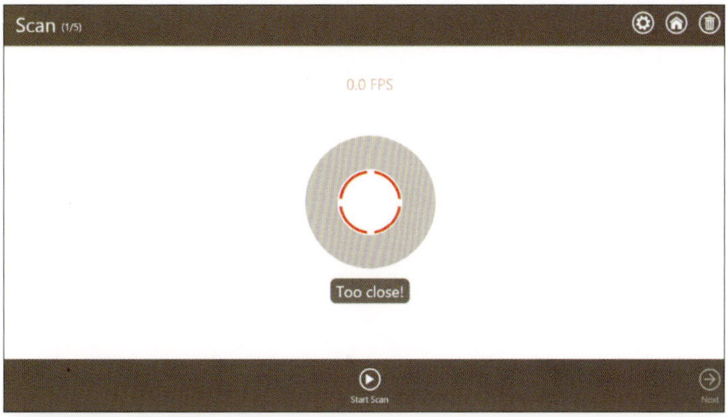

对焦有误时，屏幕中会出现 Too Close! 或 Too far! 信息。寻找扫描仪和模型之间的最佳距离，停止片刻，画面中的红色圆圈就会变成蓝色。

5 | 对焦成功后单击 Start Scan 按钮，开始扫描。

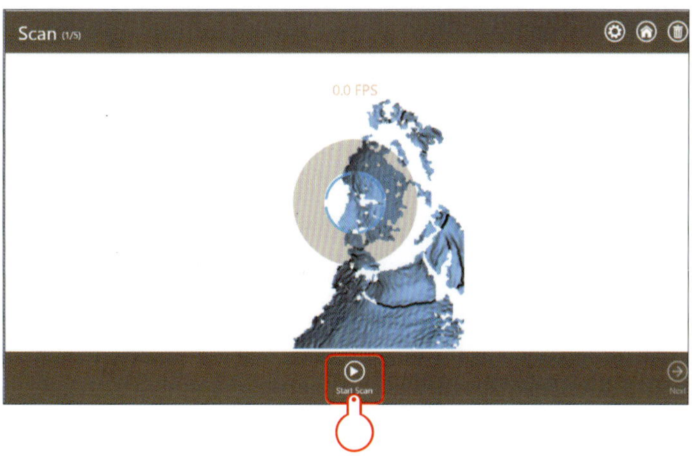

6 | 扫描开始之后，在对准焦距的情况下缓缓旋转进行扫描。

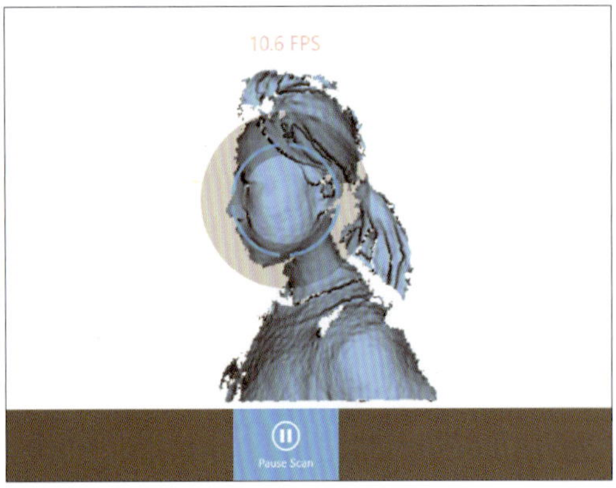

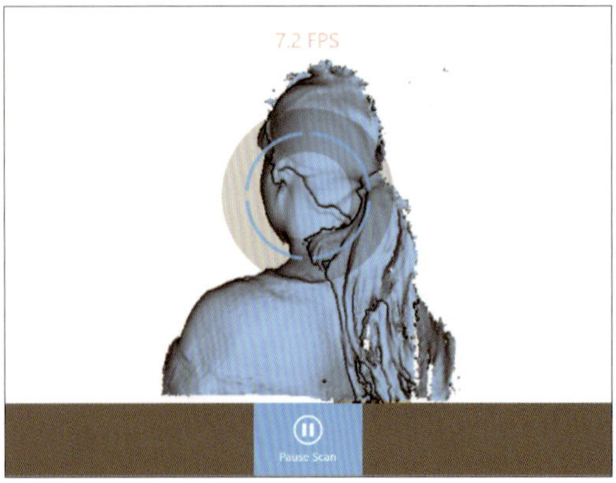

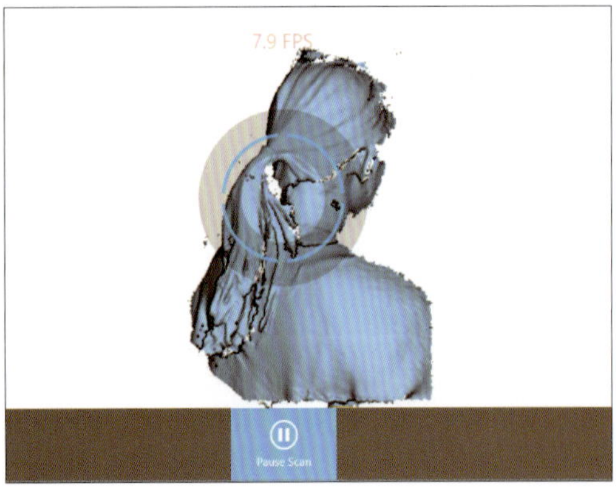

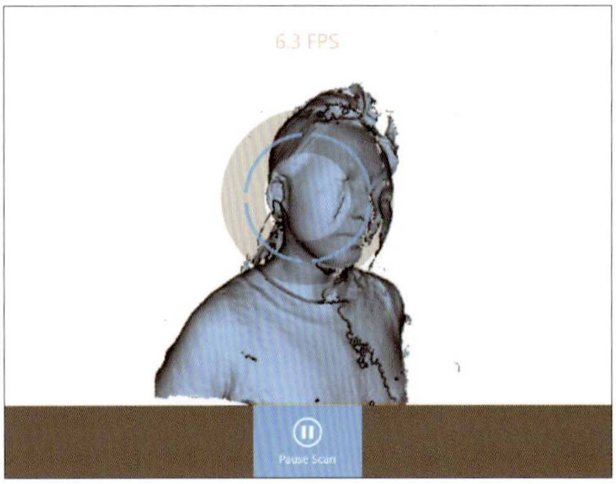

Lost Tracking

Lost　Tracking表示扫描过程中丢失目标物的现象。想要避免这一现象，就需要用双手稳固地握住扫描仪，维持一定的距离，慢慢进行扫描。只有将模型每一个角落都仔细扫描一遍，才可以尽量去除产物的空白区域。

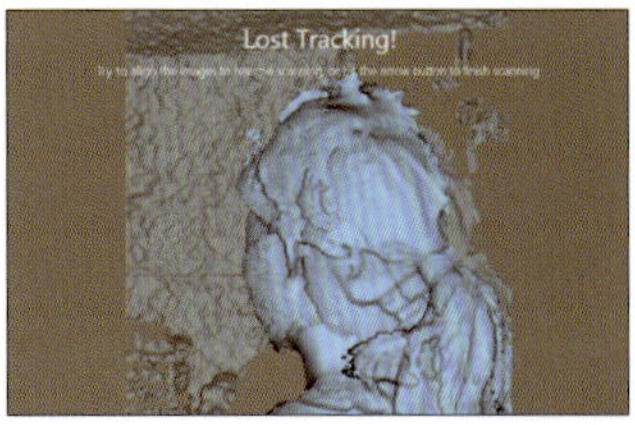

7 | 扫描完成之后，单击 Pause Scan 按钮，完成扫描之后单击 Next 按钮。

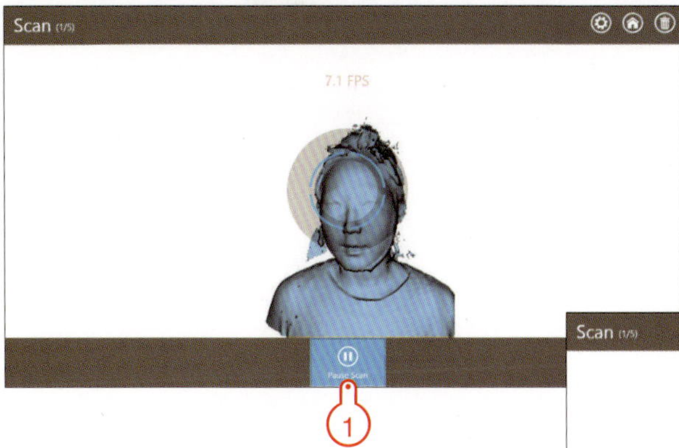

若想继续扫描，则按 Resume Scan 按钮。

8 | 单击 Crop 按钮之后，用鼠标拖动需要切除的部分。作业尚未完成时，可以单击 Next 按钮。

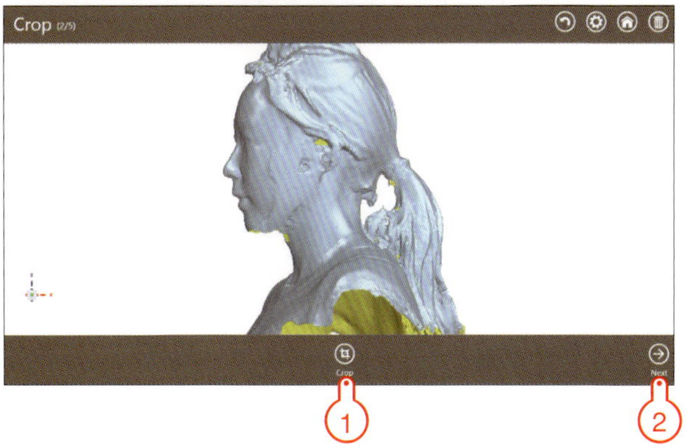

9 | 若要填补扫描效果不佳的空缺部分，则可单击 Solidify 按钮，并用鼠标拖动选取需要填补的部分即可。

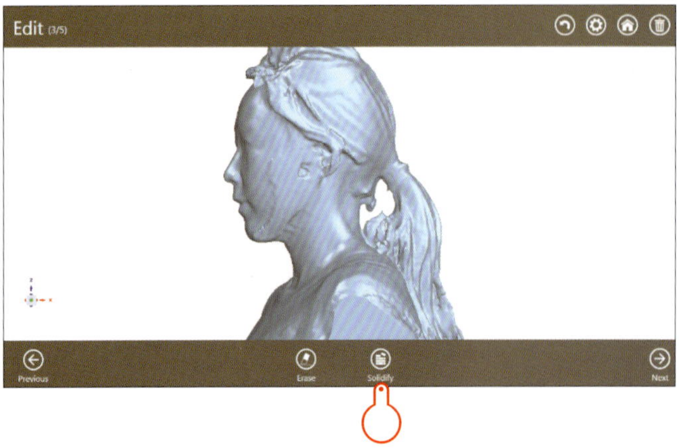

10 | 若要去除不必要的部分，则可单击 Erase 按钮，并用鼠标拖动选中需要擦除的部分即可。完成作业之后单击 Next 按钮。

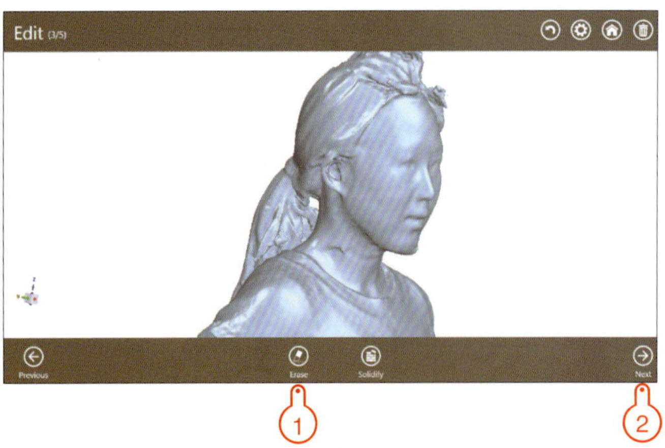

11 | 单击 Smooth 按钮，对模型进行圆滑处理。

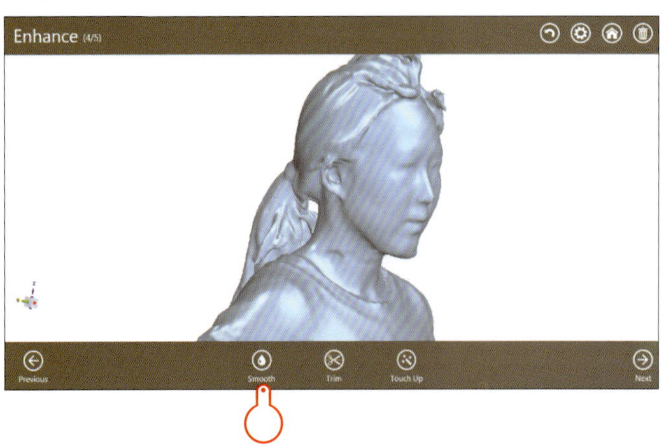

12 | 单击 Trim 图标，并用鼠标拖动选中需要切除的部分。完成作业之后单击 Next 按钮。

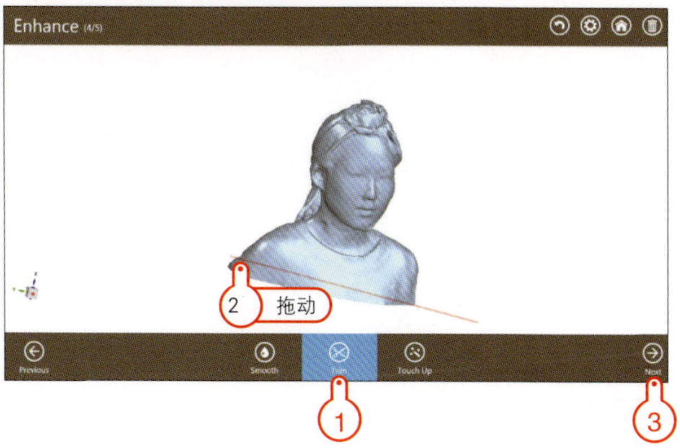

13 | 待转到 Share 界面时，单击 Save 按钮，将数据保存为 STL 格式的文件。

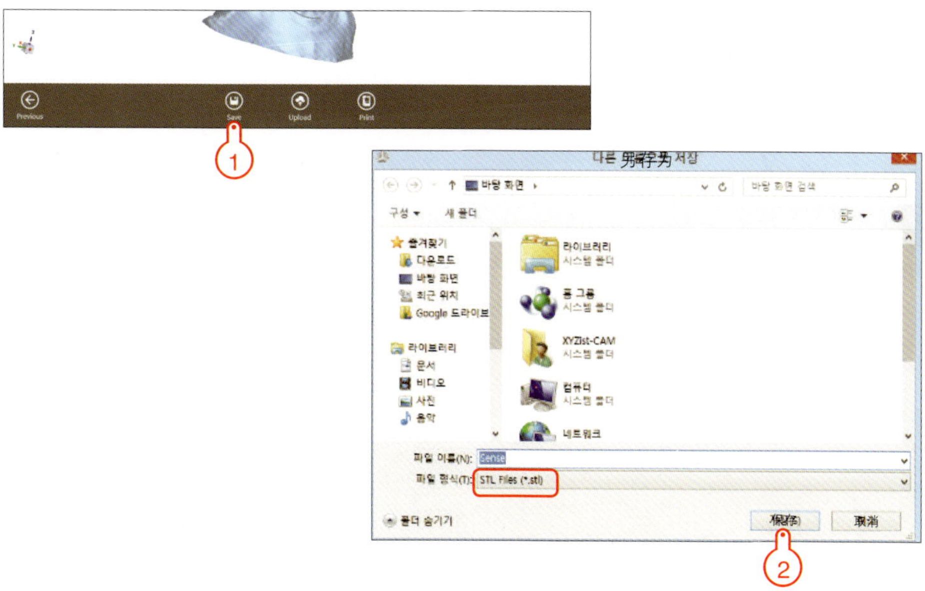

将体感传感器用作 3D 扫描仪

微软游戏机中自带的体感传感器可以用作 3D 扫描仪。下面介绍装有体感传感器的计算机的设置方法和利用 3D 扫描程序 FabliTec 3D Scanner 进行扫描的方法。

了解体感传感器设备

如果是没有体感传感器的用户，可以单独购买体感传感器扫描套件。该套件包含体感传感器、驱动程序、扫描程序以及修补程序，在计算机中安装驱动程序和扫描程序之后，用 USB 连接体感传感器就可以使用了。虽然该设备的扫描效果无法和高价扫描仪媲美，但相对于其他 3D 扫描仪，它有着价格低廉、性价比突出等优点，适合在家庭中使用。

将体感传感器用作3D扫描仪EASYSKAN，3DISON官方网站（http://www.3disonprinter.com）

用游戏机专用体感传感器配置 3D 扫描仪

如果是拥有 Xbox 游戏机的用户，经过几个程序和设备的准备，就可以使用 3D 扫描仪了。首先，需要确认体感传感器的类别。体感传感器也分为 Windows 专用和 Xbox 专用，而 Windows 专用传感器配备 USB 端口，但 Xbox 专用传感器只能通过专用连接线与计算机相连。因此，如果用户所拥有的是 Xbox 专用传感器，就需要准备专门的计算机连接线。该连接线可连接 USB 端口，也可连接充电设备。

USB AC POWER Supply Adapter Cable for Xbox 360 Kinectnsor（约4~6万韩元）

接下来需要在计算机中安装驱动程序，以便计算机能够识别体感传感器。此时需要逐个安装 OpenNI、SensorKinect 和 NITE Middleware 等三个必要的程序。由于三个程序需要相互配合使用，因此安装时要注意程序的版本。

OpenNI 和 NITE Middleware 程序可以通过登录 http://www.openni.org/openni-sdk 主页，单击下方的 Consult the Previous OpenNI Versions (History) 链接获取。依次单击第一个安装程序 OpenNI SDK v1.5.7.10 和第三个安装程序 NiTE v1.5.2.23 中的 Windows-x32 版本进行下载并安装。

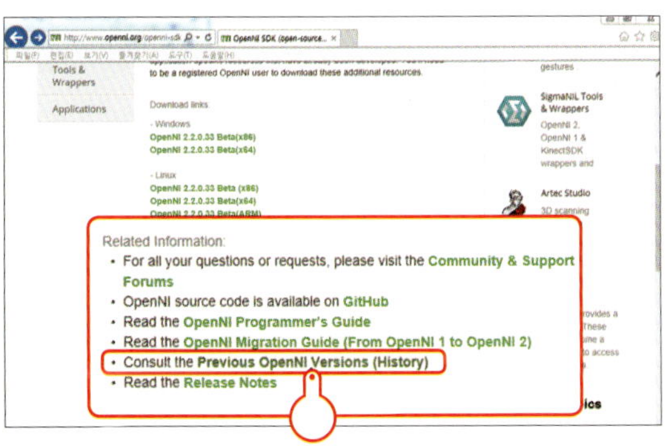

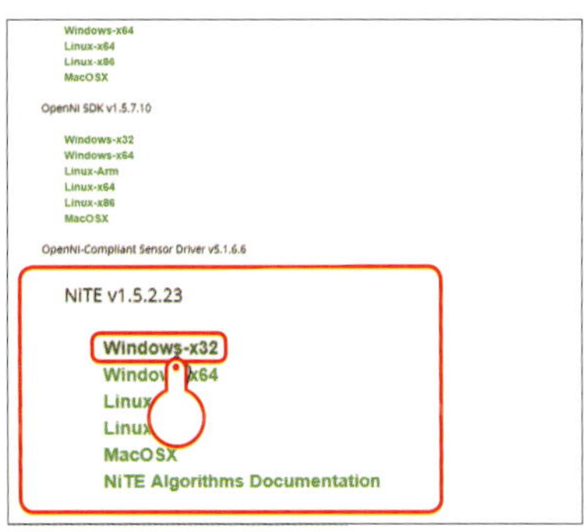

登录第二个安装程序 SensorKinect 的主页 https://github.com/avin2/SensorKinect，单击 Download ZIP 按钮进行下载。下载完成后解压文件，运行 Bin 文件夹中的安装程序。

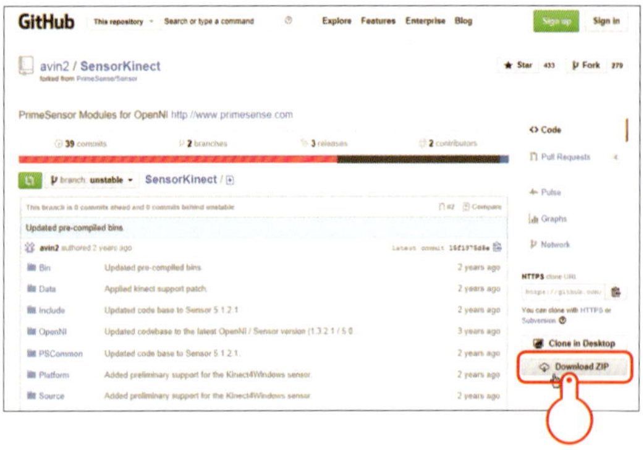

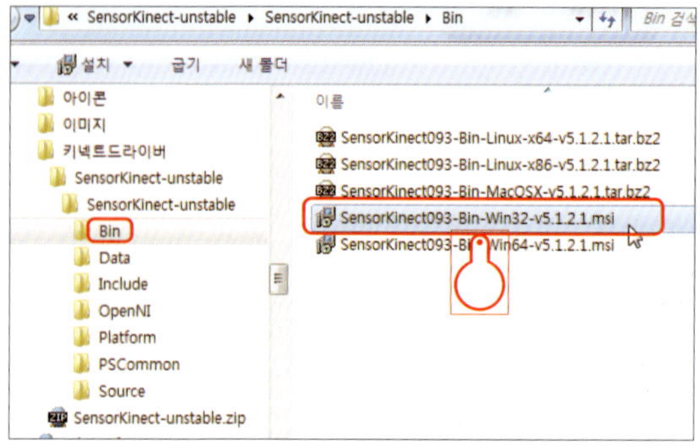

驱动程序安装完成之后，就需要准备 3D 扫描程序。最具代表性的 3D 扫描程序有 ReconstructMe、FabliTec 3D Scanner 和 KSCAN3D 等。虽然可以通过登录各程序的官方主页下载试用版本，但是试用版本不提供保存功能，如想正常使用，只能购买正版。费用大概为 20~30 万韩元。

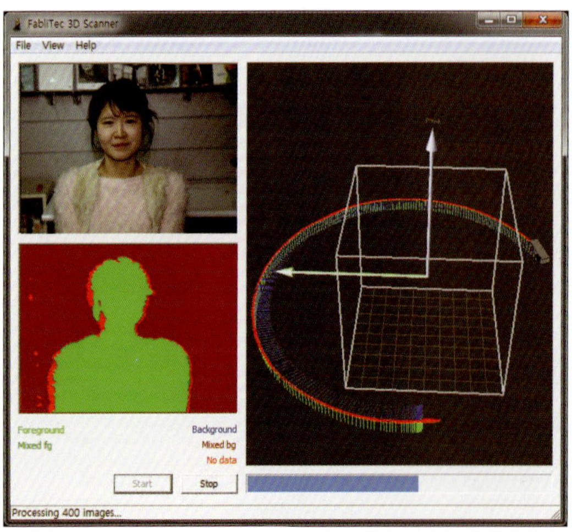

可以在FabliTec 3D Scanner的官网（http://www.fablitec.com）中下载试用版本。

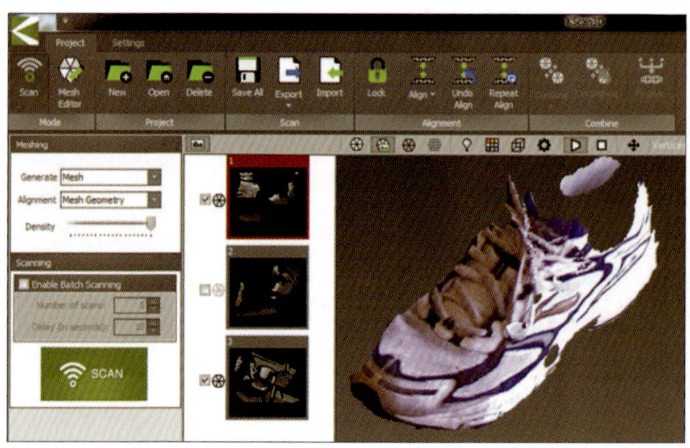

可以在KSCAN3D的官网（http://www.kscan3d.com）中购买完整版或下载试用版本。

通过体感传感器进行 3D 扫描

体感传感器准备完成之后，即可进行 3D 扫描。下面就用 FabliTec 3D Scanner 扫描人物的上半身。

1 | 接通体感传感器的电源，用 USB 连接线将其连接至计算机。将摄像头对准目标物。目标物要放置在旋转椅或其他可旋转的物体之上。

FabliTec 3D Scanner（http://www.fablitec.com）是一款对旋转15s的目标物进行扫描和建模的扫描程序，因此体感传感器需要固定，而目标物需要安置在可旋转的位置上。

2 | 运行 FabliTec 3D Scanner，画面左上方会出现目标物的实际影像，而左下方会出现扫描对象。通过调整传感器和目标物之间的距离，使目标物呈现绿色，其他背景呈现红色。

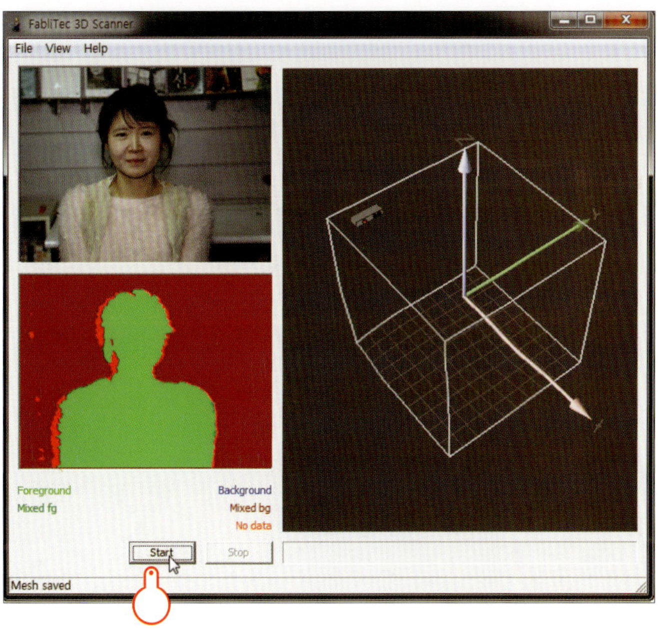

传感器和目标物之间的最佳对焦距离约为1m，而且目标物和后方的背景也需要保持一定距离，以保证背景被识别成红色。

3 | 准备完成之后单击 Start 按钮。开始倒计时，画面中出现“GO!”时，便开始缓缓旋转目标物。总扫描时间为 15s，因此要控制好旋转速度。

15s内会拍摄400张照片，分析这400张照片时，拍摄位置会被标成蓝色。只有调整正确使蓝色涵盖完整的360°，才可以完成正常建模。

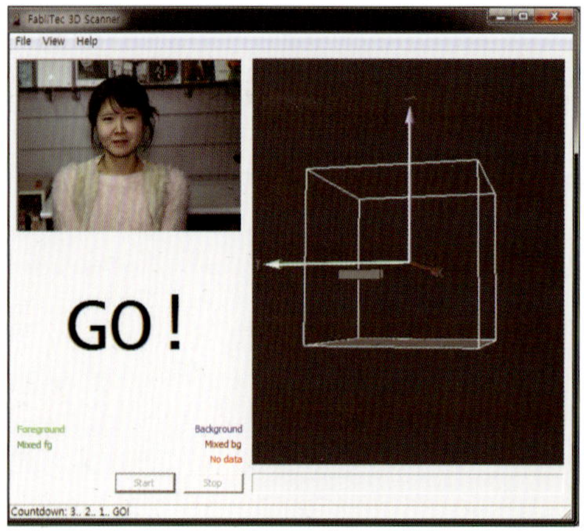

4 | 15 秒过后，拍摄自动停止，立刻进入影像分析阶段。此时不要随意单击 Stop 按钮。

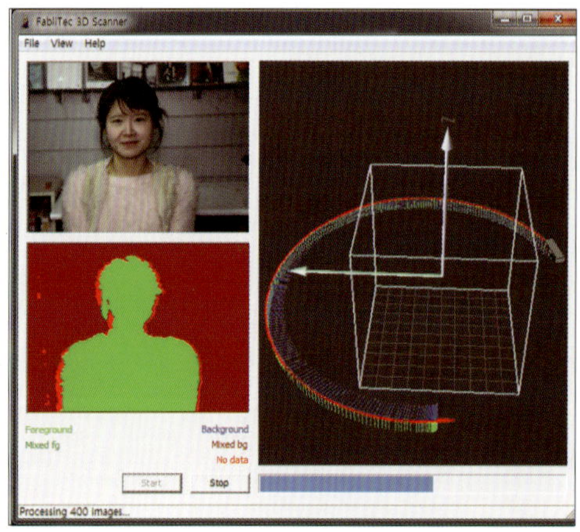

5 | 分析完成之后，预览界面中便会出现建模图形。用鼠标拖动旋转图形，查看建模结果是否令人满意。

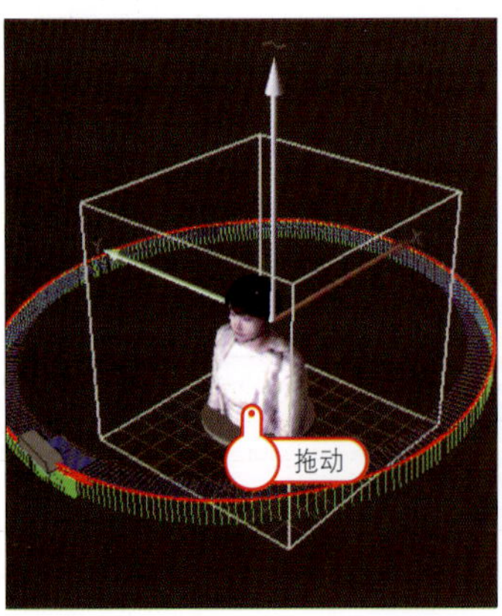

按住鼠标右键进行拖动，就可以旋转模型。

6 | 为了保存建模数据，可选择菜单栏中的 File → Save mesh 命令。

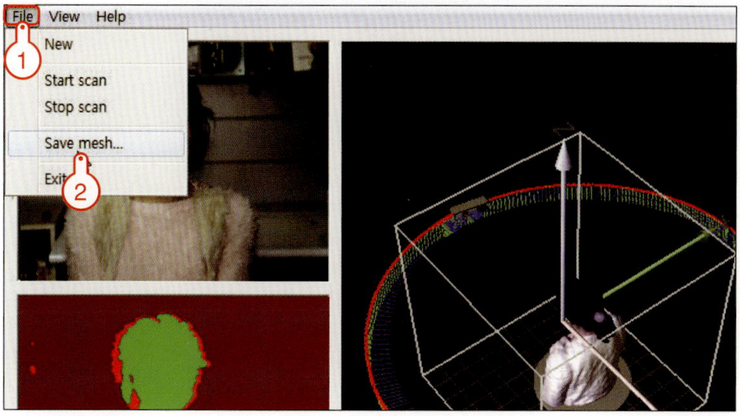

7 | 在弹出的对话框中输入文件名称，单击“保存”按钮。文件将保存为 OBJ（*.obj）格式。

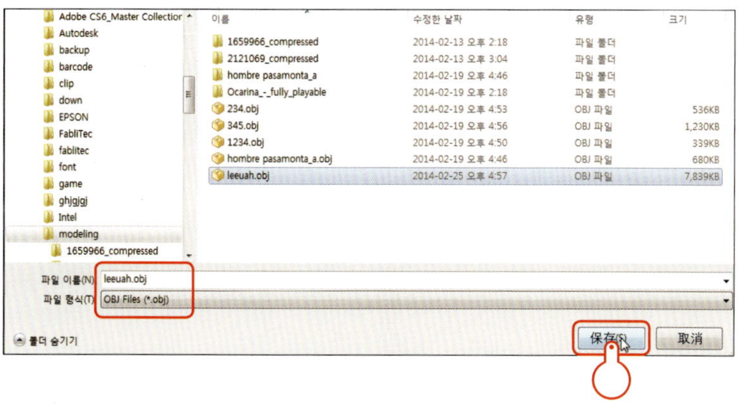

8 | 用 Cura 程序打开保存好的建模数据。

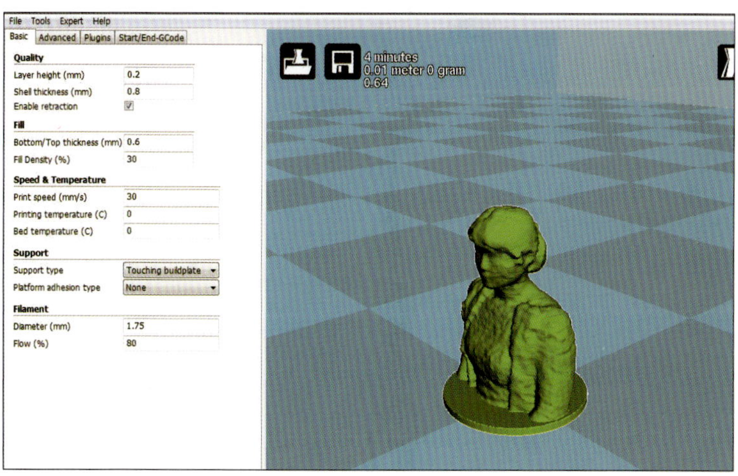

FabliTec 3D Scanner会对扫描的模型进行自动化处理，为模型制作一个圆形的基座。

用 123D Catch 制作圣母像 3D 模型

123D Catch 是一个利用照片轻松制作 3D 模型的软件。下面介绍用于建模的拍照方法和使用 123D Catch 进行建模和修正的方法。

了解 123D Catch

123D Catch 是 Autodesk 公司推出的一款利用照片进行 3D 扫描的软件。该软件不需要额外的设备，只要将目标物放在中间拍照，就可以进行建模，虽然很难表现出细节，但可以提供干净的模型，比一般的家用 3D 扫描仪效果要好。3D 扫描仪需要连接计算机，且扫描空间会受到制约，但 123D Catch 是利用照片进行建模的，所以不会受到空间的限制，而且适合建模室外的建筑物。

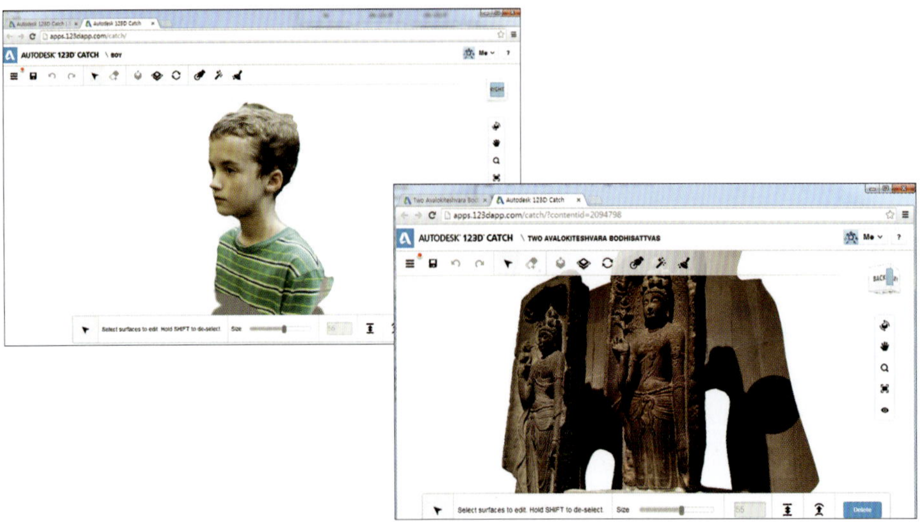

拍摄照片

需要围绕扫描对象的四周进行拍摄。拍照时目标物下方最好垫上报纸等图案复杂的物品，这是因为需要根据对底部背景的图形进行分析，从而计算照片的具体位置，因此，如果用图案单一的物品就无法准确计算出具体的位置。另外，拍照时不要固定相机，然后旋转目标物，而是应该固定目标物，旋转拍摄角度。拍照时相机与目标物成 30° ，且应该保持从上向下的角度，每个位置都按照相同的角度拍摄一次。总共需要拍摄六七十张照片。照片越多，扫描效果越好，但照片容量和处理时需要的时间也会随之增加，因此通常拍摄 20 张左右也就足够了。

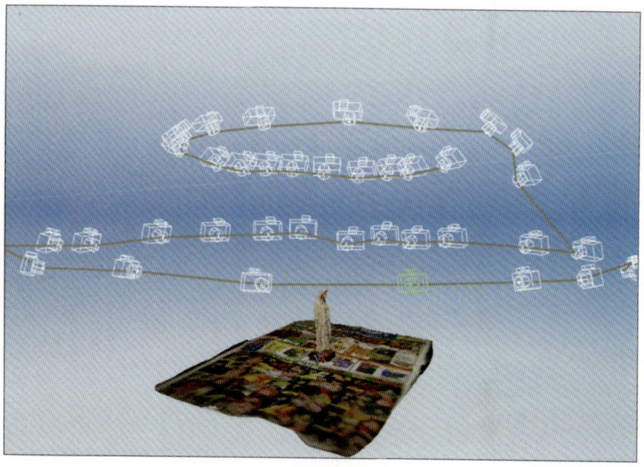

iPad 专用 123D Catch 应用

iPad用户可以利用免费应用123D Catch享受3D扫描服务。运行123D Catch后，单击右上方的“+”按钮，按下Start a New Capure，便可以利用相机对目标物取多个方向进行拍摄。应用程序会根据拍好的照片自动进行建模。

用照片进行 3D 建模

1 | 登录 AUTODESK 123D CATCH 的官方主页（http://www.123dapp.com/catch），单击界面最下方的 Download 123D Catch for PC 按钮。

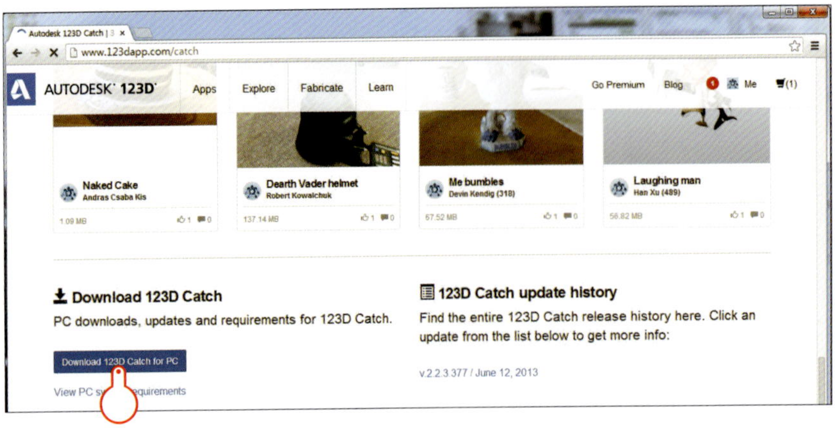

安装该程序就可以使用 AUTODESK 123D CATCH 服务。

2 | 程序安装完成之后，再次登录 AUTODESK 123D CATCH 主页，单击Launch 123D Catch online按钮。

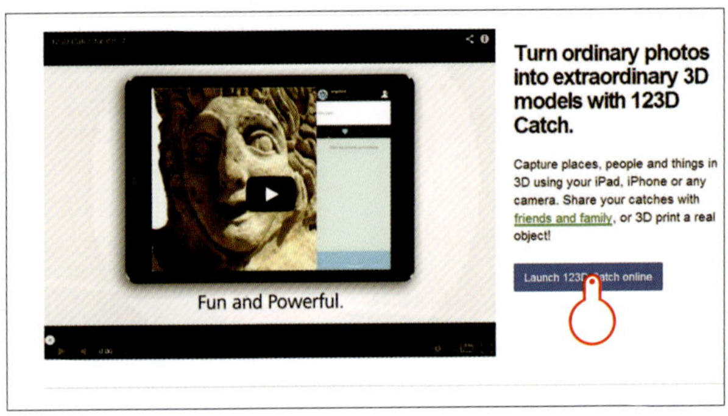

只有安装了 PC 版的 AUTODESK 123D CATCH，才能正常使用服务。

3 | 待打开 AUTODESK 123D CATCH 的界面后，单击 Start a New Project 按钮。

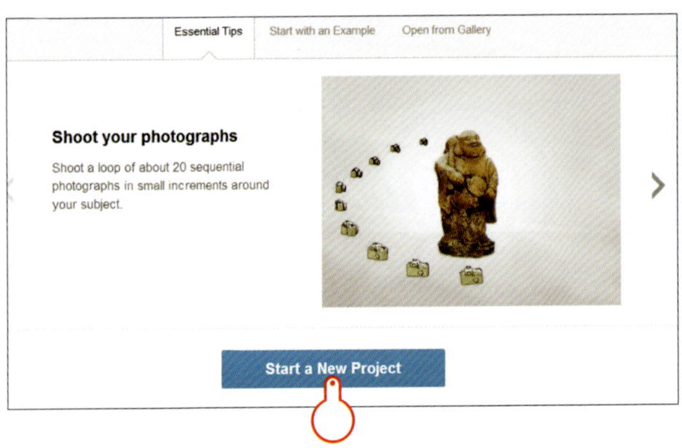

AUTODESK 123D CATCH 在线服务可以在谷歌 Chrome 浏览器中正常运行。

4 | 单击 Select Photos 按钮，选择所有照片，单击“打开”按钮。

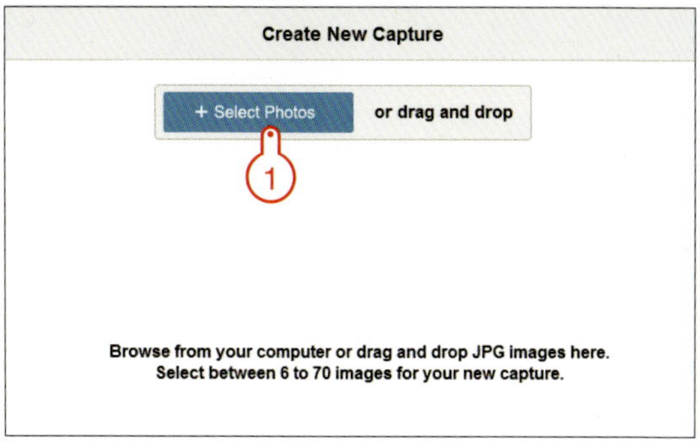

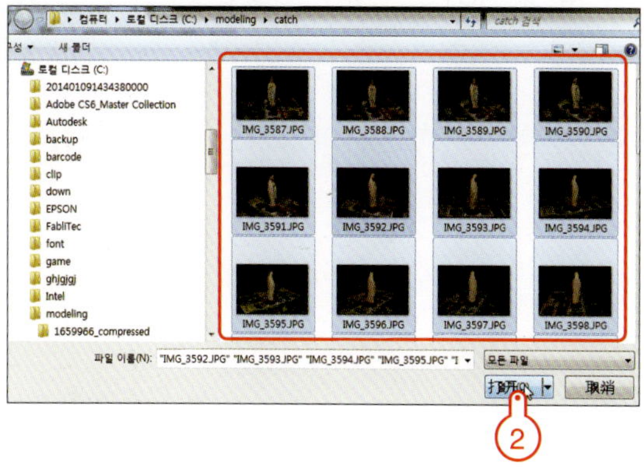

照片最少为 6 张，最多为 70 张。

5 | 读取照片后单击 Process Capture 按钮。

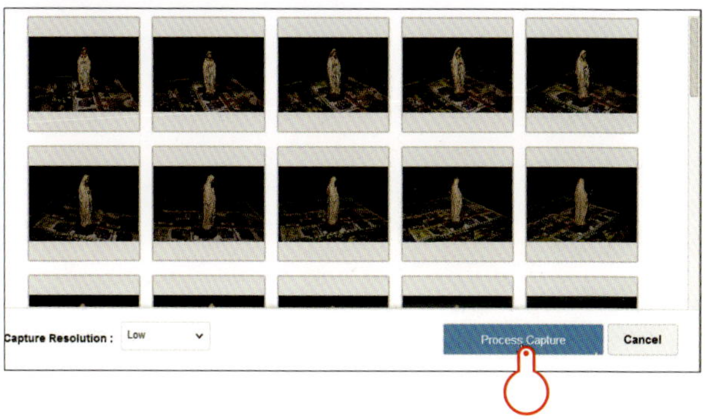

6 | 开始处理照片，进程结束后，单击目录，再单击 Open Selected Project 按钮。

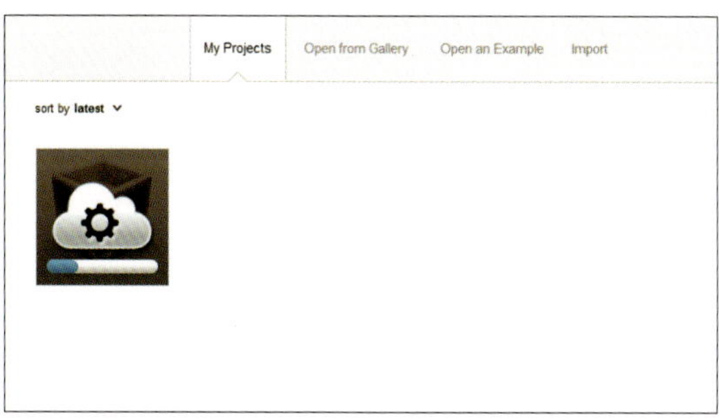

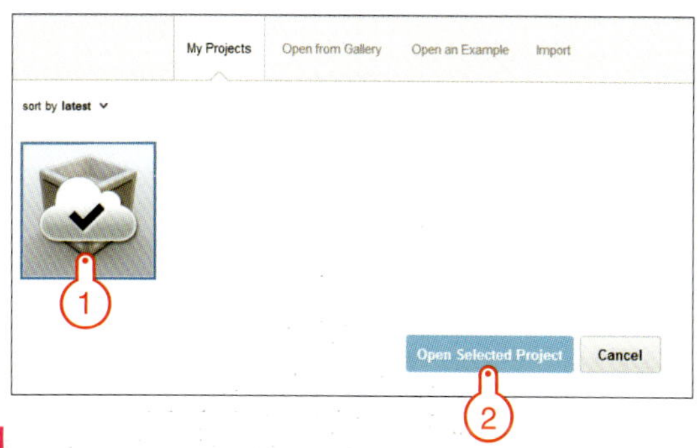

照片处理需要较长时间，需要等待至任务正常完成。使用的照片越多，网速越慢，消耗的时间就越多。

7 | 稍后就能看到处理好的图形。如果结果正常，便单击 Keep 按钮。

如果结果不令人满意，可以单击Discard按钮重新开始。

8 | 输入模型信息，单击 Save 按钮。

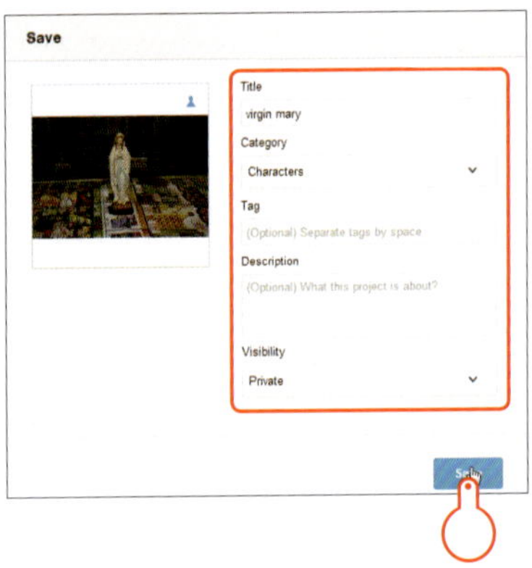

如果希望其他用户也能用到自己建造的模型，就可以在 Visibility 下拉列表框中选择 Public。

修正扫描模型

1 | 滚动鼠标滚轮放大或缩小模型，或按住鼠标右键通过拖动改变模型查看视角，将视角调整至最佳编辑位置。

基本操作与 123D Design 相同。

2 | 在 Select 按钮 处于按下状态时，用鼠标拖动选中底部背景。

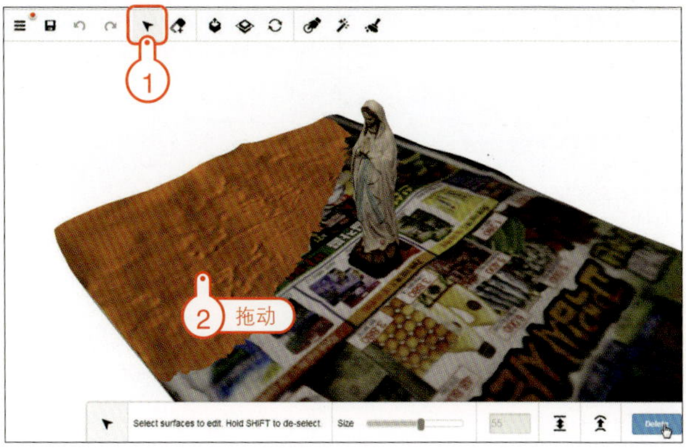

Select 工具 用于选择特定区域，被选中的区域会变成橙色。

3 | 按 <Delete> 键 Delete，删除所选的部分。

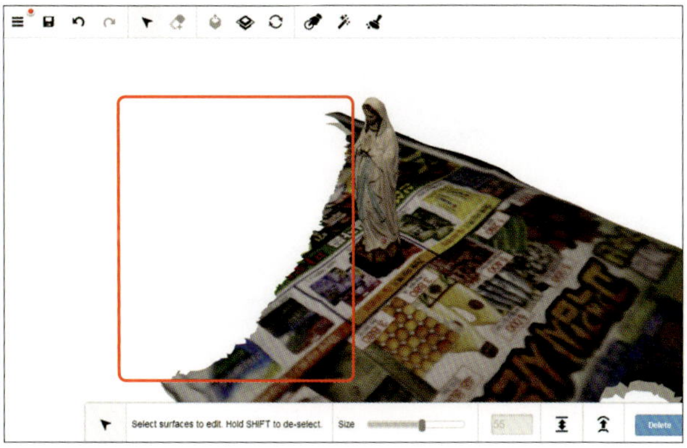

单击界面中的 Delete 按钮，也可以删除所选部分，但按键盘上的 <Delete> 键更加稳定。

4 | 按照同样的方法删除其他背景部分，只留下需要使用的模型。

5 | 选择 Plane Cut 工具，可以调出水平面。

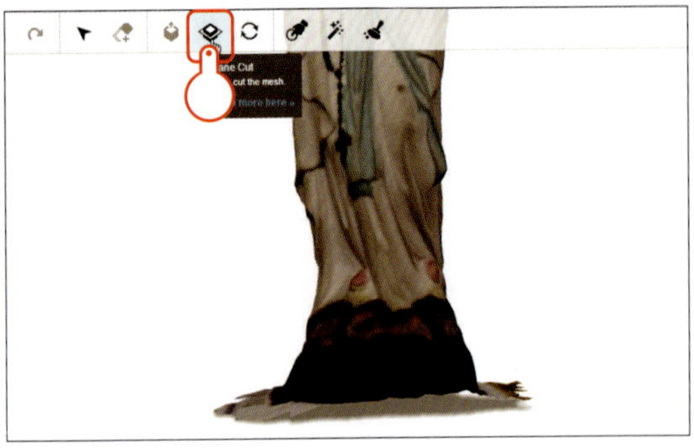

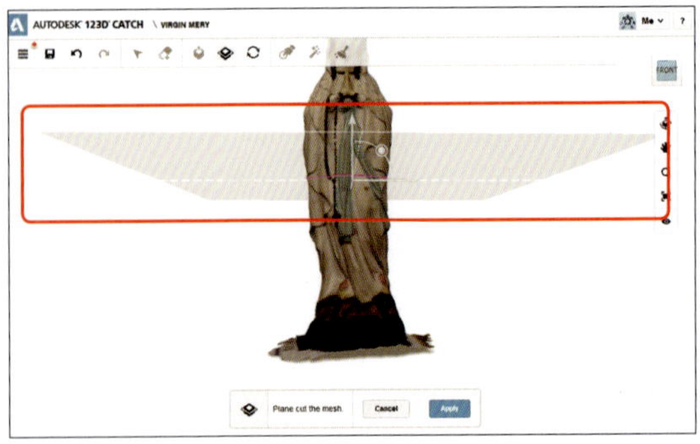

Plane Cut 为根据显示的水平面切除模型的工具。

6 | 用鼠标拖动水平面的方向箭头至需要切断的位置，单击 Apply 按钮，删除底部。

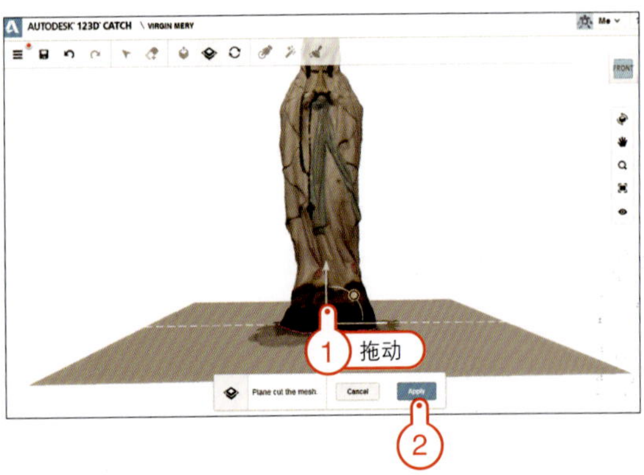

7 | 旋转模型，确认模型的底部是否被堵住。

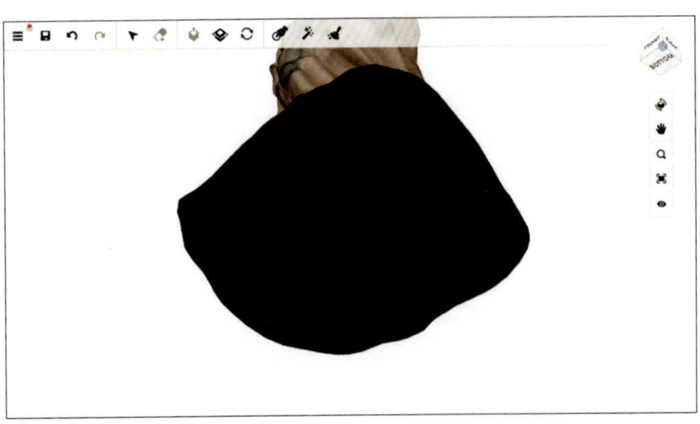

正常情况下，用 Plane Cut 工具切除之后，底部会被堵住。如果模型中存在掏空的部分，可以使用工具对其进行填充。

8 | 单击◉按钮，再从打开的菜单中选择 Material & Outlines 命令，通过构造线确认模型是否正常。

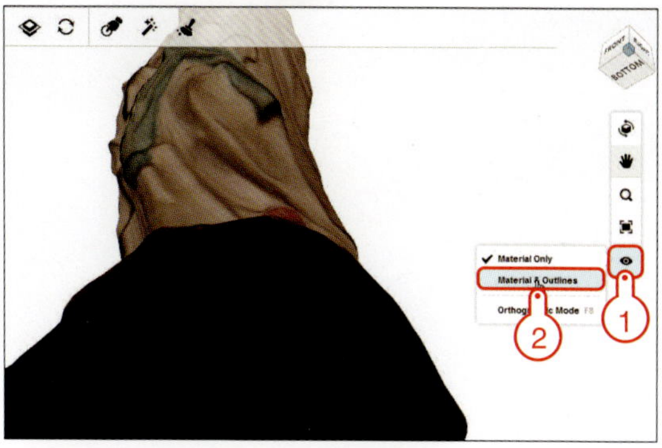

9 | 单击☰按钮，再从打开的菜单中选择 Save 命令，保存制作好的模型。

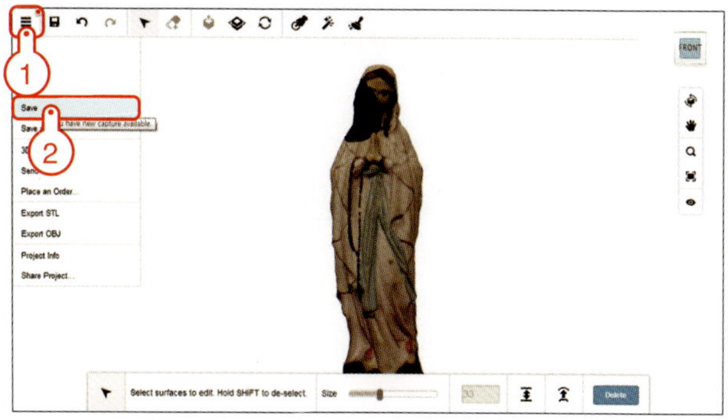

模型会被保存到 Autodesk 的在线账户中。

10 | 单击☰按钮，从打开的菜单中选择 Export STL 命令，将模型保存为 STL 文件。

11 | 此时窗口下方会出现下载目录。单击下载按钮，从打开的菜单中选择“打开文件夹”命令，确认文件是否下载正常。

12 | 运行 Cura，查看保存好的 STL 文件。

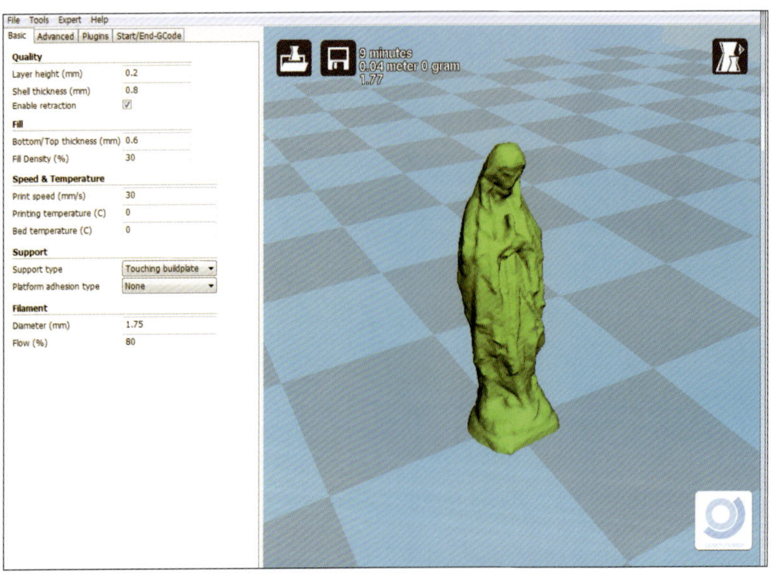

了解模型修正程序 Meshmixer

Meshmixer 是用来修正由多边形构成的模型的程序。下面介绍 Meshmixer 及其功能和使用方法。

了解 Meshmixer

Meshmixer 是 Autodesk 推出的一款免费修正软件，可对由多边形组成的模型进行表面抛光处理或修正有误的部分等多边形处理作业，也可以将多个多边形组合为一个新模型。该程序多用于 3D 扫描之后的模型修正。Meshmixer 软件可通过登录 Meshmixer 的官方网站（http://www.123dapp.com/meshmixer）免费下载安装。

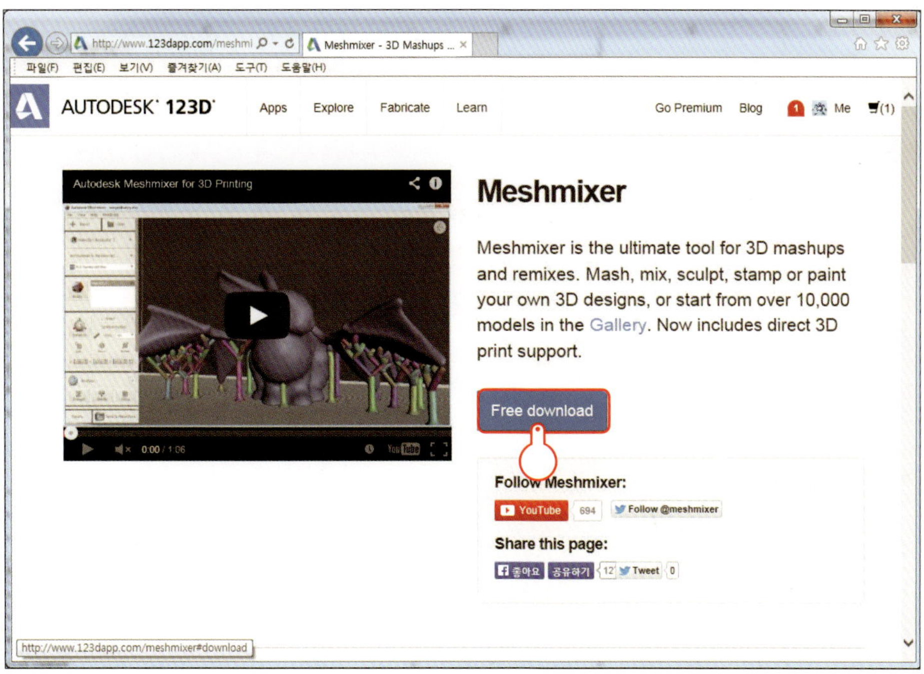

用 Meshmixer 处理模型

1 | 单击 Meshmixer 图标运行程序。

2 | 单击图标，打开兔子样例模型。

单击 Import 可以打开模型数据（obj、stl、amf、dae、ply 等文件）。

3 | 界面中会出现兔子模型。

4 | 若要查看模型的多边形组成，则应在菜单栏中选择 View → Toggle Wireframe 命令 。

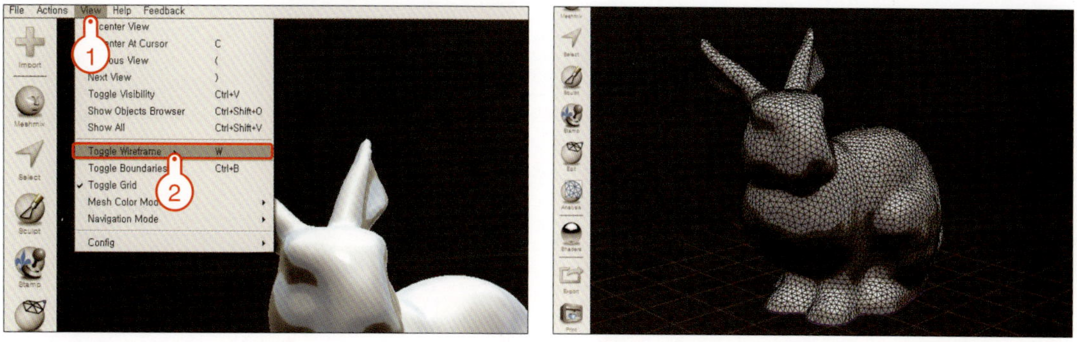

可以通过在键盘上的按 <W> 键 W 查看或隐藏多边形。

5 | 若想调整模型的位置，可以按住 <Space Bar> 键 Space Bar ，在画面中弹出的工具菜单中拖动相应按钮。此时，一定不能松开 <Space Bar> 键 Space Bar 。

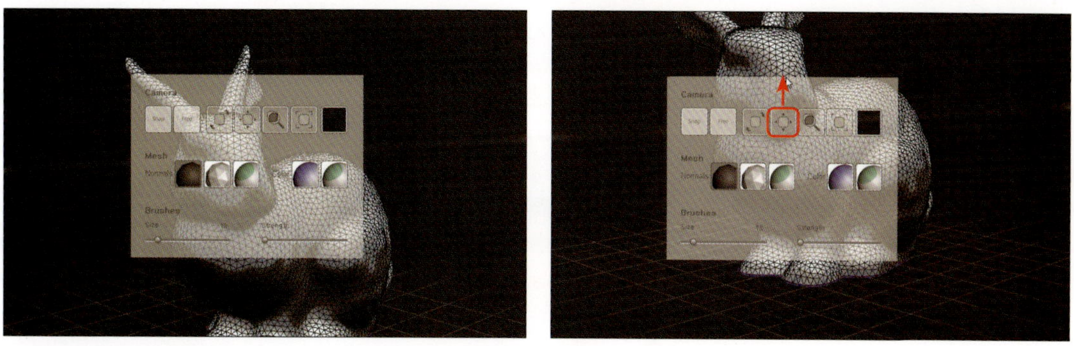

：旋转模型。 ：上下左右移动。 ：放大或缩小模型。

6 | 按住 <Alt> 键 Alt 的同时用鼠标左键拖动可旋转模型。

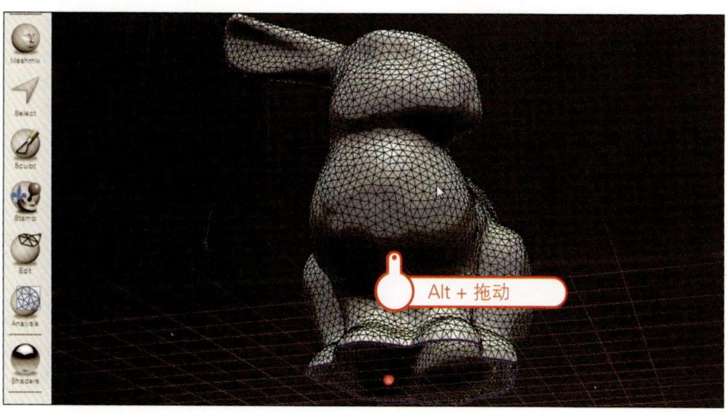

7 | 按住 <Alt> 键 Alt 的同时按住鼠标右键上下拖动，可放大或缩小模型。

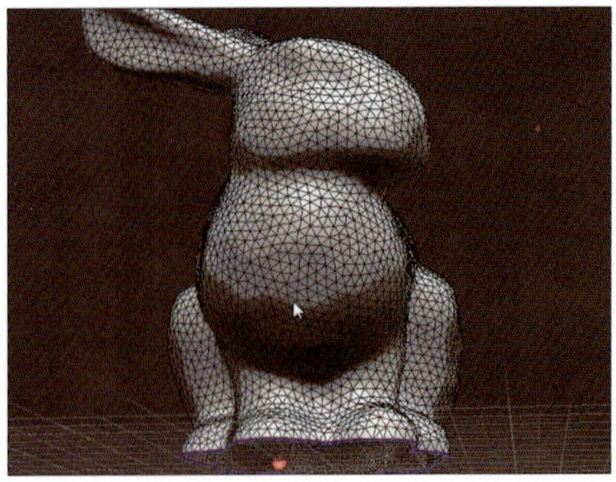

8 | 按住 <Shift> 键 Shift ，滚动鼠标滚轮，可放大或缩小模型；按住 <Shift> 键 Shift ，同时按住鼠标滚轮滑动鼠标，可移动模型位置。按住鼠标滚轮拖动可旋转模型。

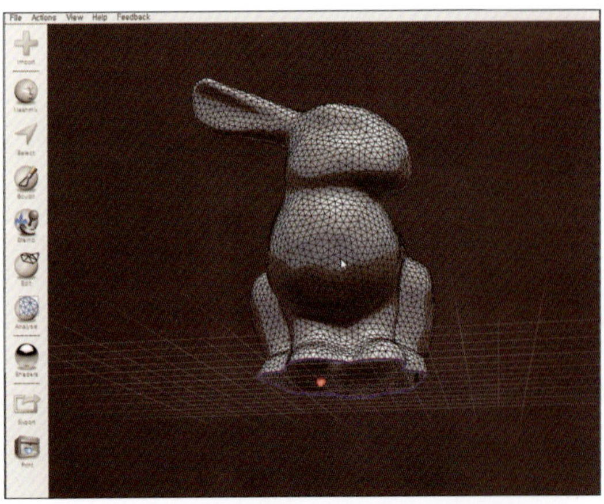

放大/缩小：按住<Shift>键 Shift 的同时滚动鼠标滚轮

移动：按住<Shift>键 Shift 的同时按住鼠标滚轮进行拖动

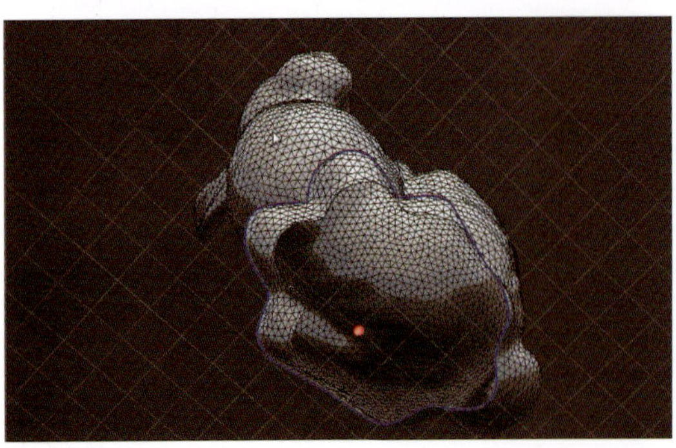

旋转：按住鼠标滚轮进行拖动

9 | 选择菜单栏中的 File → Save 命令，保存制作完成的模型。在弹出的对话框中输入文件名称，并单击“保存”按钮，将模型保存为 *.mix 格式的文件。

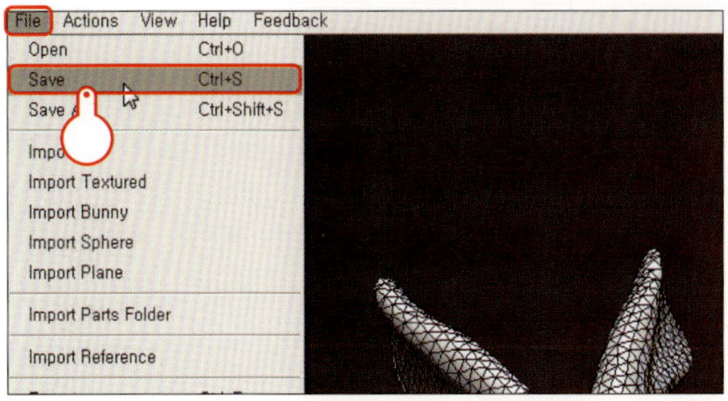

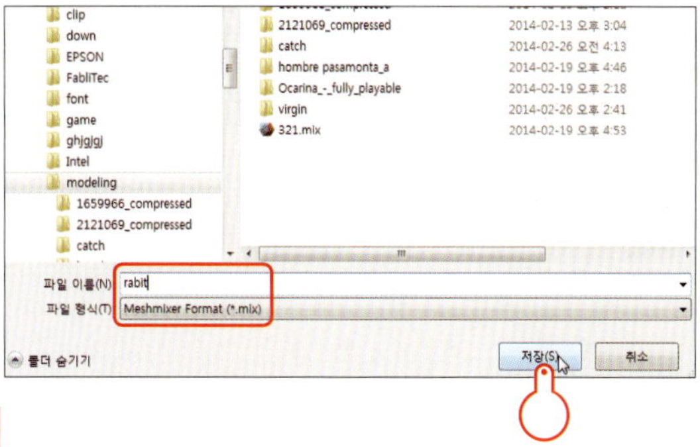

MIX（*.mix）是 Meshmixer 程序的基本操作文件格式，可通过 Open 命令读取。

10 | 选择菜单栏中的 File → Export 命令，将图形保存为模型数据文件。在弹出的对话框中输入文件名称，并单击“保存”按钮，将模型保存为 *.obj 格式的文件。

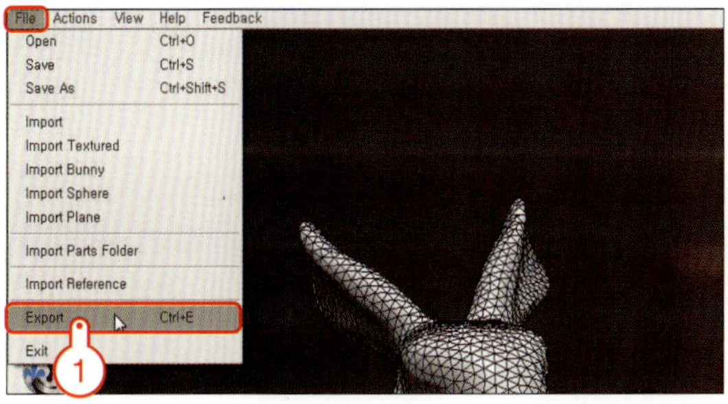

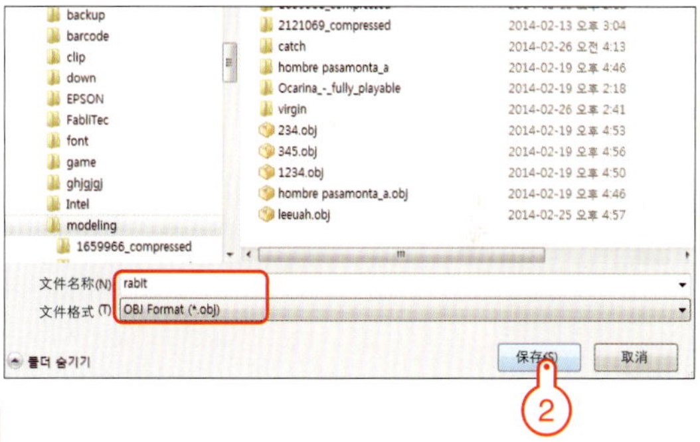

在“文件格式”下拉列表框中可选择文件保存格式，如 *.obj, *.stl, *.amf, *.dae, *.ply 等格式。

11 | 可用 Cura 程序打开保存好的模型数据。

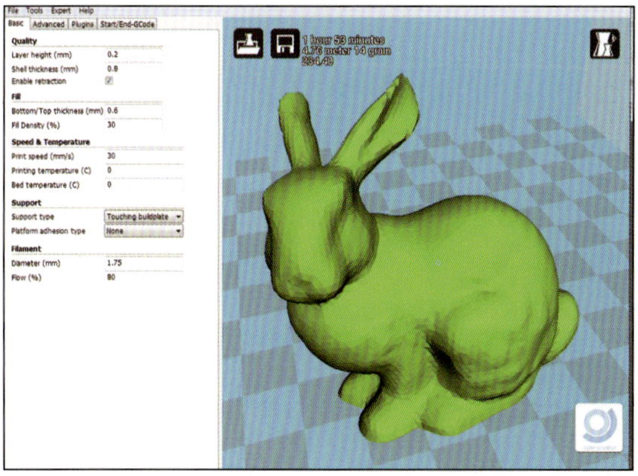

只有 *.obj, *.stl, *.amf, *.dae 格式的模型数据才可以用 Cura 打开。

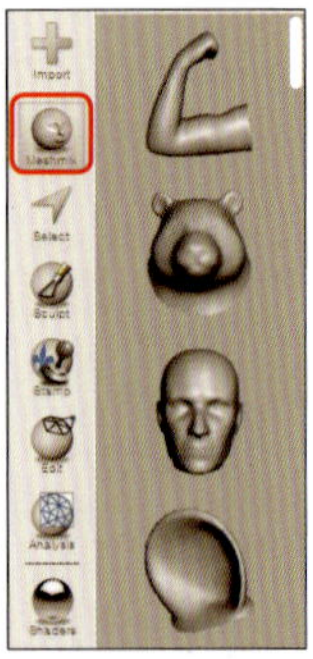

Import | 打开模型数据

Meshmix | 显示可以向当前工程中添加的样例模型。此处也可以读取用户自己制作的模型。

Select | 选择和编辑模型中的特定区域。只有当选中某区域时，才会显示编辑工具。

- 指定区域选区方法。Brush 表示通过拖动进行选择，Lasso 表示通过拖动所选区域的轮廓进行选择。
- ：选择刷子的形状。
- Size：调节刷子的大小。可以通过滚动鼠标滚轮进行调节。
- Symmetry：刷子选择会以对称线为中心进行复制。
- Crease Angle：调整组成可选模型的多边形的角度。
- Allow Back Faces：使背面也可以被选择。
- Clear Selection：取消所有选择。

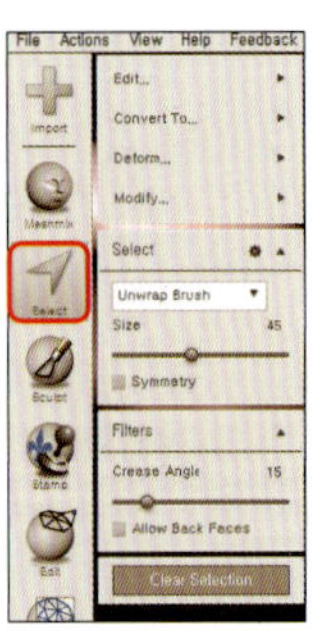

- Edit：删除、延长或分离所选的区域。
- Convert To：将所选区域保存为独立的部分。
- Deform：对所选区域进行抛光处理或旋转等操作。
- Modify：修正所选的区域。

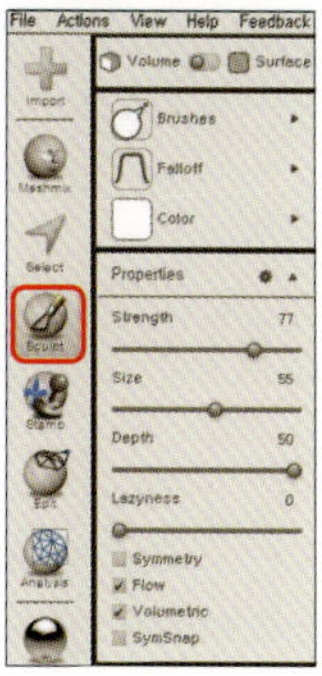

Sculpt | 延长、拖动、缩小等造型操作。

- Brushes：选择造型工具。
- Stencils：选择刷子形状。
- Falloff：用 Brushes 选中动态面的形态。
- Propeties：调节刷子的强度（Strength）、大小（Size）、间隙（Spacing）等属性。

Stamp | 用所选的图形构成多边形。

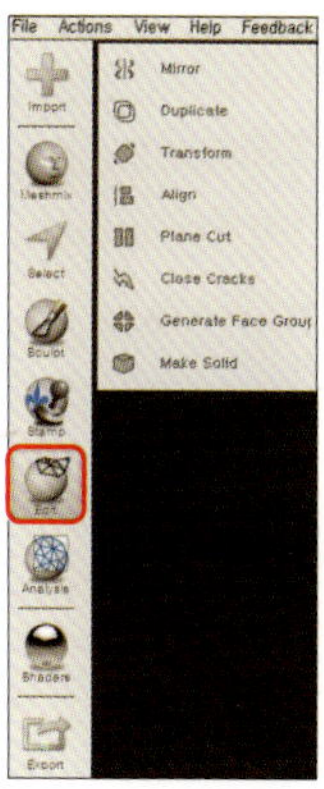

Edit | 复制或编辑模型的工具集合。

- Mirror：沿着指定的面复制镜像模型。
- Duplicate：复制当前选中的模型。
- Transform：移动和旋转模型。
- Align：沿着 X、Y、Z 轴对齐模型。
- Plane Cut：以指定的水平面为中心切割模型。
- Make Solid：填充空缺的部分。

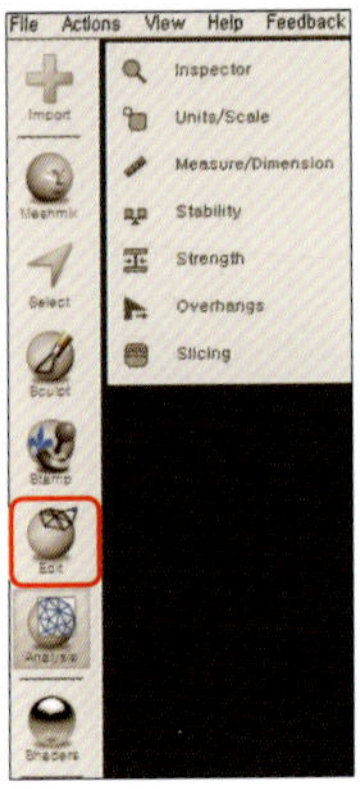

Analysis | 加强模型稳定性的工具集合。

- Inspector：检查模型中存在的错误部分。可以标出被掏空的或者开裂的部分等，通过 Auto Repair All 进行修正。
- Units/Scale：确认模型的大小，通过调节比例放大或缩小模型。
- Measure/Dimension：选择需要测量的工具，通过拖动测量长度。
- Stability：标出模型的稳定中心。
- Strength：标出模型中受力的部分。受力过大的部分会被标成红色。
- Overhangs：标出多边形的拐角超出制定角度的部分，通过单击 Support All Overhangs 按钮可以为这些部分添加支架。
- Slicing：标出过小和过薄的层。

Shadow | 改变模型表面的颜色组成。

Export | 将处理好的模型保存为 *.obj、*.stl、*. amf、*.dae、*.ply 等格式的文件。

Print | 通过 Makerbot 3D 打印机打印已经做好的模型。

修正扫描模型

Meshmixer 可以对利用 3D 扫描仪扫描的模型进行抛光处理或改变其形状。下面通过修正前文中用 3D 扫描仪建模的人物数据，介绍 Meshmixer 的功能。

旋转模型

1 | 运行 Meshmixer，单击 Import 按钮。

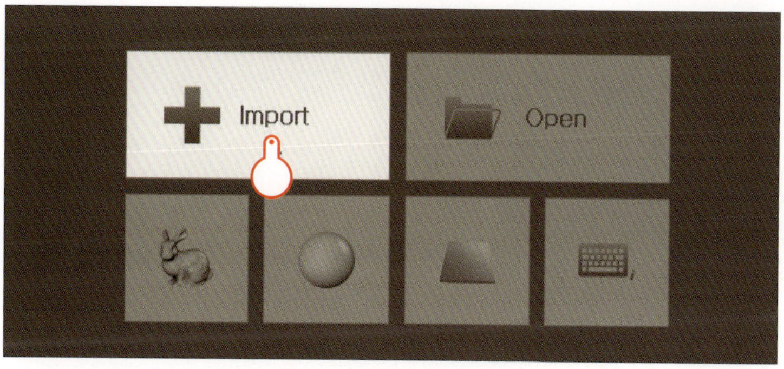

2 | 选中需要编辑的模型数据，单击“打开”按钮

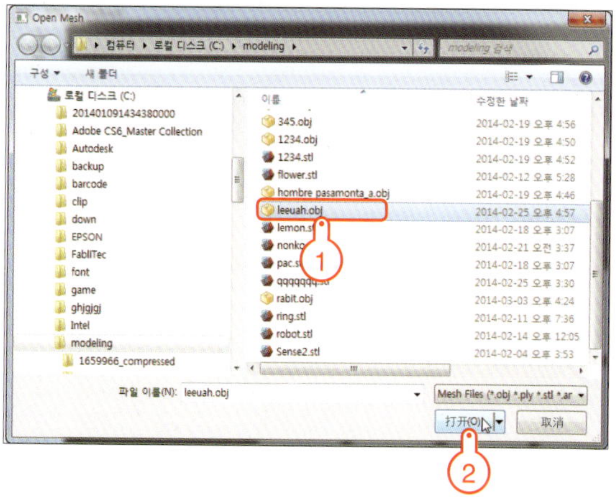

该程序可以打开 *.obj、*.stl、*.amf、*.dae、*.ply 等格式的模型数据。

3 | 如果模型与地面不成水平，可以单击 Edit ，从打开的菜单中选择 Transform 命令。

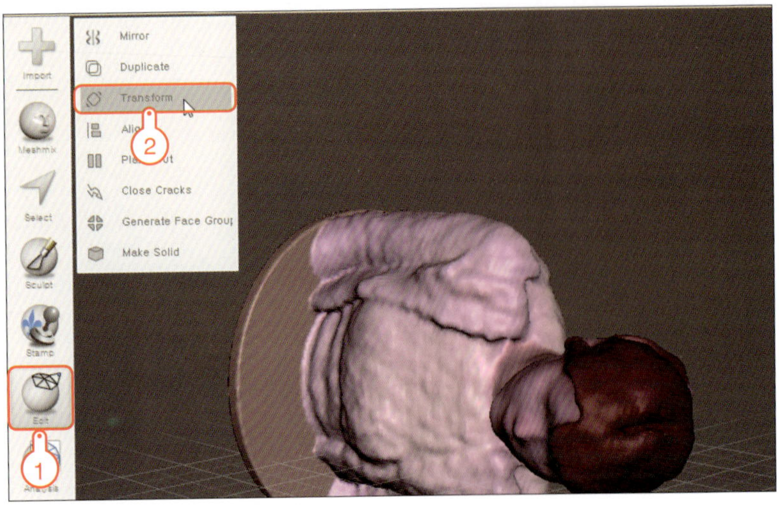

若选择 Align 命令，在 Axis 项中选择需要水平对齐的轴，即可将图形对齐到水平轴上。

4 | 出现方向箭头之后，用鼠标拖动圆弧上的箭头进行旋转，若要移动，则拖动轴向箭头。

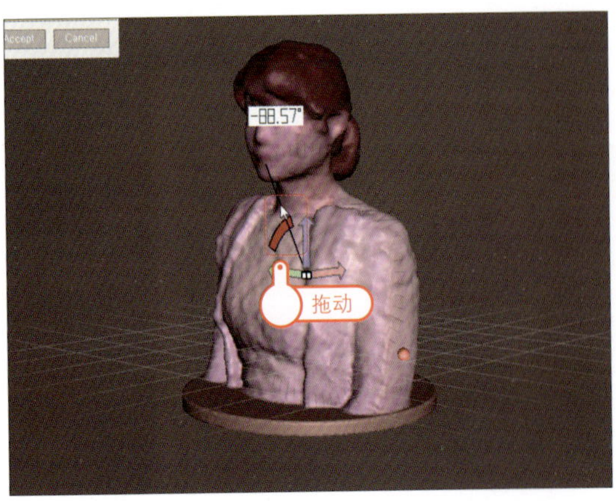

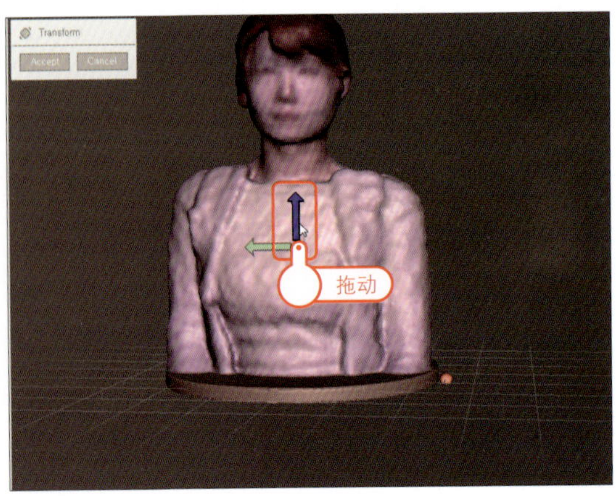

5 | 完成位置调整之后，单击 Accept 按钮。

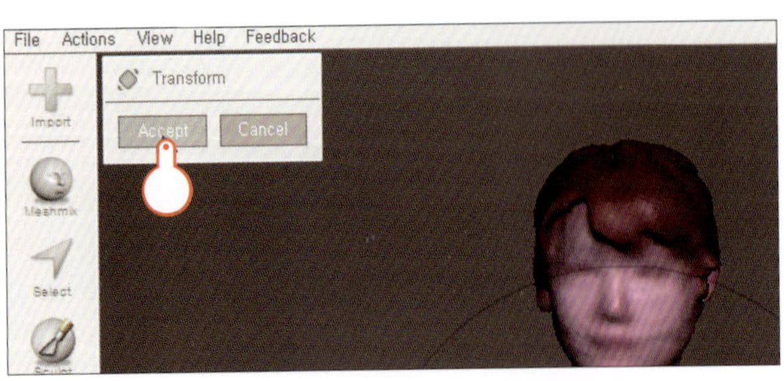

若操作有误，可以按 <Ctrl+z> 组合键进行撤销。

对模型表面进行抛光处理

1 | 单击 Select 按钮，将鼠标指针移动至模型中需要修正的部分。滚动鼠标滚轮，调节刷子的大小。

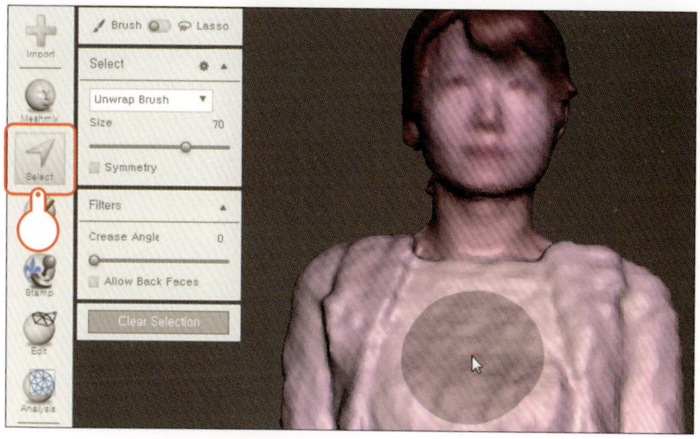

2 | 通过拖动选取面。对于画面中看不到的面，可以通过按住鼠标滚轮拖动的方法旋转模型后再进行选取。

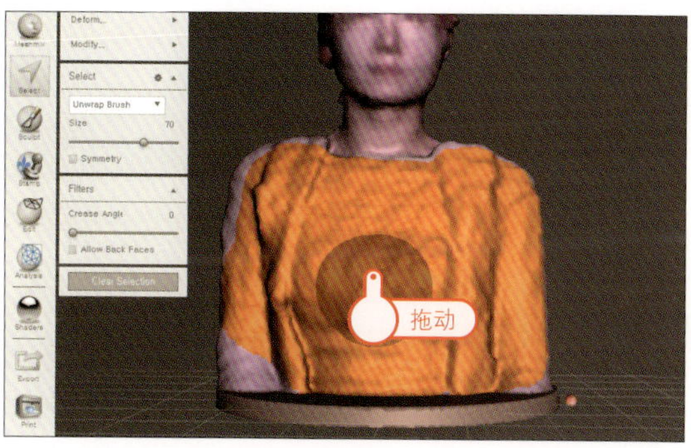

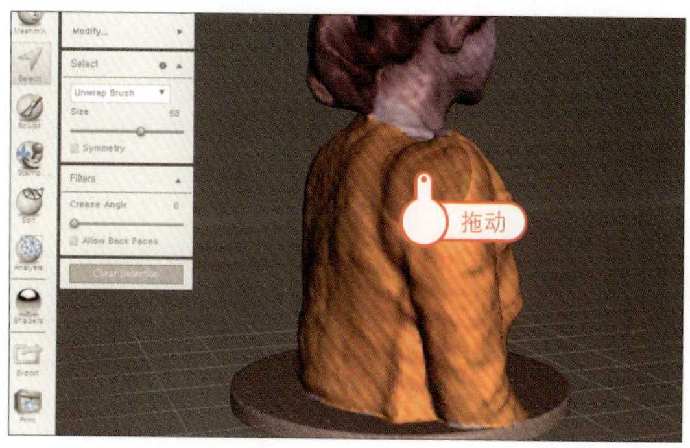

3 | 完成选取之后，再选择 Deform → Smooth 命令。

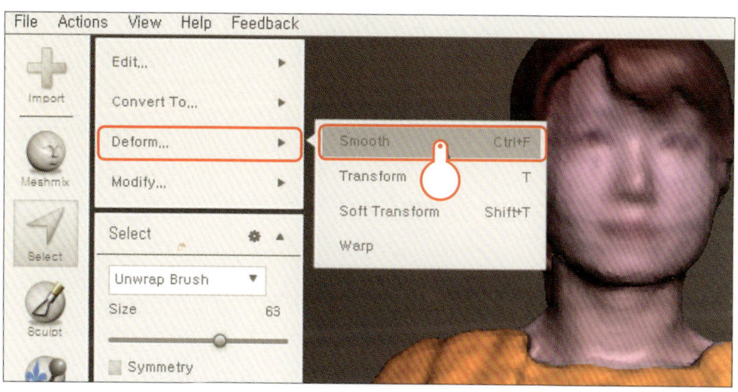

Smooth 命令用于对所选的面进行抛光处理。

4 | 调节 Scale 数值框中的值，找出最佳状态之后，单击 Accept 按钮。

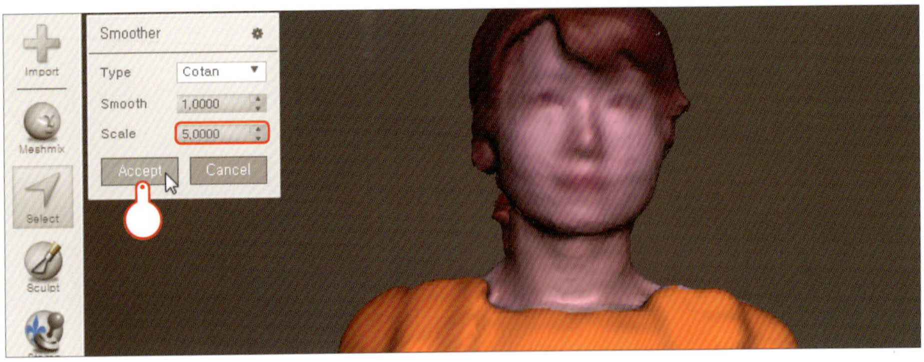

5 | 单击 Clear Selection 按钮，取消选取。

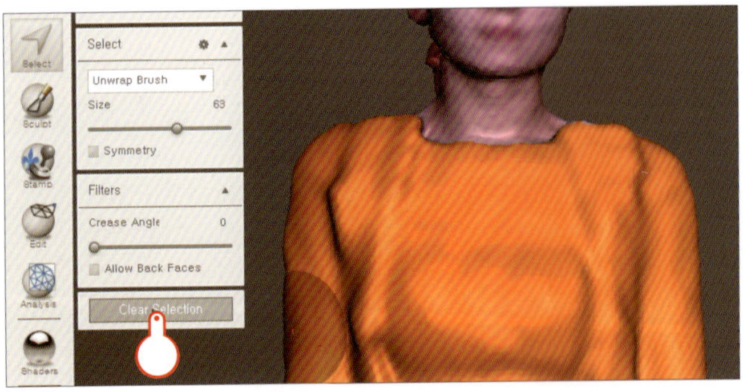

完成操作之后，选择不会自动取消，因此在需要选择其他区域时，应当先单击 Clear Selection 按钮以取消之前的选取。

6 | 用同样的方法选取其他需要抛光处理的面，用 Smooth 工具进行处理。

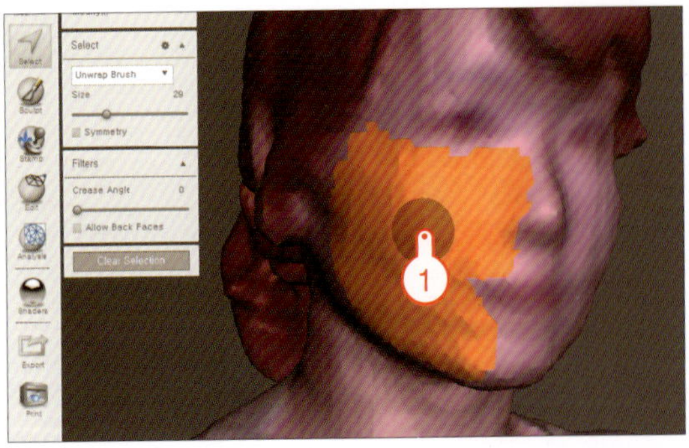

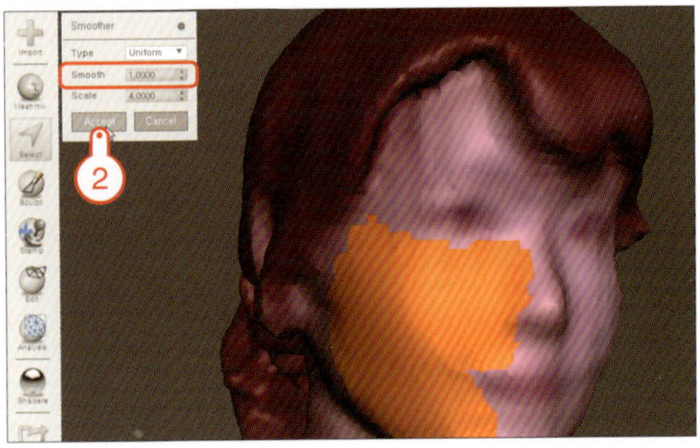

若选择 Type 下拉列表框中的 Uniform，则抛光效果会更加明显；若选择其中的 Membrane，则所选的面就会凹陷。

用 Sculpt 工具修正模型

1 | 单击 Sculpt 按钮，在打开的菜单中选择 Brushes →。

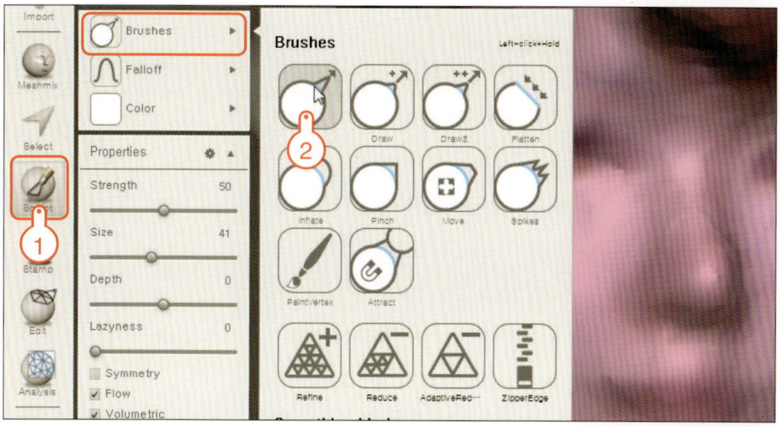

Sculpt 工具能够起到用锉刀推平或切除黏土的效果，是一种造型工具。

2 | 调节刷子大小以及 Strength 和 Depth 的值，通过单击或拖动选取需要修正的部分。

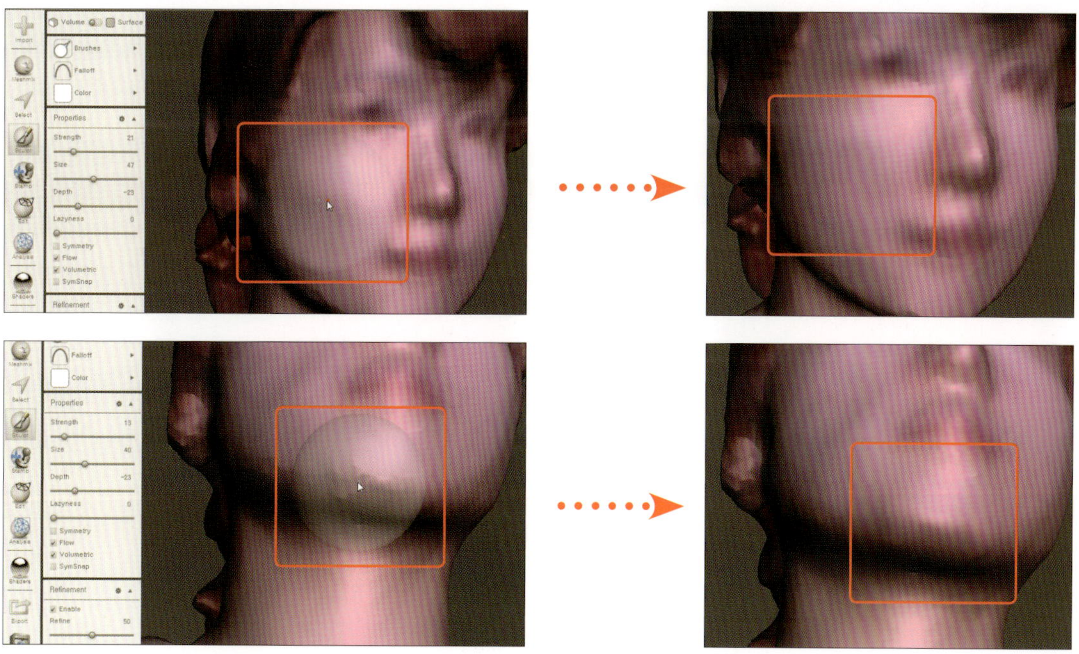

造型操作需要大量的练习。最开始要适当控制刷子的大小，降低 Strength 和 Depth 的值以弱化造型的强度，用鼠标单击的方式进行修正。随后再慢慢调整参数，增加鼠标拖动选取的操作，逐步熟悉造型变化的感觉。

3 | 用鼠标轻微拖动鼻子部分，使鼻梁变得高挺。

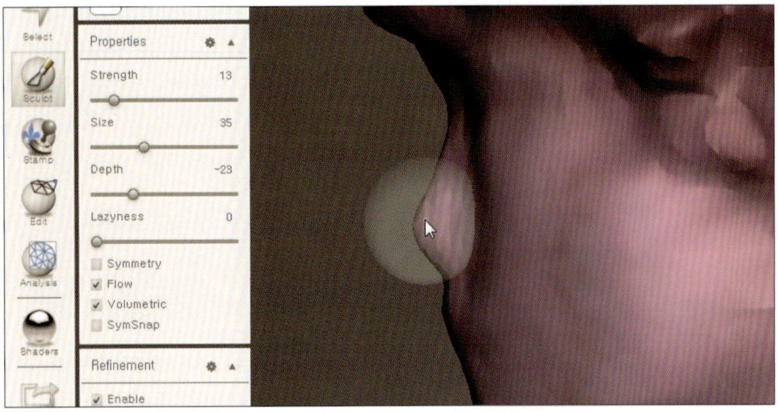

4 | 选择 Brush → ，通过单击或拖动选取需要抹平的部分。

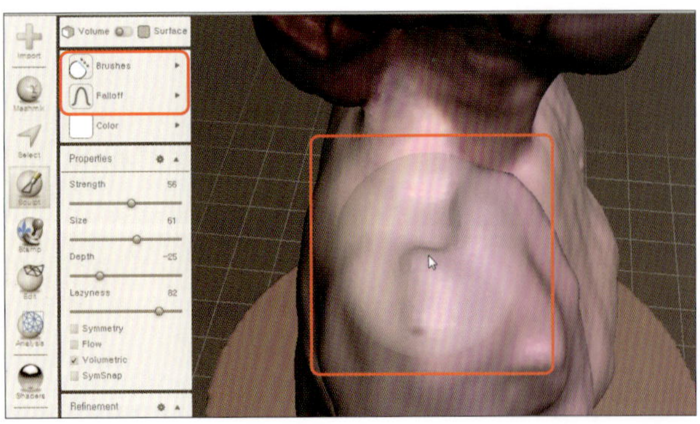

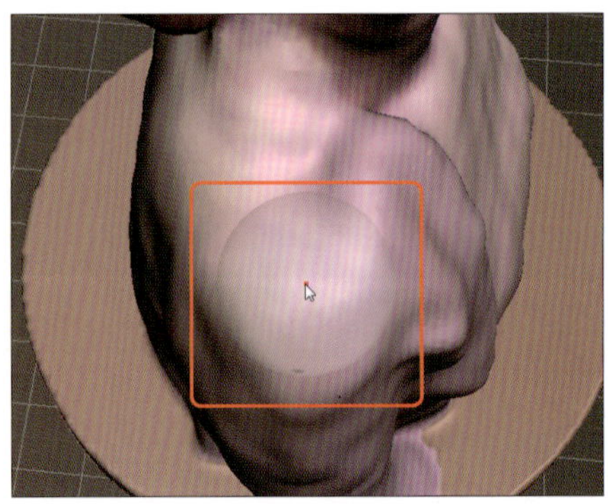

工具主要用于使局部轻微凸起，而工具用于将整个面抹平。

Fallout 选项

Fallout可以用来选择凸起的形状。如果需要使用自然触碰，就选择；如果需要尖锐凸起，就可以选择。

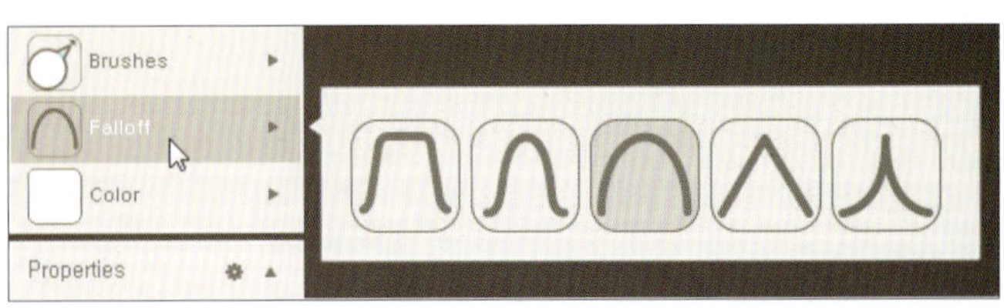

切除模型底部

1 | 单击 Edit 按钮，从打开的菜单中选择 Plane Cut 命令。

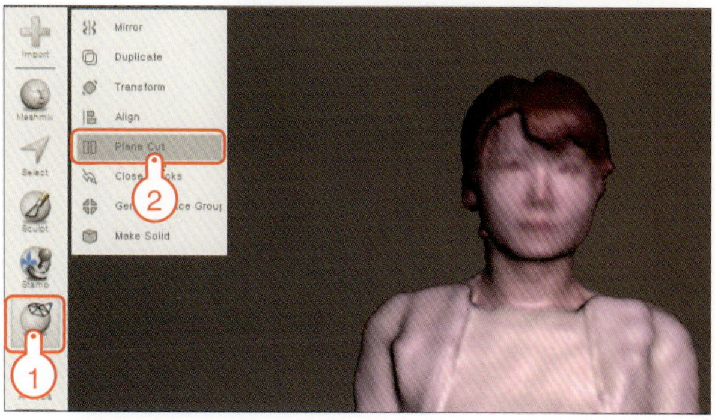

Plane Cut 命令可用于以指定的面为中心对模型进行切割。

2 | 拖动旋转方向盘和移动箭头，对准需要切除的部分，单击 Accept 按钮。

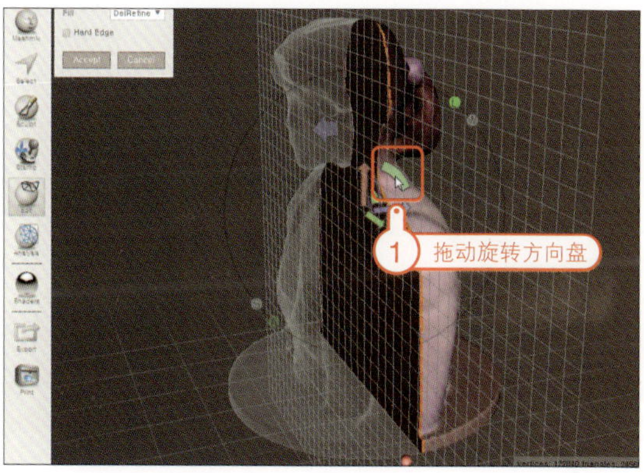

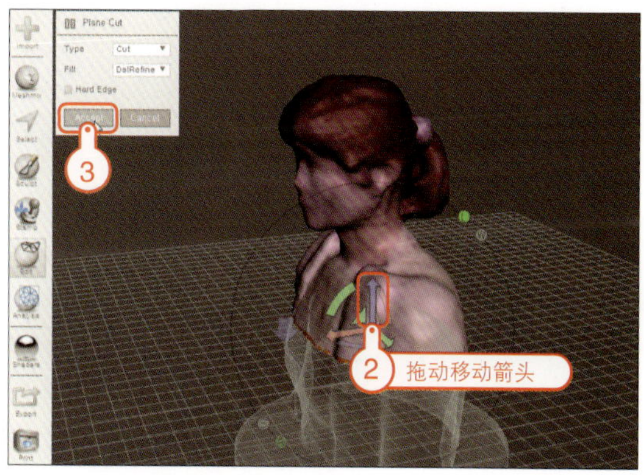

3 | 确认模型的下方是否被堵住。

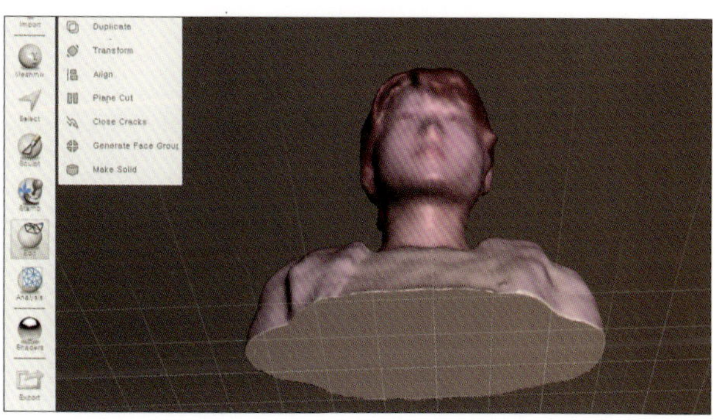

保存为模型数据

1 | 单击 Export 按钮，将模型保存为 OBJ 文件。

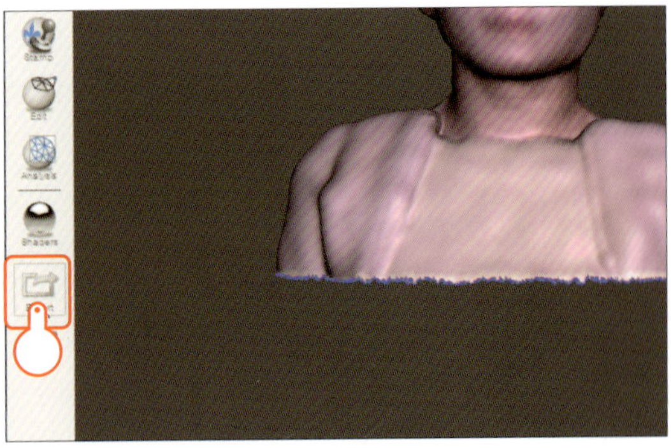

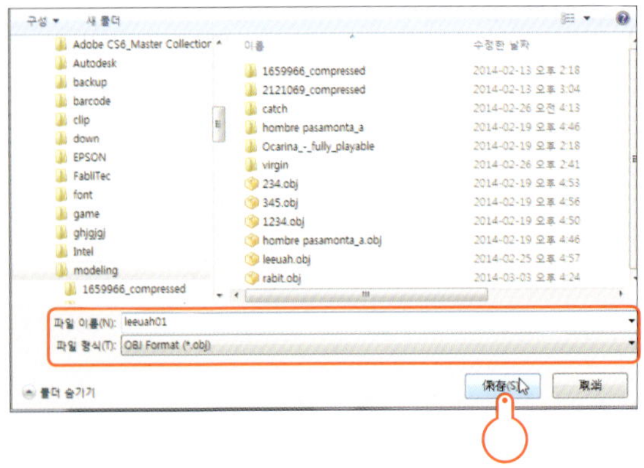

2 | 用 Cura 程序打开保存的 OBJ 文件。利用 Scale 工具调整模型的大小。

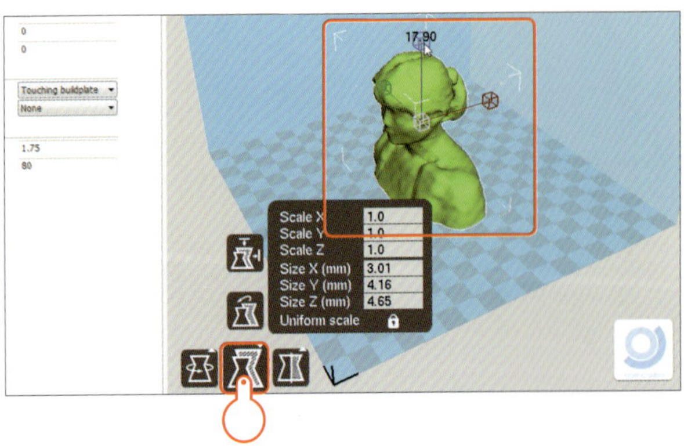

3 | 选择 View mode → Layers，确认每一层是否正常。

执行 Layer 命令以确认每一层是否正常。如果模型过小，则有可能出现不正常的层。

制作带有面部模型的马克杯

Meshmixer 可以轻松将多个模型结合成一个模型。下面利用前面制作的面部模型和杯子模型制作一个带有面部模型的马克杯。

旋转模型

1 | 读取马克杯模型数据。

2 | 为了沿着轴向进行旋转，单击 Edit 按钮，然后从打开的菜单中选择 Align 命令。

执行 Align 命令可以将模型对其到 X, Y, Z 轴。

3 | 在 Axis 下拉列表框中选择 Y，并单击 Accept 按钮。

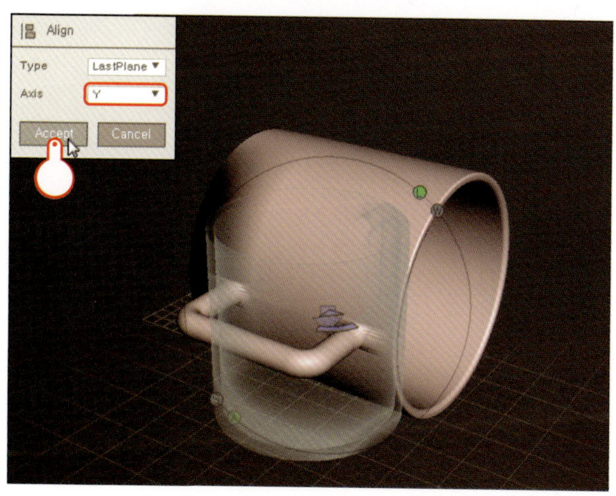

4 | 单击 Edit 按钮，从打开的菜单中选择 Transform 命令，调节模型高度。

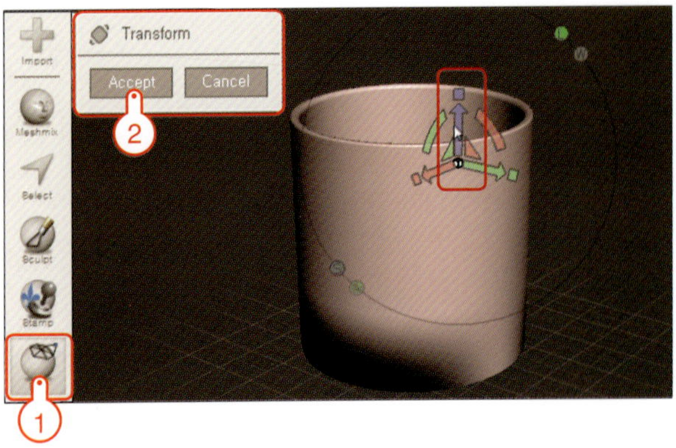

5 | 单击 Import 按钮，添加新模型数据。

Import 工具可用以在当前工程中添加新模型数据。

6 | 弹出信息提示对话框时，单击 Append 按钮，从弹出的 Open Mesh 对话框中选择需要载入的模型数据，并单击“打开”按钮。

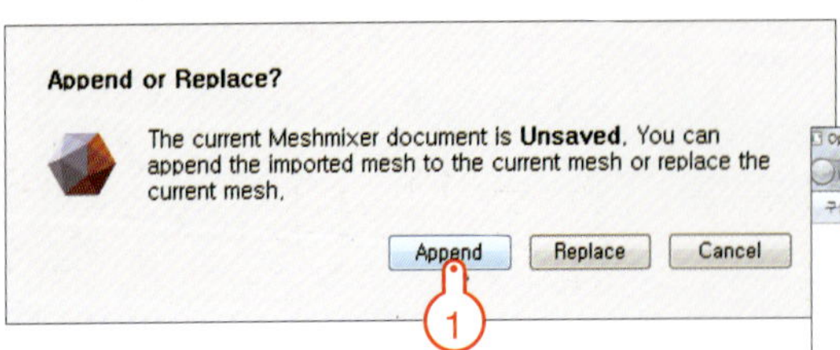

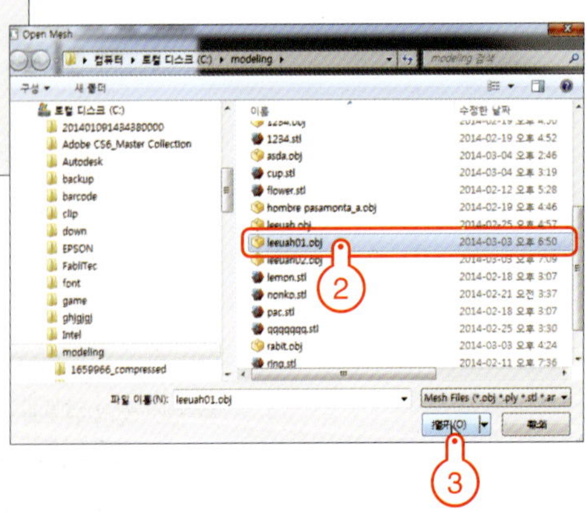

若单击 Append 按钮，则可以在当前工程中添加新模型；若单击 Replace 按钮，则会用新模型取代当前工程。

7 | 成功添加新模型后，画面中会弹出 Object browser 窗口。

Object browser 会显示当前工程中出现的所有模型列表，可以用来选择、显示或隐藏指定模型。

将面部模型连接到杯子上

1 | 在 Object browser 中选择杯子模型的👁图表，使其变为◡图表，从而隐藏杯子模型。

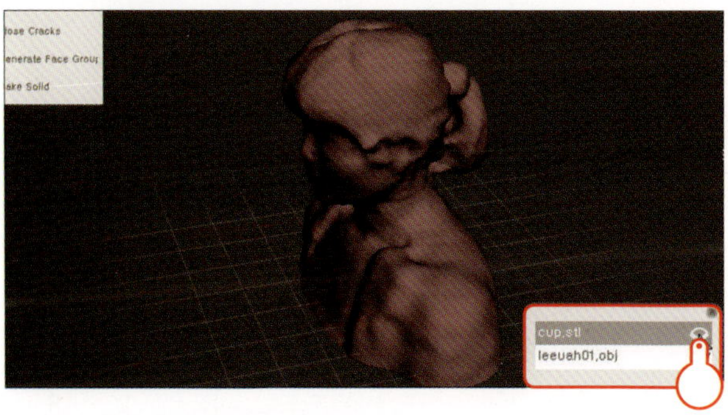

可以单击 View 中的 Show Object browser 命令打开 Object browser 窗口，或单击 View 中的 Hide Object browser 命令隐藏该窗口。

2 | 在 Object browser 窗口中单击选中面部模型，再单击 Edit 按钮，并从打开的菜单中选择 Plane Cut 命令。

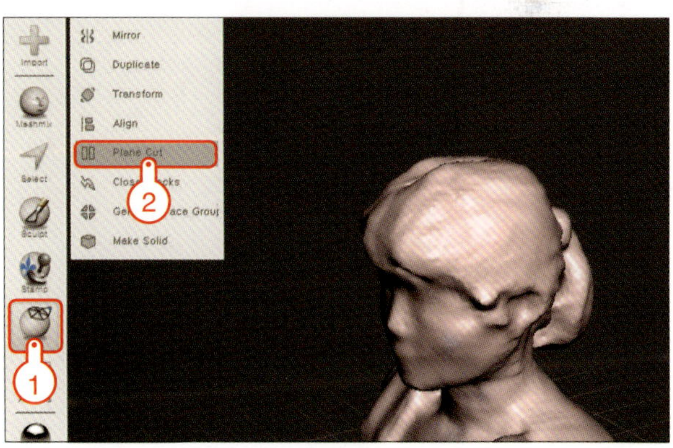

编辑模型时，必须要选中 Object browser 中的列表。

3 | 拖动方向箭头和移动箭头，只保留面部，并单击 Accept 按钮。

透明显示的部分即为将要删除的区域。可以旋转面板，切换要删除的部分。

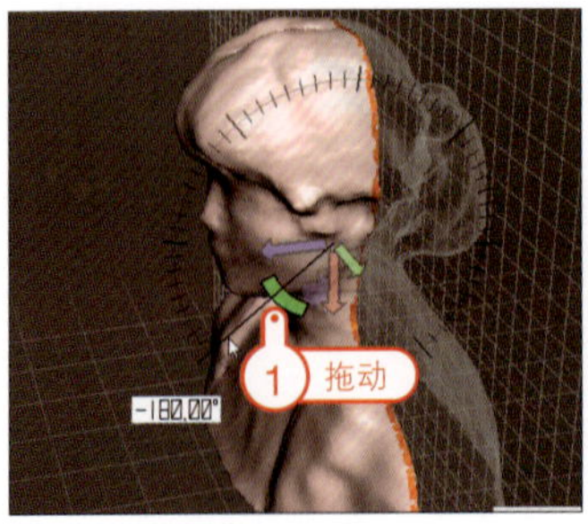

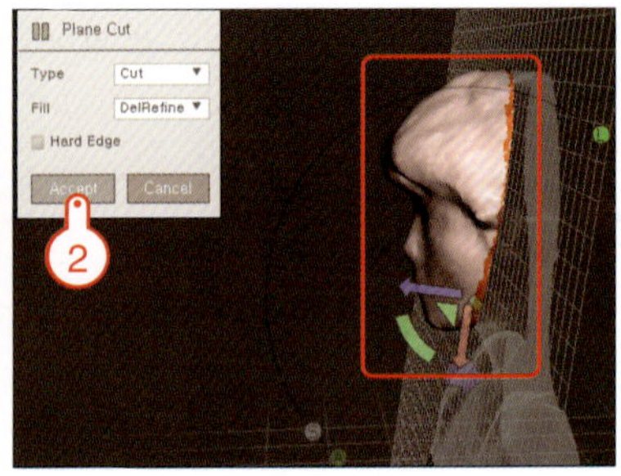

4 | 单击 Select 按钮，双击选中需要删除的部分。将视角旋转到背面，双击选取背面的部分。

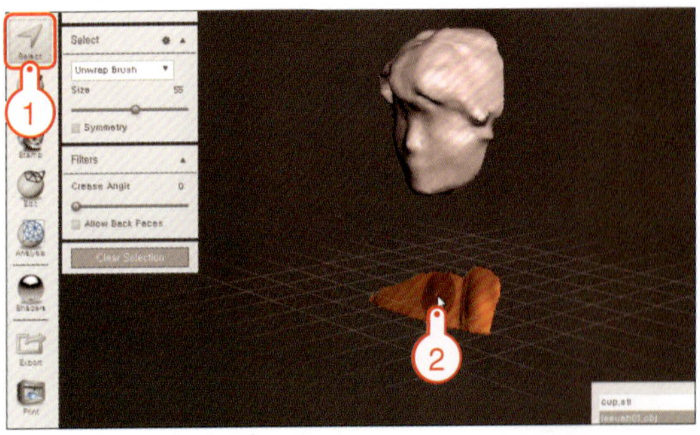

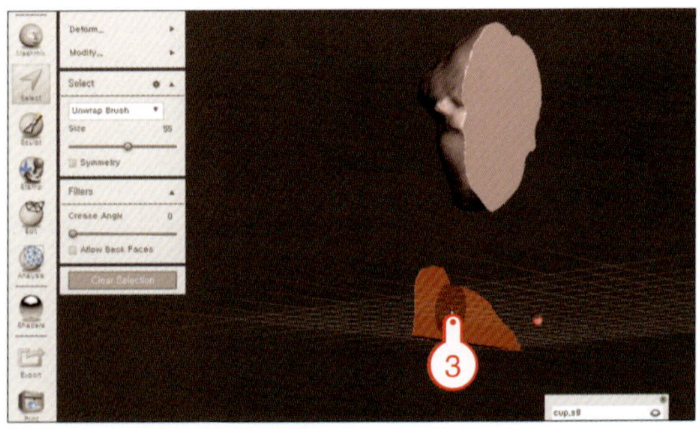

在某一面上双击时会选中整个面。Crease Angle 可用于指定可选择的曲率。该值越高，则越倾向于选择平坦的面；该值越低，则越容易包含所有曲率。

5 | 单击 Select 按钮，从打开的菜单中选择 Edit → Discard 命令，删除所选的部分。

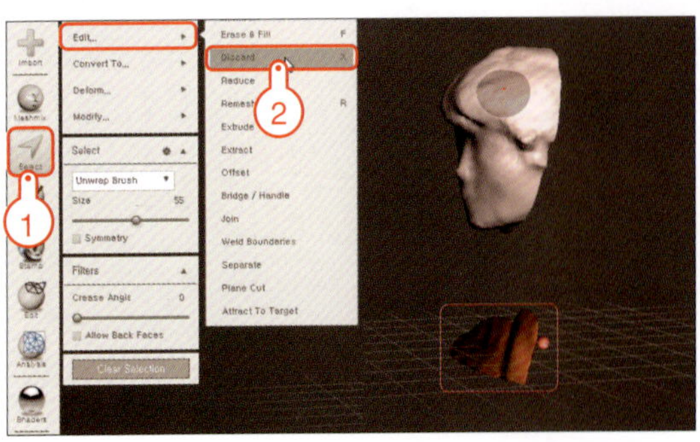

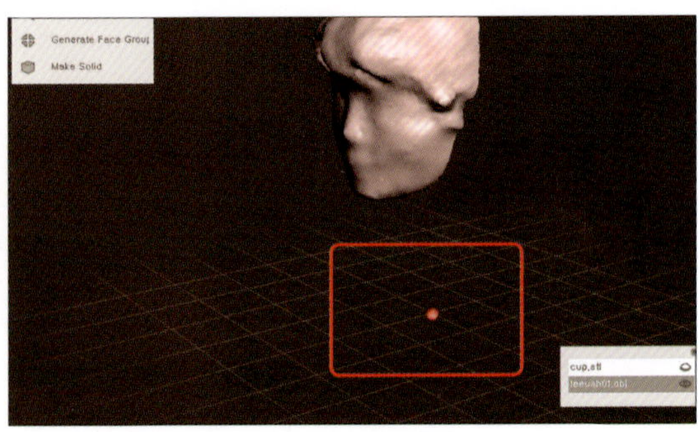

Discard 命令用于删除所选的区域。

6 | 用 Select 工具单击选取面部模型的背面，用 Discard 命令删除模型的内部。

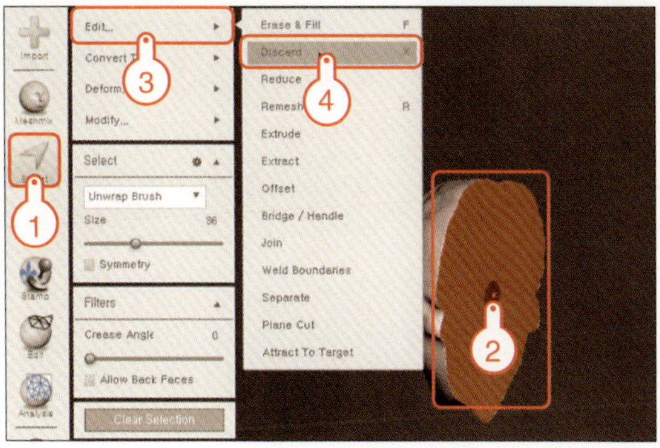

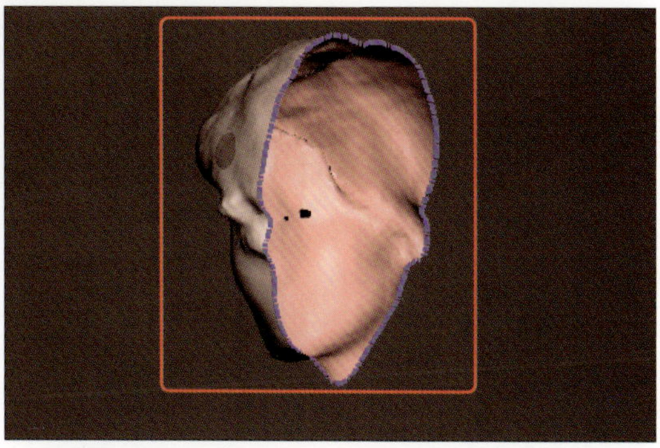

7 | 在 Object browser 中单击杯子模型的图表，使其变为图表，显示杯子模型。

8 | 在Object browser中选中面部模型，单击 Edit 按钮，从打开的菜单中选择 Transform 命令，将面部模型置于杯子侧面。

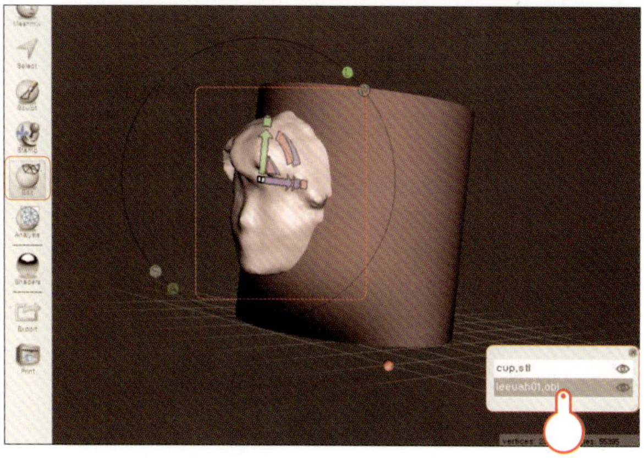

必须要在 Object browser 中选中要编辑的模型。

9 | 单击 Shaders →，使模型变成透明。

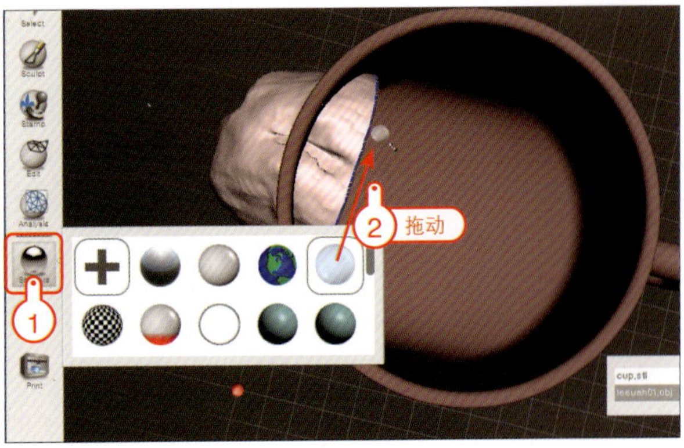

是将模型变成透明，以查看内部厚度的工具。

10 | 单击 Select 按钮，拖动选中嵌入杯子内部的面部模型，按 <X> 键 X 将其删除。

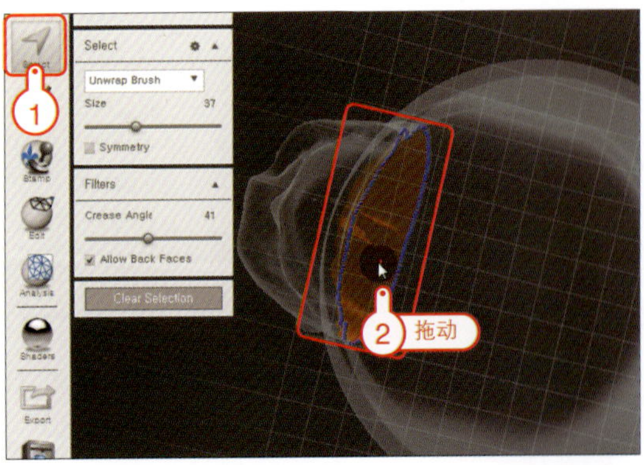

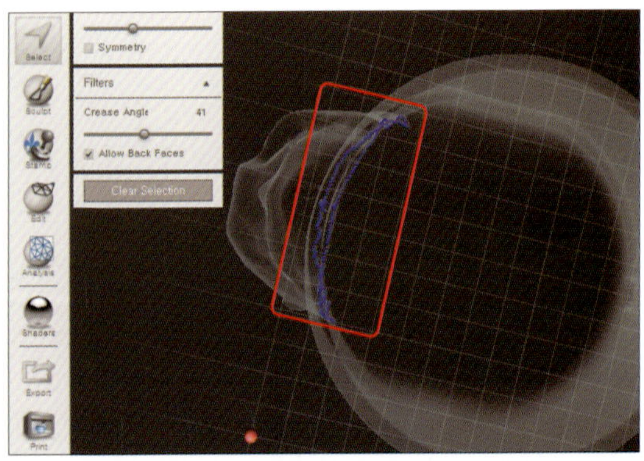

11 | 单击 Shaders →，用颜色填充模型的表面。

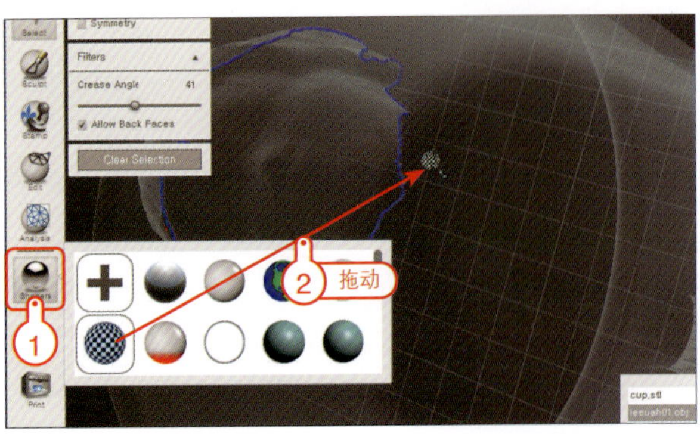

12 | 单击 Select 按钮，将刷子方式变更为 Lasso，用鼠标拖动选中杯子嵌入内部的部分，按 <X> 键 X 将其删除。

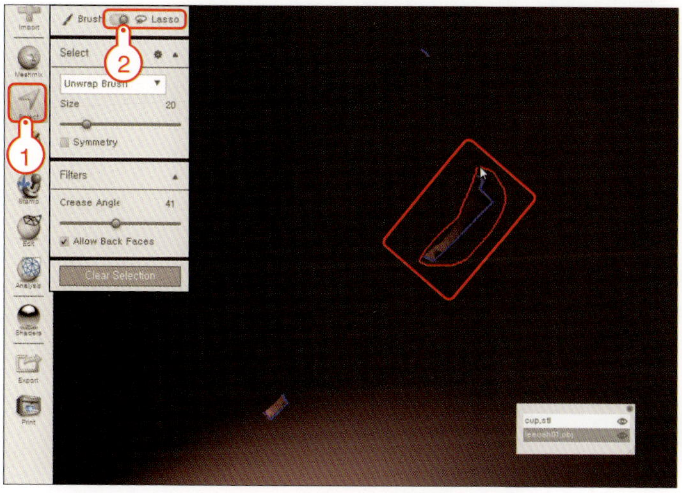

Lasso 可用于只选中指定平面外侧凸起的部分。

13 | 用同样的方法删除其他凸起的部分，完成编辑。

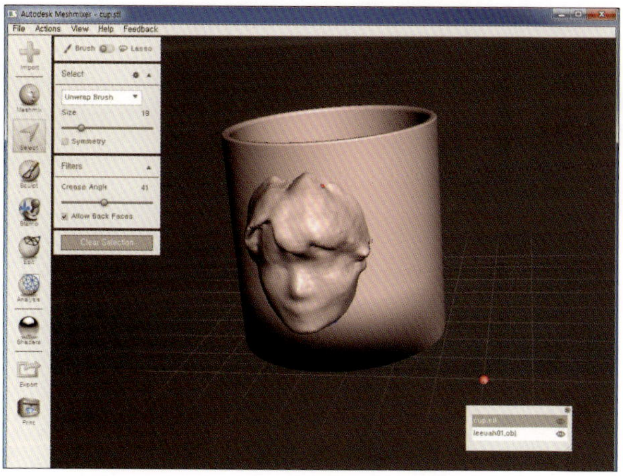

删除所选区域的 Select → Edit → Discard 命令可以用键盘上的 <X> 键取代，从而一步完成操作。

将两个模型合二为一

1 | 按 <Shift> 键 Shift，在 Object browser 中逐次选中两个模型，选中 Boolean Union 命令。

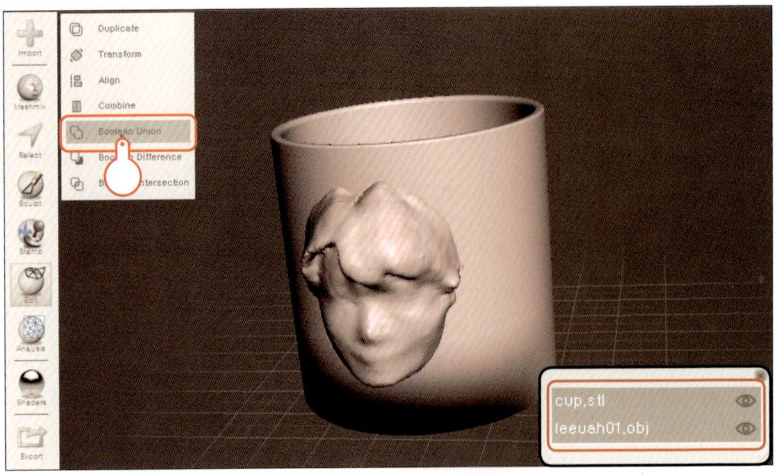

Boolean Union 命令可用于将两个模型合二为一。

2 | 单击 Accept 按钮，完成两个模型的结合。

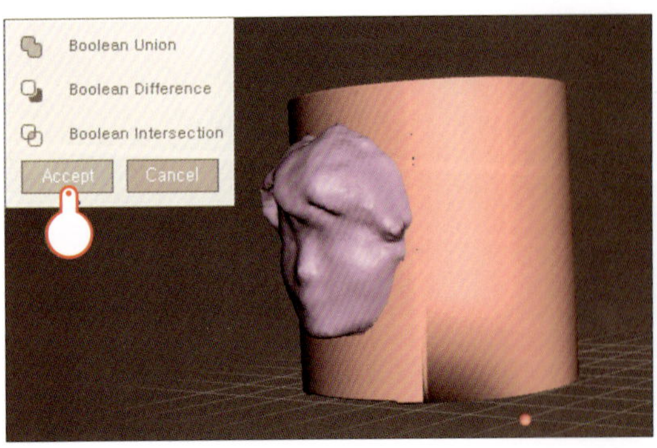

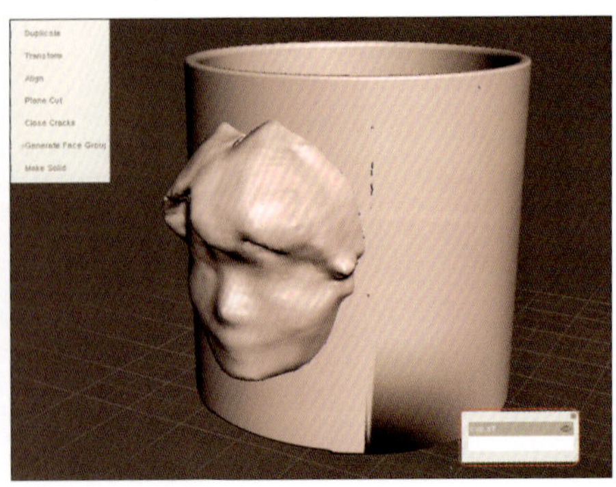

其他合并选项

除Boolean　Union之外，还有显示两个模型重叠部分之外区域的Boolean Difference和显示两个模型重叠部分的Boolean Intersection。

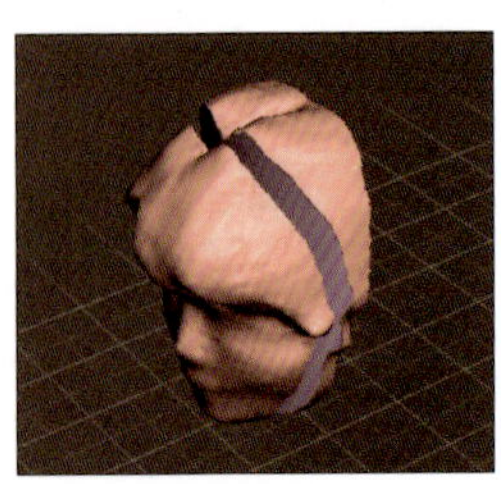

Boolean Difference

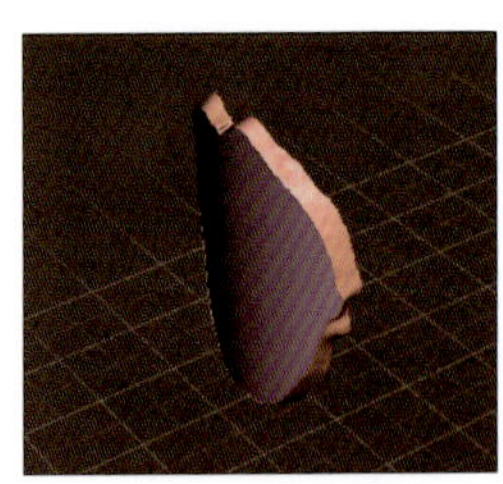

Boolean Intersection

调整模型大小

1 | 单击 Analysis 按钮，从打开的菜单中选择 Units/Scale。

Units/Scale 命令可用于调节模型的大小。

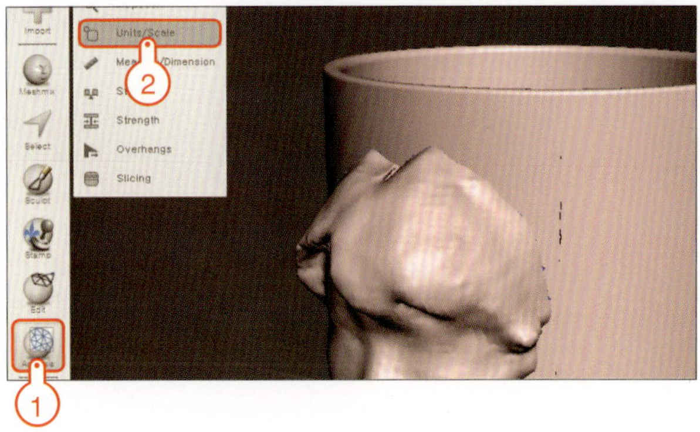

2 | 用鼠标拖动各轴向上的数字，调节大小，完成后单击 Done 按钮。

调节大小时只会改变单位，画面中的模型显示大小不会变化。

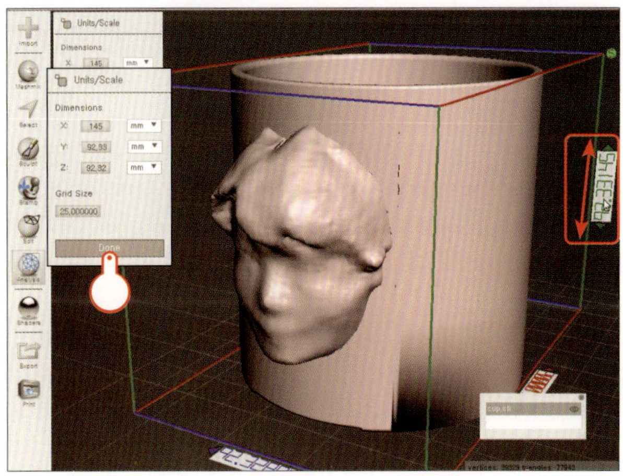

3 | 单击 Export 按钮，在弹出的对话框中输入文件名称，单击“保存”按钮。

4 | 运行 Cura 程序，确认模型是否可以正常读取。

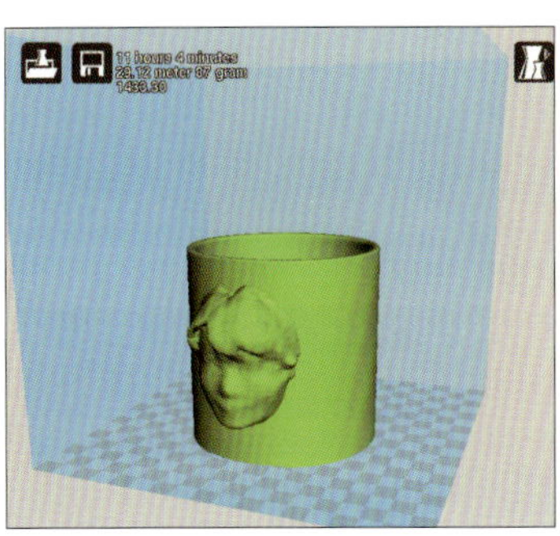

制作空心的兔子模型

利用软件可以表示模型中的部分结构，塑造一种几何学形象。下面介绍取下一部分表面，调节其厚度，在打造出全新造型之后，再加入支架以稳定打印过程的方法。

环状钻孔

1 | 运行 Meshmix，单击 Import Bunny 打开样例数据。

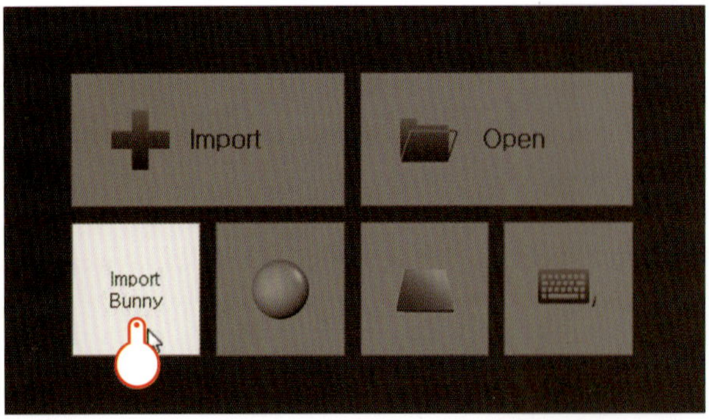

2 | 单击 Select 按钮，用鼠标拖动选取需要留下的部分。

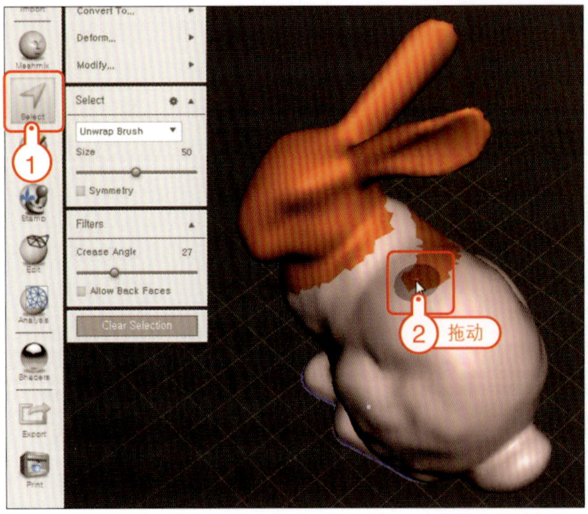

3 | 选择 Modify → Smooth Boundary 命令。

Smooth Boundary 命令可用于对所选区域的边缘进行平滑处理。

4 | 单击 Accept 按钮，完成平滑处理。

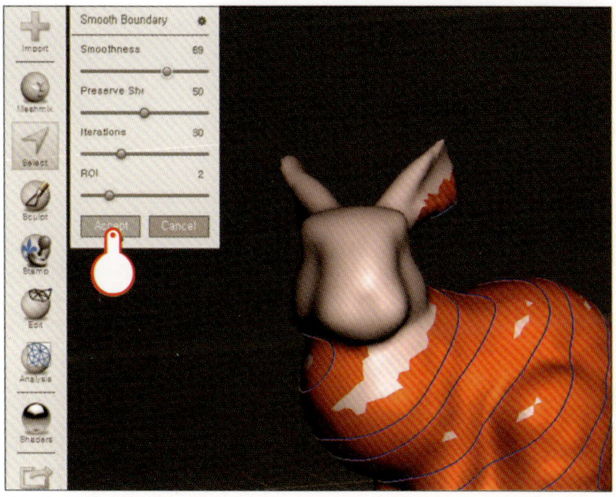

5 | 选择 Modify → Invert 命令。

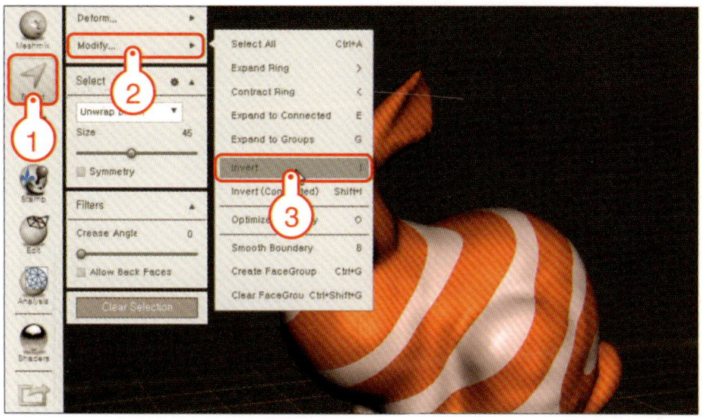

Invert 命令可用于反向选择所选区域。

6 | 反向选择所选区域之后，按 <X> 键 X，将其删除。

调节模型厚度

1 | 单击 Select 按钮，然后双击模型，选中整个区域。

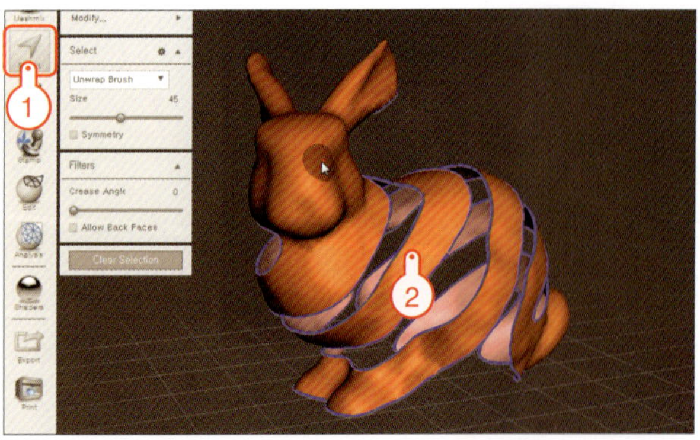

2 | 选择 Edit → Extrude 命令。

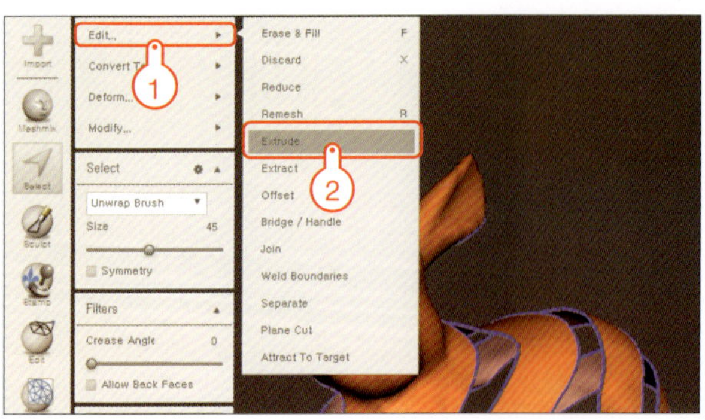

Extrude 命令可用于增加选中区域的厚度。

3 | 选择 Direction 下拉列表框中的 Normal，拖动 Offset 下方的滑块，适当调节厚度之后，单击 Accept 按钮。

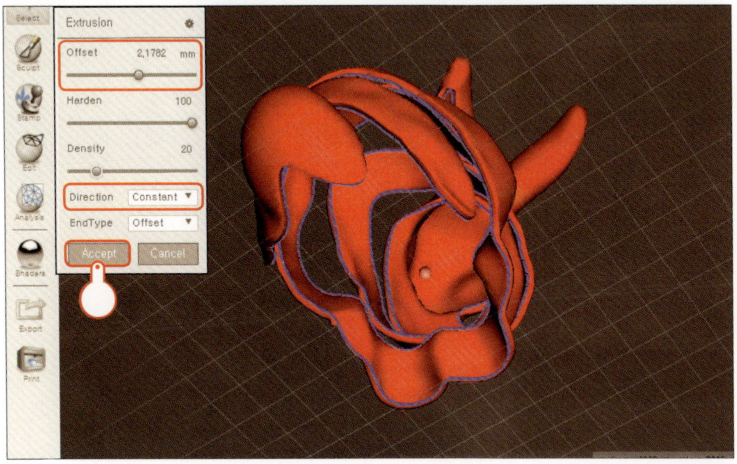

Offset 下方的滑块用于调节厚度，Hardnen 用于调节界面的曲率。

4 | 选择 Deform → Smooth 命令，对物件表面进行光滑处理，然后单击 Accept 按钮完成操作。

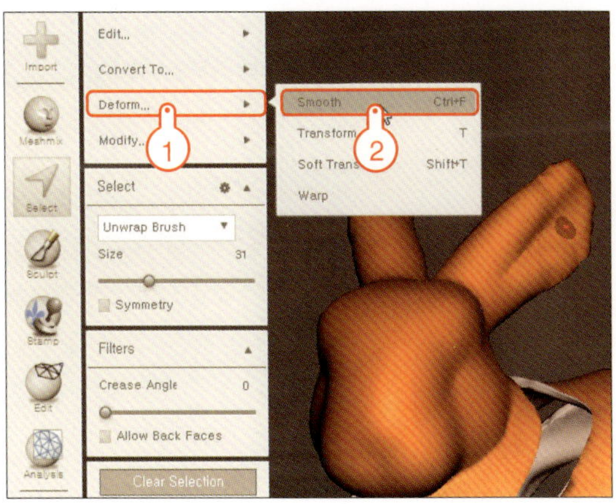

制作模型支架

1 | 单击 Analysis 按钮，从打开的菜单中选择 Overhangs 命令。

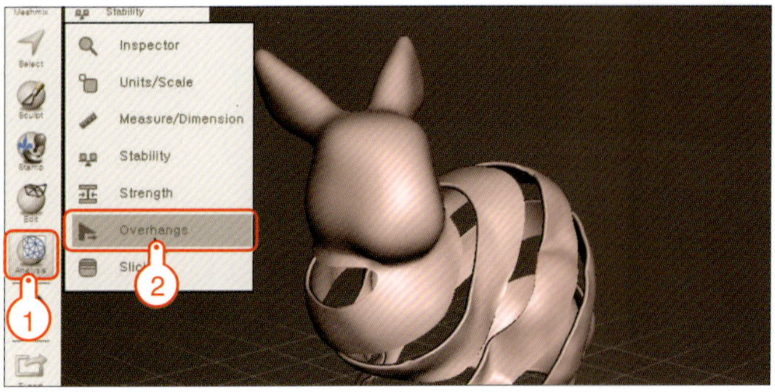

Overhangs 命令可用于对模型角度进行分析，标出可能是无法正常打印的区域。

2 | 从标成蓝色或红色的部分拖至地面，绘制搭建支架。

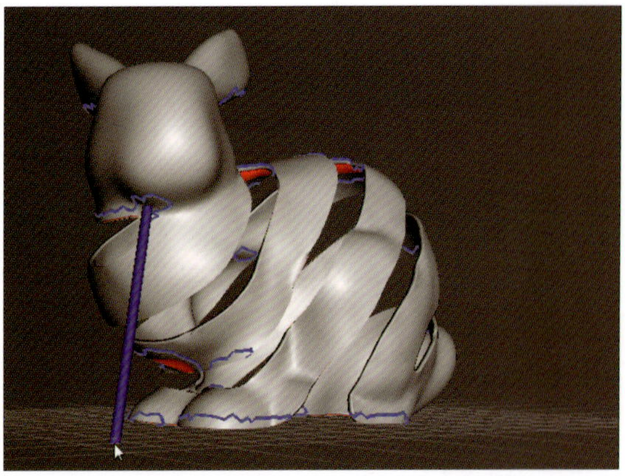

蓝色部分是棱角尖锐的部分，红色部分是受力较大的部分。只有用支架支撑这些部分，才能得到稳定的打印产物。

3 | 用相同的方法绘制搭建所有支架。

单击模型的面，便会自动标出支架。

4 | 单击 Remove All Support 按钮，删除所有支架。

Optimize Oritation 是考虑到模型的中心与稳定性，而将模型方向调整为最佳打印方向的工具。

5 | 调节Support Generator选项组中的数值，并单击Support All Overhangs按钮，自动生成支架，完成后单击 Done 按钮。

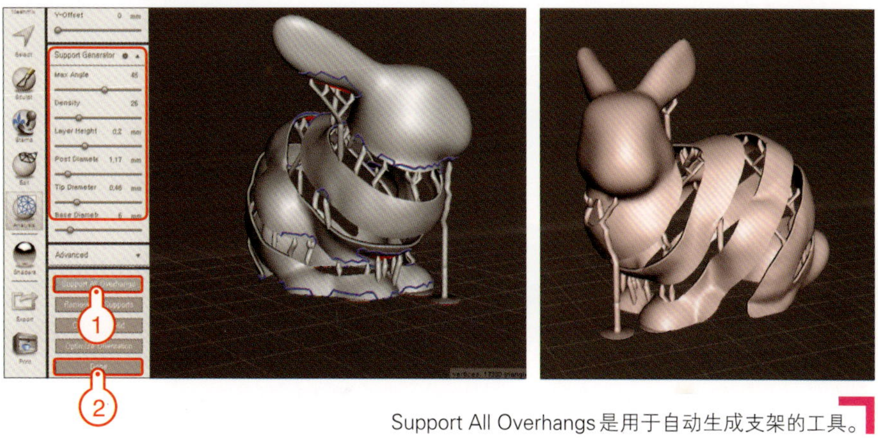

Support All Overhangs 是用于自动生成支架的工具。

支架选项设置

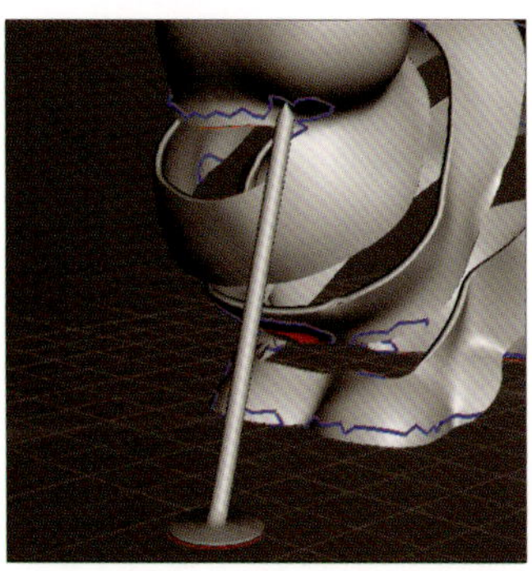

- Post Diameter：指定支架的厚度。
- Tip Diameter：指定支架末端的厚度。
- Base Diameter：指定支架底部圆盘的直径。

6 | 单击 Export 按钮，将模型保存为 OBJ 文件。

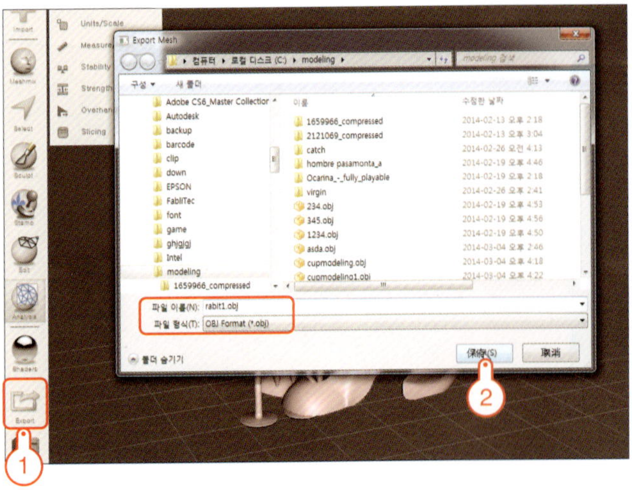

7 | 运行 Cura，读取 OBJ 文件，确认模型是否正常。

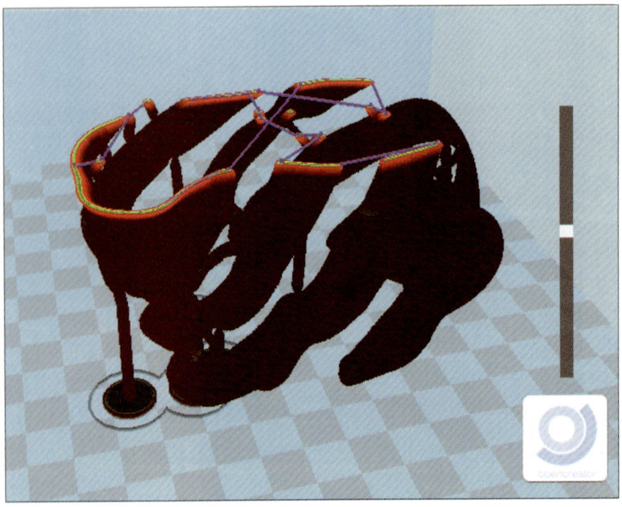